# できる®

# Power Automate Desktop

パワーオートメート
デスクトップ

## ノーコードで実現する
## はじめてのRPA

あーちゃん & できるシリーズ編集部　　監修：株式会社 ASAHI Accounting Robot 研究所

インプレス

# ご購入・ご利用の前に必ずお読みください

本書は、2021 年 6 月現在の情報をもとに「Power Automate Desktop for Windows 10」（バージョン 2.9.00120.21133）の操作方法について解説しています。下段に記載の「本書の前提」と異なる場合、または本書の発行後に「Power Automate Desktop for Windows 10」の機能や操作方法、画面などが変更された場合、本書の掲載内容通りに操作できなくなる可能性があります。本書発行後の情報については、弊社の Web ページ（https://book.impress.co.jp/）などで可能な限りお知らせいたしますが、すべての情報の即時掲載ならびに、確実な解決をお約束することはできかねます。また本書の運用により生じる、直接的、または間接的な損害について、著者ならびに弊社では一切の責任を負いかねます。あらかじめご理解、ご了承ください。

本書で紹介している内容のご質問につきましては、巻末をご参照のうえ、メールまたは封書にてお問い合わせください。電話や FAX 等でのご質問には対応しておりません。また、以下のような本書の範囲を超えるご質問にはお答えできませんのでご了承ください。なお、本書の発行後に発生した利用手順やサービスの変更に関しては、お答えしかねる場合があります。

・書籍に掲載している以外のフローの制作方法
・お手元の環境や業務に合わせたフローの制作方法やアクションの設定方法
・書籍に掲載している以外のフロー実行後に起こるエラーの対処方法

## ●用語の使い方

　本文中では、「Power Automate Desktop for Windows 10」のことを、「Power Automate Desktop」、「Microsoft Windows 10」のことを「Windows 10」または「Windows」と記述しています。また、「Microsoft Excel 2019」のことを「Excel」、「Microsoft Word 2019」のことを「Word」と記述しています。本文中で使用している用語は、基本的に実際の画面に表示される名称に則っています。

## ●本書の前提

　本書では、「Windows 10」に「Power Automate Desktop for Windows 10」（バージョン 2.9.00120.21133）がインストールされているパソコンで、インターネットに常時接続されている環境を前提に画面を再現しています。

# まえがき

「RPAを使えば、数時間かけて行っているパソコン作業を自分の手で自動化できるかもしれない」RPAが動く様子を初めて見たとき、目の前に一筋の光が差し込んだような感動を覚えました。

RPAは、入力業務など従来手作業で行われていたパソコン上の作業をソフトウエア型のロボットが代行してくれる技術です。日本では数年前から働き方改革やDX（デジタルトランスフォーメーション）の一環として導入する会社が急速に増えました。一方「運用コストが高い」「どのような業務に使えばいいかわからない」といった課題もよく耳にします。

Power Automate DesktopはWindows 10が搭載されたパソコンであれば、無償で使うことができるマイクロソフト社のRPAツールです。現在、無償〜数千万まで幅広い価格帯のさまざまなタイプのRPAツールが提供されていますが、Power Automate Desktopは数少ない「プログラミングスキルがない人でも扱える、無料で使えるRPAツール」です。

本書はPower Automate Desktop初学者が、基礎から実践へと体系的に、集中して学んでいただくことを目的に作成しています。操作を解説するブログや動画はインターネット上に多数公開されていますが、初学者は自分のレベルに合ったコンテンツを見つけ出すことが難しく、書籍での情報提供が必要だと考え、本書執筆に至りました。

インストール、起動からスタートし「請求書作成」「Webページへの入力」「メール送信」の3業務を自動化するフローを実際に作成していただくことで、フローの制作方法だけでなく、どのような業務に使えるかも学んでいただけるように構成しています。

Power Automate Desktopを使い、日々の煩雑な業務から解放され、会社や自分の価値を高めることに、より多くの時間が使っていただきたい。本書がその一助を担えればこれ以上の喜びはありません。最後に、本書の制作に携わった多くの方々と、ご愛読いただく皆様に深く感謝の意を表します。

2021年6月　あーちゃん

# Power Automate Desktopで業務を**自動化するメリット**を知ろう！

## パソコン上のさまざまな業務を自動化できる！

Power Automate Desktopはパソコン上の操作を自動化するツールです。ExcelやWord、Webページ、インストール型のアプリケーション、メールなど、パソコン上で行っている作業のほとんどに対応しており、複数のアプリケーションをまたいだ業務も自動化が可能です。Power Automate Desktopが得意とする業務は「決められた操作を繰り返し行う」ことです。手入力であれば時間が掛かりがちな作業をミスすることなく実行できるため、定型業務の負担を軽減し、業務を効率化できます。

●自動化できる業務の例

- ○ ExcelのデータをWebページ上の入力欄に転記する
- ○ セミナー参加者に御礼のメールを一括で送る
- ○ 今月の売上データを販売管理システムに入力する

# 専門知識が不要の無料ツール

ノンプログラマーでも習得できる無償のツールであることがPower Automate Desktopの特徴です。以前はパソコン上の操作を自動化するには、専門知識が必要でした。しかし、Power Automate Desktopはプログラミングスキルがない人でも扱えるように設計されています。「Excelファイルを開く」「Webページのボタンをクリックする」などパソコン上でよく行われる操作があらかじめ登録されており、それらを選び並べていくことで業務を自動化することができます。

### ●プログラミングの場合

VBAなどを使ってコードを記述するには知識が必要

### ●Power Automate Desktopの場合

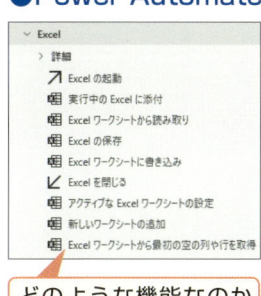

どのような機能なのか見て分かるため専門知識は不要

# Excel などの Office 製品とスムーズに連携

Power Automate Desktopはマイクロソフト社が開発するツールであることも魅力の1つです。日々の業務に欠かせないExcelを操作するための機能が24種類も準備されており、さまざまな操作が可能です。

サインインアカウントもほかのマイクロソフト製品と同じものを使用することができ、Office製品とスムーズに連携できます。

Excel上のデータをすべて読み込む

| 売上日 | コード | 名称 | 売上額 |
|---|---|---|---|
| 2021/6/1 | 0001 | A社 | 100,000 |
| 2021/6/2 | 0002 | B社 | 200,000 |
| 2021/6/3 | 0003 | C社 | 300,000 |
| 2021/6/4 | 0004 | D社 | 400,000 |

読み込んだデータをWebフォームに一括で登録

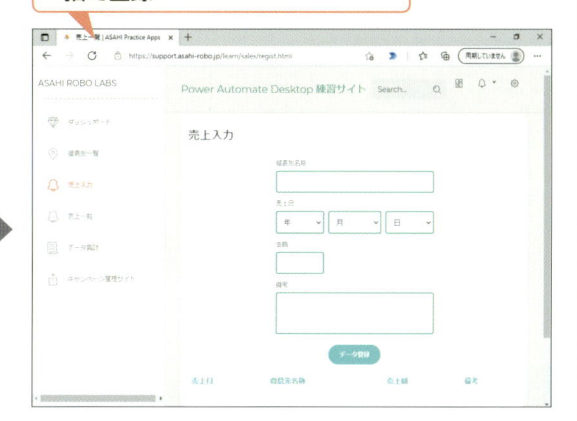

# 会社も私も変えたい！ゼロから始めた**RPA奮闘記**

RPAとは、パソコン上の作業をロボットが人の代わりに自動で行ってくれる技術のこと。3年前に地方製造業に人事総務として勤務していたとき、手書き書類やデータ入力作業が多く、もっと効率のいい方法に変えたいと強く思う中、RPAを知り会社での導入を始めました。現在は業務のデジタル化が当たり前になりつつありますが、RPAを企業に導入するにはどうすればよいか分からない方も多いはず。私の経験が同じような境遇の方の一助になるのではと思い、地方中小企業で2年間RPA導入に孤軍奮闘した結果、会社と私に起きた変化や活用のポイントをお話しします。

## 昼休み、おにぎり片手にRPAについて夢中で調べた

RPAを知ったのは、ネットの記事がきっかけです。すぐに書籍を読み込み、本にあったRPA販売店10社にRPAの操作画面を見せて欲しいと依頼し、会社での導入に向けた準備を始めました。勉強していく中で知ったのは、**RPAを導入するには紙の業務のデジタル化が必要**だということ。新しいやり方を覚える苦労や変更によるリスクもあるため、担当者にはデジタル化のメリットや操作方法を繰り返し丁寧に説明しながら、電子申請や無料Webフォームの活用を開始しました。RPA導入のための稟議で提出したのは、Webフォームのデータを電子申請画面に自動転記する案で

す。RPAが動く様子の動画や、他社での導入事例を見せながら提案しました。「そこまで具体的なら」と承認が下り、中小企業向けのRPAツールのトライアルを申込みました。しかし、販売店から提供された操作ガイドとネット検索で制作を開始するも分からないことだらけ。「できます！」と宣言した手前、弱音は一切吐けませんでした。友人に「RPAの相談相手がいない」とこぼすとTwitterをすすめられ、RPAについて投稿していた数十のアカウントをフォローし、自分には仲間がいるんだと嬉しくなりました。

---

 あーちゃん | 昭和企業の事務屋→IT企業
@aachan5550 ···

RPAをキーワードにツイートを読み込みました。
Twitterの世界にはRPA
の可能性を信じて一生懸命がんばってる人がたくさんいた！
仲間がいると思うと頑張れる🌸明日から孤独な戦いだけど、絶対やりきってみせる😆🌈

午後7:02・2019年1月6日・Twitter for Android

> 会社に企画書を提出する前日の決意表明ツイート

## 自力でRPAを完成させ、プロジェクトがスタート

1ヵ月ほど経つとExcelデータをアプリに転記する業務の自動化に成功し、IT未経験者が自力で完成させたことに皆が驚いていました。2ヵ月で3業務の自動化を完成させたので、本格的な導入を進めるための稟議に企画書を提出しました。無事承認されRPA活用のロードマップ作成を条件にひとりだけの「RPA導入プロジェクト」がスタート。それからは各部署の自動化に駆け回る日々。業務の棚卸や、各課が選定した**自動化の候補業務が「パソコン上で完結しているか」「感覚で判断する作業はないか」「業務プロセス変更は社外にも及ぶのか」などを確認**するためにヒヤリングを実施していました。

## プロジェクトの進め方を模索する日々

業務の自動化にあたって一番大変だったのは、自動化に割ける時間が1日30分も確保できなかったことです。社内10部署へのヒヤリングに加え、毎週進捗報告の資料作りや、他の業務も並行しており、他部署業務の自動化どころか自分が企画立案した人事総務部門の自動化すら進まなくなっていました。「このままではダメだ」と思い、同じRPAツールを使い導入事例発表などを行っていた先行企業に上司と見学に行きました。見学して分かったのは、推進体制の整備の必要性や**大規模な改善を行う前に身近な業務をRPAで自動化し、知見を蓄積する期間が必要**であること。会社に戻りそのことを繰り返し説明しました。

> **あーちゃん | 昭和企業の事務屋→IT企業**
> @aachan5550 ···
>
> 会社で絶望を感じ、放心状態で帰宅。
>
> この気持ちは勉強で昇華させます。
>
> 会社を変えたいと頑張ってきたけど、もっと変えたいものが見つかった。
>
> 自分自身を変えたい。
> どんな状況でも目的を見据えて、揺るがす、周りに影響を及ぼせる存在になりたい。
> かわるんだ。
>
> 午後5:43 · 2019年10月1日 · Twitter for Android

悩むことも多かったけれどRPAの可能性を信じやり続けました

> **あーちゃん | 昭和企業の事務屋→IT企業**
> @aachan5550 ···
>
> 朝から超絶嬉しいことが‼️
> 市のIT化に無償支援を表明してる人を地元紙で発見し「RPA化で教育現場に貢献したい」とメールしたら返事がきて「保育園のIT化に参加してみませんか？」って
>
> RPAに出会えたことで夢が一つ叶うかもしれません🌸🌸
>
> > **あーちゃん | 昭和企業の事務屋→IT企業** @aachan5550 · 2019年4月13日
> > 教育、医療現場の業務効率化は未来のために絶対必要って感じる。
> > 先生、医療従事者にしかできない、本来やるべき仕事に集中できる環境整備に貢献できるスキルを身に付けたい😊🌸
> > そのために今年はひたすらチャレンジする！ twitter.com/rpabank/status...
>
> 午前6:54 · 2019年6月28日 · Twitter for Android

社外に出て反応をもらうことでモチベーションを維持！

## RPA断念の危機を救ってくれたWinAutomation

導入2年目には経理や購買業務で10業務の自動化に成功しました。しかし、コロナ禍で業績は低迷し、使用中のRPAツールのライセンス料がカットされRPA断念の危機に直面することに。自動化した業務を手作業に戻す必要が出てきた中、社員からは「負担が大きい作業が自動化され重要な仕事に集中できている。何とか継続を」と声が上がりました。役員に「コスト最小のツールを即探すので継続のチャンスを」と訴え必死に情報を集める中知ったのが、Power Automate Desktopの前身である「WinAutomation」です。**導入していたRPAツールに比べて1/10の価格で使用できるため乗り換えを決断**しました。導入支援会社のチャットサポートも活用し、約2ヵ月で使用中のRPAツールからの移行作業を完了させました。

## Twitterが心の支え。苦労の日々こそに意味がある

さまざまな苦労がある中で私を支えたのは、RPAで自動化を進める方たちからの応援や反響でした。実は、最初にRPAの企画書を提出する稟議の直前、昇格試験に落ち、人事総務部門から異動になっていました。自信を喪失する中でTwitterの投稿に「いいね！」が付くと自分の挑戦には価値があると再確認できました。また、noteでの発信を始めたのも、Twitterがきっかけです。Twitterで知り合った方の中には、RPAベンダーや導入支援会社の人もたくさんいたので、中小企業の実情を知ってもらい、実情に合ったサポートをしてほしいという想いがありました。また、**日々の導入進捗や気付いたことなどをまとめることで、自分のリアルな経験が誰かの参考になるはず**だと感じたからです。同じような境遇の方から「勇気をもらった」「希望を感じた」と反響があったときは、「たとえRPA導入が失敗に終わったとしても、経験という財産は残せたことになるので、堂々とやればいいのだ」と思いました。

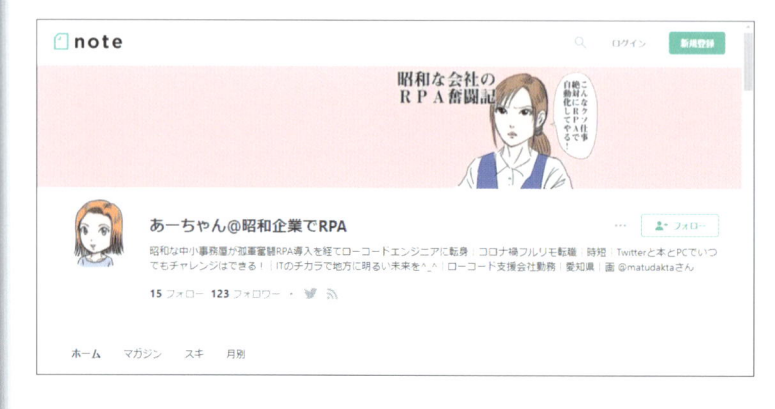

▼昭和な会社のRPA奮闘記
https://note.com/aachan5550

# RPA活用の３つのポイント

自身の経験からRPA活用を進めるには3つのポイントがあると感じています。

**1.すぐできる簡単な業務の自動化から始める**
人員に余裕がない場合や、業務プロセスの見直しができる人材が不足している状況で業務の棚卸を始めてしまうと終わりが見えなくなってしまうケースも。また効果が大きい業務は業務プロセスも長くなりがちで自動化難易度も高くなる。すぐ自動化できそうな簡単な業務から始め、経験を積んでから効果の大きな業務の自動化に進むのがよい。

**2.導入の目的を会社全体で共有し前向きな活動に**
RPA活用のためには業務プロセスの見直しやデジタル化が必要。なぜRPA導入やデジタル化の必要があるか、働く人にどんな嬉しさがあるのかを会社全体で共有し、前向きな活動にしていく。

**3.RPA活用を通して、IT活用ができる人材を育てる**
IT未経験者でもRPAツールは習得することができ、活用に取り組むことで、ITの基礎知識や活用手順を学ぶことができる。失敗を経験と捉える雰囲気を作り、IT活用に積極的な社員を育てていくことで社内主導のDXにつなげていくことができる。

# RPA活用でより幸せに働ける未来を目指して

導入から1年ほど経つとRPAやデジタル化に興味を持つ社員がでてきました。「ITで仕事を効率化するって面白い」という会話が生まれ、Webフォームを使った社内申請のデジタル化、採用説明会のオンライン化、テレワーク導入などが進行しました。「RPA導入をきっかけにIT活用でもっと幸せに働ける会社にしたい」という想いはいつしか周囲に伝わったと感動し、このような意識改革こそがRPAの真の効果だと感じました。Power Automate DesktopはWindows 10のパソコンがあれば無料で使え、ノンプログラマーでも習得が可能なツールです。本書で基礎から実践を学んでいただき、煩雑な作業はPower Automate Desktopに任せ、より付加価値の高い仕事に集中できる環境を手に入れる一歩を踏み出してください。RPA活用で自分も同僚も幸せに働ける明るい未来に向かって一緒に頑張りましょう！

> 私の想いはいつのまにか周囲の社員に伝わっていたんだ、とこみ上げるものを感じました

 **あーちゃん | 昭和企業の事務屋→IT企業**
@aachan5550  ···

会議室のぞいたら、"オンライン内定式"やってた。

3年前の弊社では、まったく到底、想像できなかったこと。

会社は変えられなくても、一人一人の社員がIT化で成功体験を積み、力を付け、地方のIT化を支える人材になってくれればいい。

私のRPA導入の成果はこれです。

午後0:52 · 2020年10月1日 · Twitter for Android

# できるシリーズの読み方

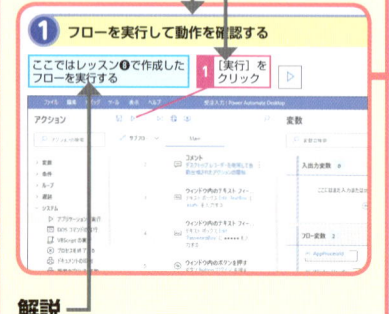
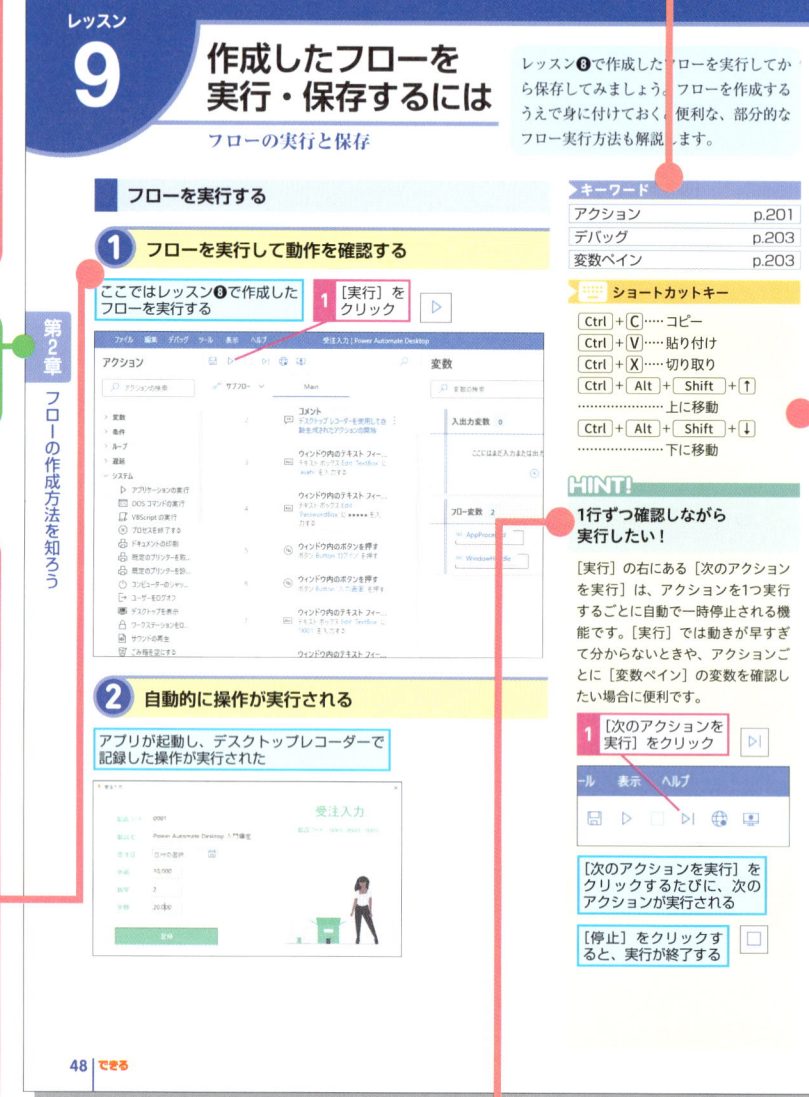

## テクニック

レッスンの内容を応用した、ワンランク上の使いこなしワザを解説しています。身に付ければパソコンがより便利になります。

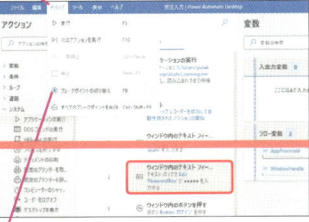

**テクニック** ブレークポイントの使い方を知りたい

ブレークポイントとは、フロー制作中に実行内容の確認やテストのため、途中で意図的にフローを一時停止させる箇所のことです。前ページのHINT!で説明した[次のアクションを実行]と組み合わせて使用することも可能です。ブレークポイントを設定して1行ずつ実行しながら、不具合箇所を特定し修正していく作業をプログラミング用語で「デバッグ」と呼びます。

1 ブレークポイントを設定したいアクションをクリック

2 [デバッグ]をクリック

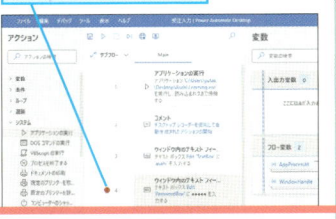

3 [ブレークポイントの切り替え]をクリック

ブレークポイントが表示された

[実行]をクリックすると、ブレークポイントでフローが止まる

[デバッグ]、タブ - [すべてのブレークポイントを削除]をクリックすると、ブレークポイントを削除できる

右ページのつめでは、知りたい機能でページを探せます。

9 フローの実行と保存

## ショートカットキー

知っておくと何かと便利。キーボードを組み合わせて押すだけで、簡単に操作できます。

### フローを保存する

**1** 実行したフローを保存する

1 [保存]をクリック

**2** フローが保存された

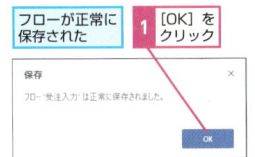

フローが正常に保存された

1 [OK]をクリック

間違った場合は?

手順3で誤ってダブルクリックすると、設定がオフになってしまいます。その場合は、もう一度クリックしてオンにしましょう。

### Point

**フローを制作したら実行してみよう**

アクション上で右クリックすると表示される[ここから実行]と組み合わせて使えば、フローの途中からブレークポイントの位置まで実行することもできます。フローが完成したら、ブレークポイントは不要になるので[デバッグ] - [すべてのブレークポイントを削除]の順にクリックして削除しておきましょう。

## Point

各レッスンの末尾で、レッスン内容や操作の要点を丁寧に解説。レッスンで解説している内容をより深く理解することで、確実に使いこなせるようになります。

間違った場合は?

手順の画面と違うときには、まずここを見てください。操作を間違った場合の対処法を解説してあるので安心です。

※ここに掲載している紙面はイメージです。実際のレッスンページとは異なります。

# 目　次

## 第1章　Power Automate Desktopの基本を学ぼう　17

# 練習用ファイルの使い方

本書では、第2章以降のフロー制作に必要な練習用ファイルを用意しています。Excel 2019の標準設定では、ダウンロードしたExcelファイルを開くと、[保護ビュー]で表示される仕様になっています。本書の練習用ファイルは安全ですが、練習用ファイルを開くときは以下の手順で操作してください。なお、第2章のプログラムファイルは本書の学習のためのみに利用可能です。複製・譲渡・配布・公開販売に該当する行為は禁じております。

▼ 練習用ファイルのダウンロードページ
https://book.impress.co.jp/books/
1120101186

練習用ファイルを利用するレッスンには、
練習用ファイルの名前が記載してあります。

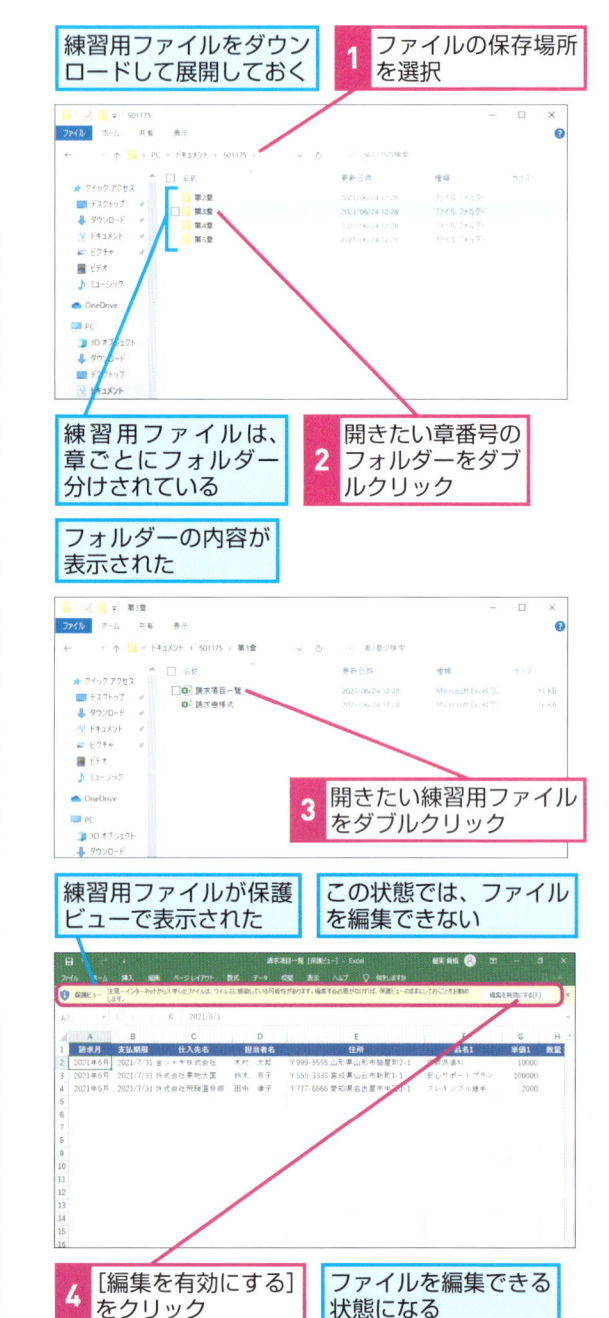

練習用ファイルをダウンロードして展開しておく

**1** ファイルの保存場所を選択

**2** 開きたい章番号のフォルダーをダブルクリック

練習用ファイルは、章ごとにフォルダー分けされている

フォルダーの内容が表示された

**3** 開きたい練習用ファイルをダブルクリック

練習用ファイルが保護ビューで表示された

この状態では、ファイルを編集できない

**4** [編集を有効にする]をクリック

ファイルを編集できる状態になる

---

## HINT!

### 何で警告が表示されるの?

Excel 2019では、インターネットを経由してダウンロードしたファイルを開くと、保護ビューで表示されます。ウイルスやスパイウェアなど、セキュリティ上問題があるファイルをすぐに開いてしまわないようにするためです。ファイルの入手時に配布元をよく確認して、安全と判断できた場合は[編集を有効にする]ボタンをクリックしてください。

# 第1章 Power Automate Desktopの基本を学ぼう

Power Automate Desktopはパソコン上の作業を自動化できるツールです。Windows 10が搭載されたパソコンを使っている人であれば、無償で使うことができます。Power Automate Desktopで自動化できる業務を知り、入手方法やインストール手順を確認しましょう。

# Power Automate Desktopって何？

ここではPower Automate Desktopの特徴や、使用するメリットを紹介します。どんな業務を自動化できるのか見てみましょう。

## 誰でも簡単に操作できる自動化ツール

Power Automate Desktopはマイクロソフトが提供する業務の自動化を目的としたRPAツールです。Power Automate Desktopを使うと、パソコン上の作業を自動化できます。例えば、Excelのファイルにある数百件ものデータを社内システムに1つずつ入力するような作業は、人間が行うと時間が掛かるうえに疲労がたまり、ミスを起こすことがあります。しかし、Power Automate Desktopなら正確に、ミスをすることなく、一瞬で終わらせることができるのです。特徴は大きく3つあります。1つ目はプログラミングスキルがない人でも扱えるローコードツールである点です。ITに関する高度な知識がない人でも使えます。2つ目はWindows 10が搭載されたパソコンを使っている人であれば、無償で使えることです。「RPAツールは便利そうだが価格が高い」と感じていた人もコスト負担を気にすることなく、手軽に試せます。3つ目はマイクロソフトのアプリである点です。日常的に業務で使用しているExcelやWordなどのマイクロソフト製品とスムーズに連携します。

**キーワード**

| | |
|---|---|
| RPA | p.200 |
| アクション | p.201 |
| フロー | p.203 |

### HINT!

**RPA って何？**

RPAとは「Robotic Process Automation（ロボティック・プロセス・オートメーション）」の略で、人の手によって行われるパソコン上の作業をソフトウェアに組み込まれたロボットに代行してもらう技術です。人の作業を代行してくれるので、「仮想労働者」や「ロボット社員」といわれたりします。

### HINT!

**ローコードって何？**

ローコードとはコンピュータープログラムを表現する文字列「プログラムコード」をほとんど書くことなく、アプリケーション開発を可能とする手法のことです。この手法を活用して設計されたツールは「ローコードツール」と呼ばれ、Power Automate Desktopもローコードツールです。従来、パソコン上で行う作業の自動化はプログラムコードの知識が必要でした。ローコードツールの普及により、IT専門知識を持たない業務部門スタッフでも自動化ツールやアプリケーションの開発ができるようになりました。

手入力作業 → Power Automate Desktop

疲労　長時間　ミス　♪　自動化

## 一定のルールに基づく作業を自動化できる

一定の手順やルールに基づき、データの転記やシステムへの入力を繰り返すような仕事はPower Automate Desktopが最も得意とする作業です。Power Automate Desktopにはパソコン上でよく行われる作業が「アクション」として用意されており、自動化したい業務の流れに沿ってアクションを組み合わせていき、でき上がった1つのまとまりを「フロー」といいます。アクションは300種類以上あり、Webページ上のボタンや入力枠を操作するものや、Excelファイル上のデータを編集するものなど、パソコン上で行われるあらゆる作業に対応しています。一方で、FAXで届いた単価を目視で確認しExcelに打ち込むような紙を使った業務や、台風が接近している場合は発注量を減らすなど、経験値や感覚に基づく判断を伴う業務は自動化できません。Power Automate Desktopでフローを作る場合は、人の感覚で判断する作業が含まれていないか確認しましょう。

◆アクション
Power Automate Desktop に実行させたいパソコン上の操作

◆フロー
自動化したい業務の流れに沿って配置したアクションのかたまり

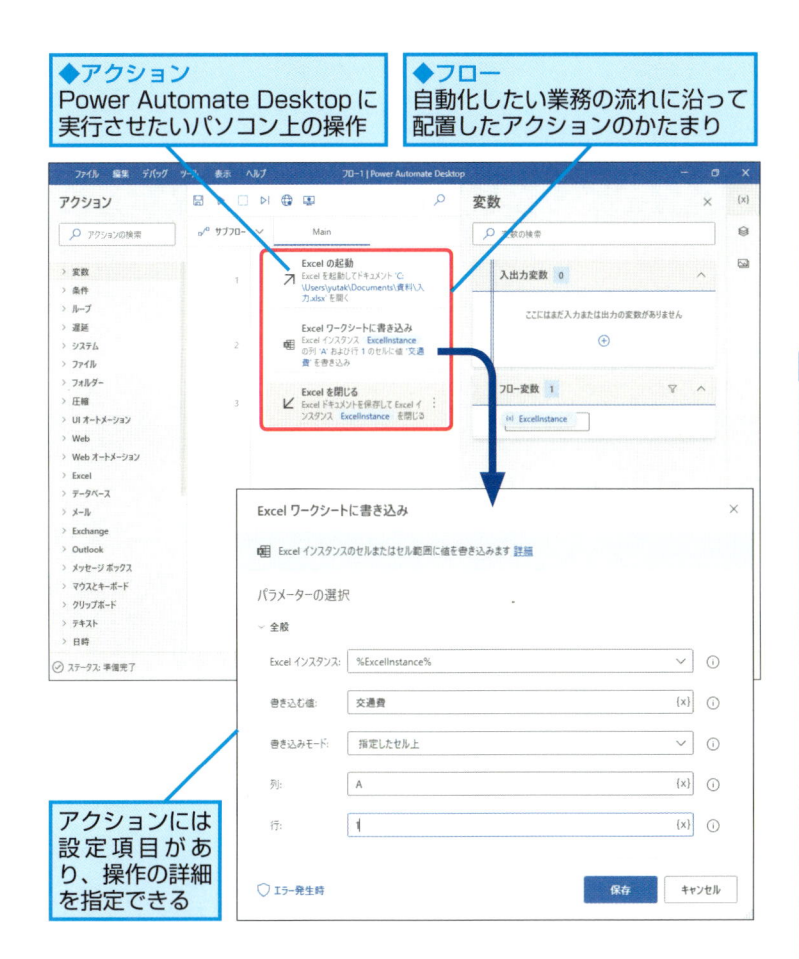

アクションには設定項目があり、操作の詳細を指定できる

# Power Automate Desktopを利用するには

## 利用方法

使い始めるうえで知っておくべきことを押さえましょう。また同じマイクロソフト社の自動化ツール「Power Automate」との関係を解説します。

## ■ 推奨条件とMicrosoftアカウントについて

Power Automate DesktopはWindows 10を搭載したパソコンがあれば、使用可能ですが以下の推奨条件がありますので、インストール予定のパソコンが推奨条件を満たしているかどうか事前に確認しましょう。また、Power Automate Desktopを利用する際は、Microsoftアカウントが必要になります。Microsoftアカウントとは、マイクロソフトが提供するサービスを利用するための専用のIDとパスワードのことです。Power Automate Desktopは必ずMicrosoftアカウントでサインインした状態で使用し、作成したフローのデータはマイクロソフトが提供するクラウド上のオンラインストレージサービス「OneDrive」に保存される仕組みになっています。Microsoftアカウントには、ユーザーが個人で作成する「個人アカウント」と、会社がマイクロソフトの提供する法人向けサブスクリプションサービス「Microsoft 365」などを導入した際に、所属するユーザーに割り当てる「組織アカウント」があります。組織アカウントを使用した場合、Power Automate Desktopで作成したフローや実行状況を記録した履歴などの情報は「Microsoft Dataverse」と呼ばれるクラウド上のデータベースに保存されます。なお、本書では個人アカウントでの利用方法についてのみ説明しています。

### ●最小要件

| システム要件 | Windows 10 Home、Windows 10 Pro、Windows 10 Enterprise、Windows Server 2016 または Windows Server 2019 を搭載したパソコン |
|---|---|
| 最低限必要なハードウェア | ストレージ　1GB |
| | RAM　2GB |
| 推奨されるハードウェア | ストレージ　2GB |
| | RAM　4GB |
| その他 | .NET Framework バージョン 4.7.2 またはそれ以降がインストールされていること |
| | Power Automate Desktop の使用中はパソコンがインターネットに接続できること |

キーワード

| Microsoft 365 | p.200 |
|---|---|
| Microsoft Dataverse | p.200 |
| Power Automate | p.200 |

**HINT!**

### インターネットに接続した環境は必須！

作成したフローはパソコンのハードディスク上には保存されず、クラウド上のOneDriveに保存されるため、フローの実行や編集時にはパソコンがインターネットに接続している必要があります。Power Automate Desktopを使う際は、インターネットに接続している状態になっているか確認しておきましょう。

インターネットに接続していないとエラーが表示される

フローの初期化中にエラーが発生しました

フローの初期化に失敗しました。アクティブなインターネット接続があることを確認して、管理者に問い合わせてください。

関連付け ID

50cc2060-f967-4fa7-a9ef-ea1db8b71cfa

OK

**HINT!**

### .NET Frameworkとは

.NET Framework（ドットネットフレームワーク）はさまざまなアプリケーションを動作させるための実行環境のことです。Windows 10では最新版の.NET Frameworkが標準でインストールされているため、追加でインストールが必要なケースはほとんどありません。

## 似た名前の「Power Automate」について

「Power Automate」は、プログラミングスキルの有無に関わらず、誰もが業務を自動化できるように開発されたマイクロソフトのローコードプラットフォームの1つです。Power Automate Desktopはその中の機能の一部で、アプリケーション操作、ファイル操作、Webブラウザーの操作など、パソコン上で行われる作業を自動化することに特化したツールです。それに対し、Power Automateではさまざまなクラウドサービスとの連携を容易にするための「コネクタ」と呼ばれる部品が500種類以上用意されており、それらを組み合わせることでクラウド上のサービスの自動化を可能とします。Power Automateで作成したフローを「クラウドフロー」、Power Automate Desktopで作成したフローを「デスクトップフロー」と呼び、自動化したいアプリケーションやクラウドサービスによって、Power AutomateとPower Automate Desktopを使い分けることで、自動化の範囲を広げることができます。

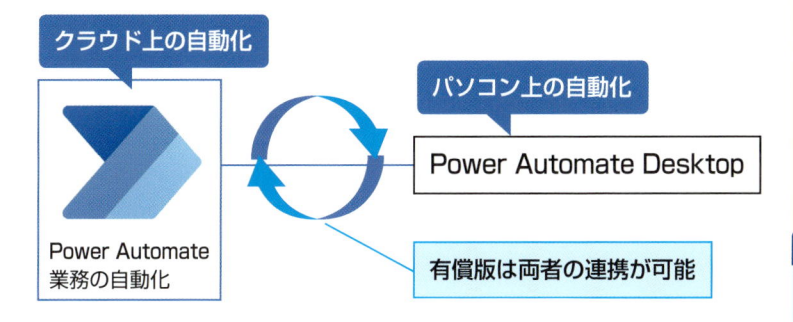

クラウド上の自動化

Power Automate
業務の自動化

パソコン上の自動化

Power Automate Desktop

有償版は両者の連携が可能

## 有償版と無償版の違い

Power Automate Desktopには月額使用料を払って使う有償版が存在します。有償版ではデスクトップフローとクラウドフローを連携させることで、デスクトップフローを一定のスケジュールに沿って実行させたり、ファイルの移動やメールの受信などをきっかけにフローを起動させたりするトリガー実行などが可能となります。本書で扱うのは無償でインストールできるPower Automate Desktopです。

# Microsoftアカウントを作成するには

## Microsoftアカウント

Power Automate Desktopを使うためにはMicrosoftアカウントが必要です。まだ持っていない人はアカウントを入手し、使用を開始する準備を整えましょう。

第1章 Power Automate Desktop の基本を学ぼう

## 1 Microsoft Edgeを起動する

| デスクトップを表示しておく | **1** [Microsoft Edge] をクリック |
| --- | --- |

## 2 マイクロソフトのWebページを表示する

**1** アドレスバーに右記のURLを入力

▼Microsoftアカウントのページ
https://account.microsoft.com/

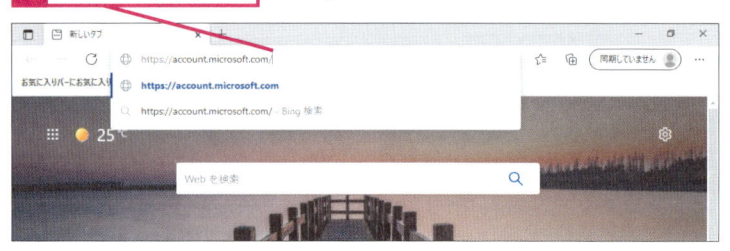

**2** Enter キーを押す

## 3 アカウントの作成画面を表示する

| Microsoft アカウントのページが表示できた | Microsoft アカウントを新規に取得する |
| --- | --- |

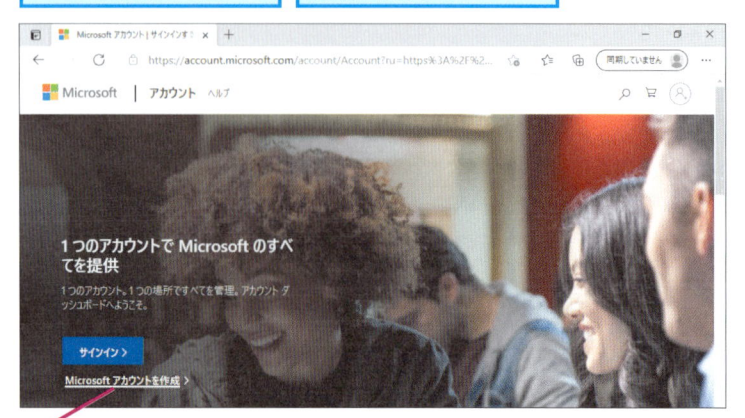

**1** [Microsoft アカウントを作成] をクリック

### HINT!

#### Microsoft Edgeでしかできない？

本レッスンの内容はGoogle Chromeなど、ほかのWebブラウザーでも可能ですが、本書ではこれ以降もMicrosoft Edgeを使った操作を解説していきます。同じ画面で学習したい方はMicrosoft Edgeを使うことをおすすめします。

### HINT!

#### すでにMicrosoftアカウントを持っているときは

すでにMicrosoftアカウントを持っている場合は手順3の画面で[サインイン]をクリックし、IDであるメールアドレスとパスワードを入力すればサインインできます。

## 🖐 テクニック 使っているメールアドレスでアカウントを作りたい

手順4の［アカウントの作成］画面で、すでに持っているGmailなどのフリーメールアドレスも入力可能です。ここで登録するメールアドレスはPower Automate DesktopへのサインインIDとなります。普段利用しているメールアドレスのほうが分かりやすい場合は以下の方法でアカウントを作成しましょう。

ここでは Gmail のアドレスを入力する

1 メールアドレスを
入力

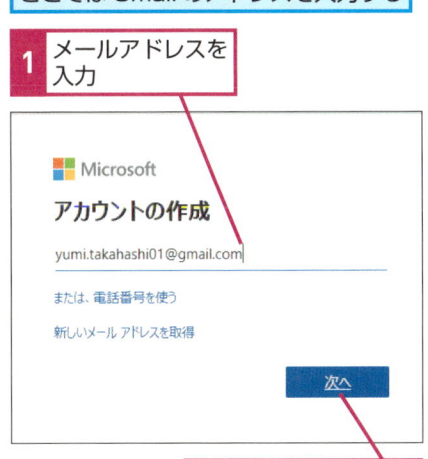

2 ［次へ］をクリック

パスワードの作成
画面が表示された

次ページの手順 5 を参考に、アカウントの
作成に必要な項目の設定を行う

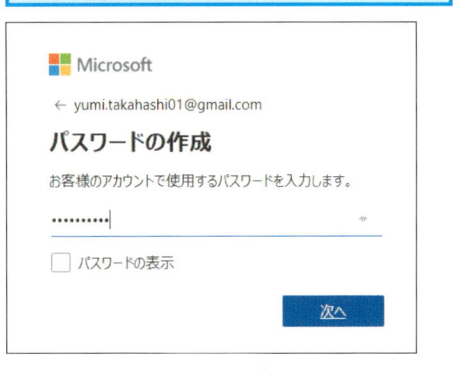

---

 **メールアドレスを作成する**

［アカウントの作成］画面が表示された

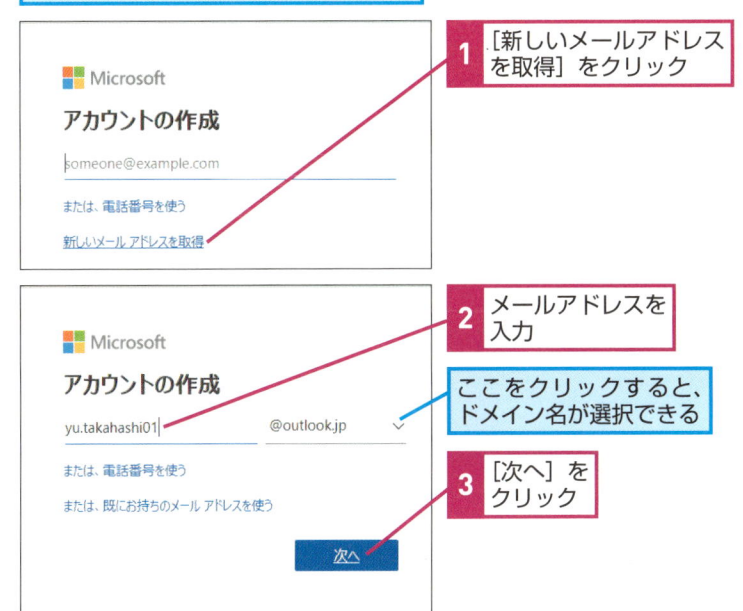

1 ［新しいメールアドレス
を取得］をクリック

2 メールアドレスを
入力

ここをクリックすると、
ドメイン名が選択できる

3 ［次へ］を
クリック

### HINT!

**すでに使用されているメール
アドレスは登録できない**

すでにほかの人が使用しているメールアドレスは登録することができません。名前や組織名だけでなく、数字などを組み合わせて、まだ取得されていないメールアドレスを探しましょう。

使用済みのメールアドレスを入
力するとエラーが表示される

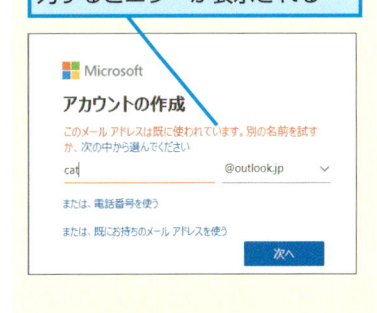

次のページに続く

## ⑤ パスワードを作成する

**Microsoft アカウントで利用する パスワードを入力する**

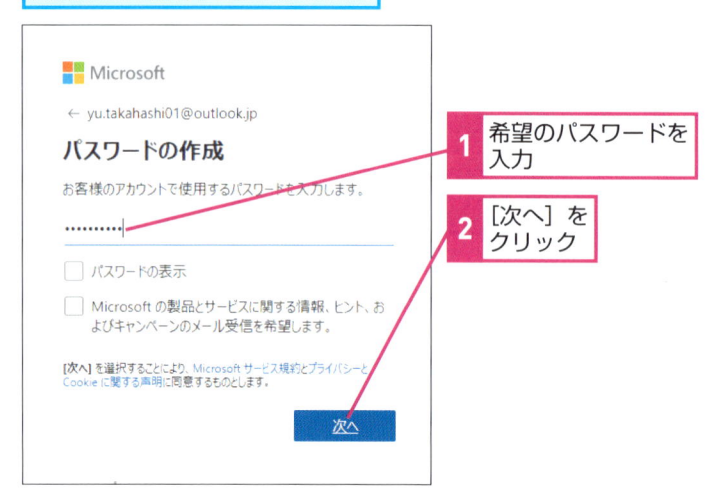

**1** 希望のパスワードを 入力

**2** [次へ] を クリック

## ⑥ ロボットでないことを証明する

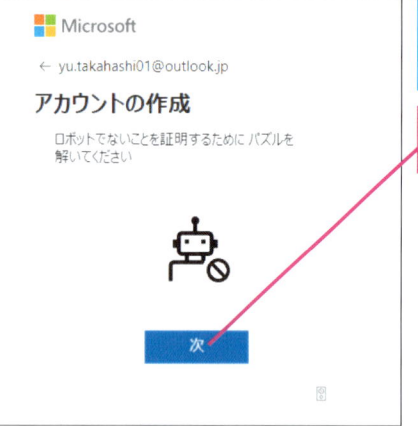

**ロボットでないことを 証明するための画面が 表示された**

**1** [次] を クリック

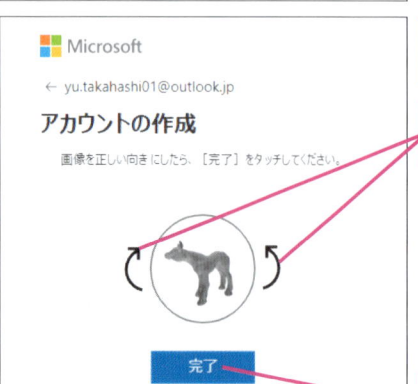

**画面に表示された画像を 正しい向きに調整する**

**2** 矢印を複数回 クリック

**3** [完了] を クリック

---

⚠ **間違った場合は？**

設定したいアドレスではない文字列を入力してしまった場合は、手順5の画面の上部にある [←] をクリックします。手順4の画面に戻るので Delete キーを押して文字列を削除し、入力し直しましょう。

### HINT!
**パスワードに 設定できる文字は？**

パスワードは8文字以上で、大文字、小文字、数字、記号のうち2種類以上を含んでいる必要があります。推測や解読されにくいように、ユーザー名、実名、会社名などの連想されやすい単語は避けましょう。

### HINT!
**「ロボットでないことを 証明する」とは？**

Webサイトは悪意のある第三者の不正サインインを防止するため、ページ内での行動から悪意のあるプログラムか人間による操作かを自動的に判断する仕組みが組み込まれています。ページ内での行動を確認、判定するためにこの「ロボットではないことを証明する」ページが設けられています。

## 7 Microsoftアカウントの管理画面が表示された

Microsoft アカウントの
管理画面が表示された

続けて名前を
追加する

**1** [名前を追加する] をクリック

## 8 氏名を入力する

**1** [名前を編集する] をクリック

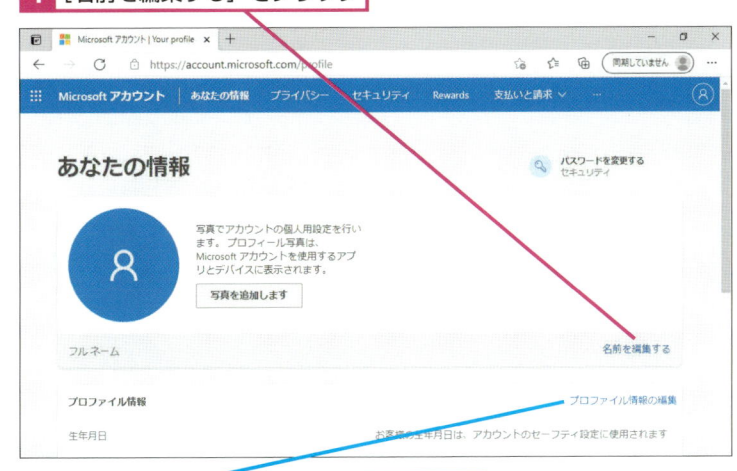

生年月日や国または地域を編集するときは
[プロファイル情報の編集] をクリックする

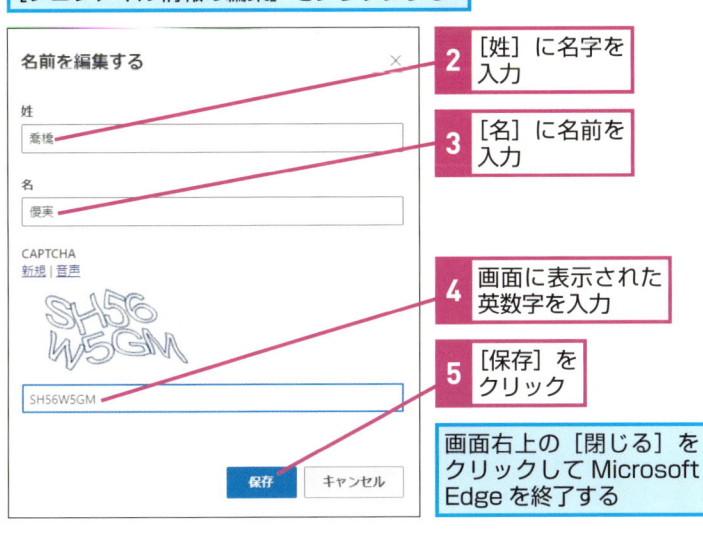

**2** [姓] に名字を入力

**3** [名] に名前を入力

**4** 画面に表示された英数字を入力

**5** [保存] をクリック

画面右上の [閉じる] を
クリックして Microsoft
Edge を終了する

## HINT!
### 生年月日などのプロファイルを編集するには

[プロファイル情報の編集] をクリックすると、[個人情報] の編集画面に移動します。[生年月日][性別][国/地域][都道府県][郵便番号][タイムゾーン] の編集が可能です。編集が終わったら [保存] をクリックしましょう。

[個人情報] の画面で生年月日などを設定する

## Point
### アカウントは大切に管理しよう

本レッスンで作成したMicrosoftアカウントはPower Automate Desktopのサインインだけではなく、マイクロソフトが提供するクラウドサービスすべてへのサインインアカウントとなります。Microsoftアカウントがあれば、オンラインラーニングの「Microsoft Learn」、オンラインミーティングツールの「Microsoft Teams」、Webメールの「Outlook.com」などを無償で使うことができます。人の目に触れない場所にメモしておくなどして、パスワードが分からなくなってしまった、ということがないよう気を付けてください。

# Power Automate Desktop をインストールするには

## インストール

Power Automate Desktopをインストールしましょう。Webブラウザーを操作するために必ず必要な拡張機能のインストールや有効化の手順も解説します。

## ① インストーラーをダウンロードする

レッスン❸を参考に、Microsoft Edge を起動しておく

**1** 右記の Web ページにアクセス

▼Power Automate Desktop
https://flow.microsoft.com/ja-jp/desktop/

**2** [無料でダウンロードする] をクリック

インストーラーがダウンロードされた

**3** [ファイルを開く] をクリック

## ② インストールを開始する

[Power Automate Desktop の設定] 画面が表示された

**1** [次へ] をクリック

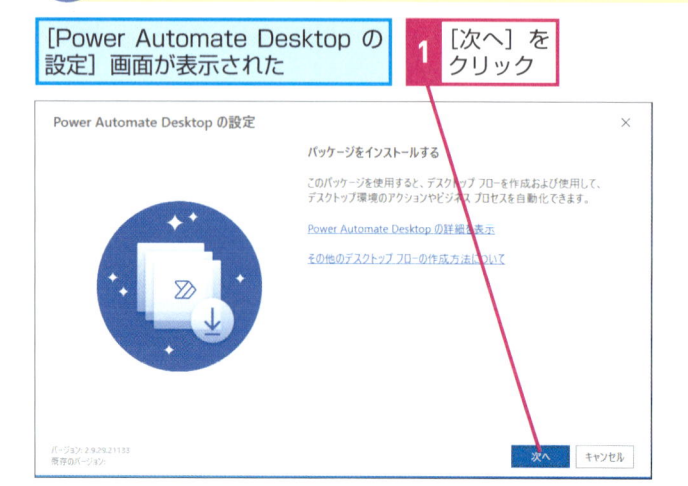

### キーワード

| | |
|---|---|
| Microsoft Edge | p.200 |
| アップデート | p.201 |
| 拡張機能 | p.202 |

### HINT!

### 旧バージョンのMicrosoft Edgeは使えないので要注意

本レッスンではWebブラウザー「Microsoft Edge」の操作を自動化するために必要な拡張機能をインストールします。Microsoft Edgeには新旧2つのバージョンが存在し、Power Automate Desktopで操作できるのは2020年1月15日にリリースされたChromium（クロミウム）をベースとした新しいMicrosoft Edgeです。旧バージョンはWindows 10のリリース当時から既定ブラウザーとして装備されていたものです。新バージョンと旧バージョンはアイコンで判別することができます。Windows Updateが適切に行われていれば、自動的に新バージョンにアップデートされていますが、旧バージョンとなっている場合は「Microsoft Edge」で検索し、最新版をダウンロードしインストールしてください。

新バージョンのアイコン

旧バージョンのアイコン

## ③ インストールの設定を行う

[インストールの詳細] 画面が表示された

ここをクリックすると、インストール先のフォルダーを変更できる

ここではインストール先を変更しない

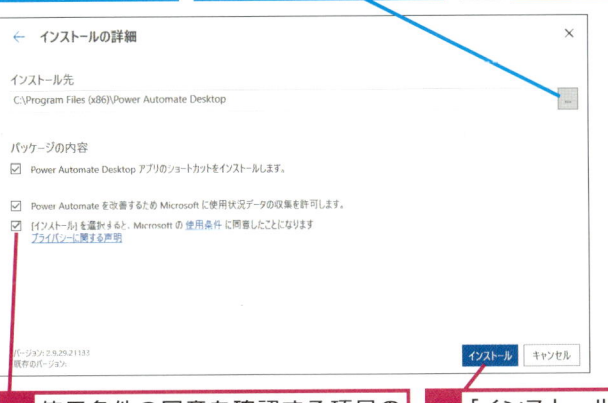

**1** 使用条件の同意を確認する項目のチェックボックスをクリックしてチェックマークを付ける

**2** [インストール] をクリック

## ④ アプリの使用を許可する

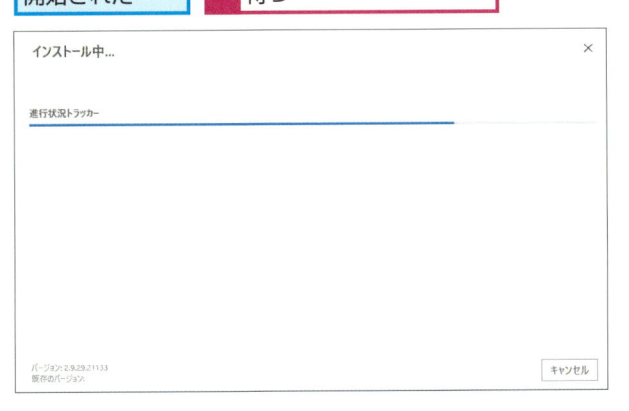

[ユーザーアカウント制御] 画面が表示された

**1** [はい] をクリック

## ⑤ インストール完了まで待つ

インストールが開始された

**1** インストールされるまで待つ

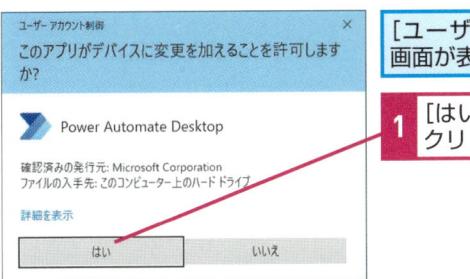

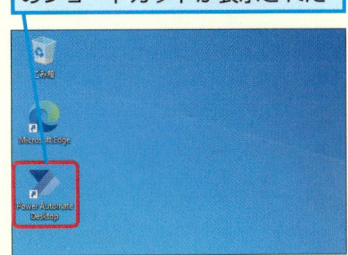

---

### HINT!

**ショートカットアイコンも作成される**

インストールの設定画面で「Power Automate Desktopアプリのショートカットをインストールします。」のチェックボックスにチェックマークを付けることで、デスクトップ上にショートカットアイコンが作成されます。ショートカットアイコンが不要な場合は、チェックマークをはずしてインストールしましょう。

[Power Automate Desktop]のショートカットが表示された

### HINT!

**再起動しなくても利用できる**

従来のインストール型アプリケーションはパソコンを再起動しないと正常に動作しないものがありましたが、Power Automate Desktopは再起動なしで使い始めることができます。「再起動の案内が出た」「画面の挙動がおかしい」「起動しない」といった場合のみパソコンの再起動を行ってください。

次のページに続く

## ⑥ Webブラウザーを選択する

[インストール成功] 画面が表示された

ここでは Microsoft Edge の拡張機能をインストールする

**1** [Microsoft Edge] をクリック

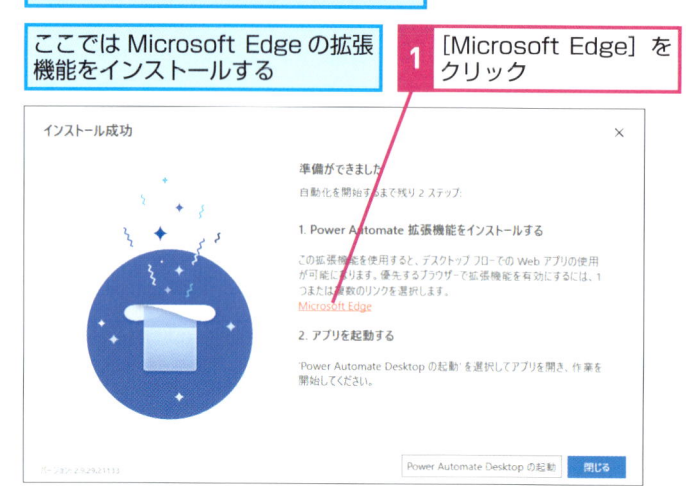

## ⑦ 拡張機能をインストールする

Microsoft Edge が起動した

**1** [インストール] をクリック

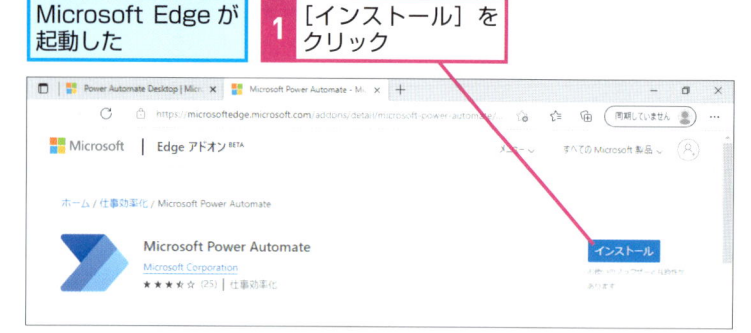

拡張機能の追加を確認する画面が表示された

**2** [拡張機能の追加] をクリック

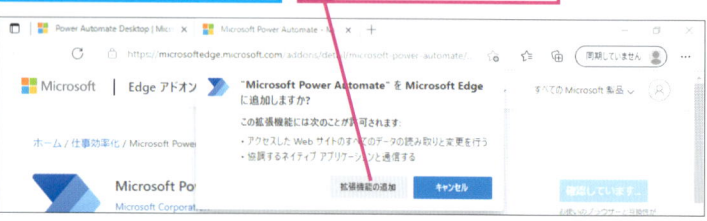

拡張機能が追加できた

**3** [閉じる] をクリック

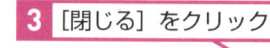
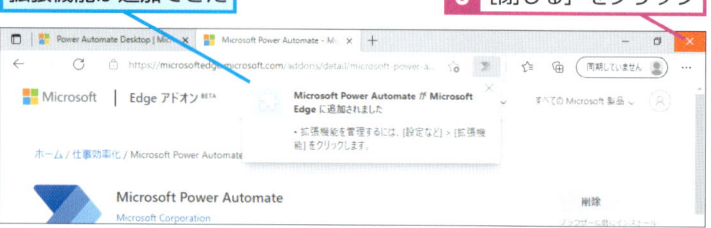

---

### HINT!

#### ほかのWebブラウザーの拡張機能を有効化するには

Microsoft EdgeのほかにGoogle Chrome、Firefox、Internet Explorerに対応しています。インストール完了後に開くことができるフローデザイナー（レッスン⑥参照）の左上にある[ツール]メニューの[ブラウザー拡張機能]より各ブラウザーの拡張機能がインストール可能です。インストール後は各ブラウザーを閉じて終了することで完了します。

[ツール] - [ブラウザー拡張機能] の順にクリックして Web ブラウザーを選択する

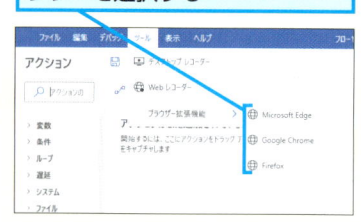

### HINT!

#### 拡張機能を有効化するのはなぜ？

拡張機能とは、使っているWebブラウザーの機能を増やしたり強化したりするためのプログラムのことです。Power Automate DesktopのWebブラウザーの拡張機能をインストールし有効化すると、Webページ上のデータ抽出やWebフォームへのデータ入力など、Webブラウザー上のさまざまな操作がPower Automate Desktopで行えるようになります。拡張機能はインストールしただけでは機能しないため、有効化を必ず行いましょう。

## 8 拡張機能を確認する

Microsoft Edge を起動しておく

**1** [設定など] をクリック

**2** [拡張機能] をクリック

## 9 有効化されていることを確認する

[拡張機能] のページが表示された

**1** ここがオンになっているのを確認

**2** [閉じる] をクリック

## 10 インストール画面を閉じる

[インストールの成功] 画面に戻った

**1** [閉じる] をクリック

### HINT!

**アップデート情報はコンソールの [設定] から入手可能**

Power Automate Desktopは機能や操作性改善のためのアップデートが行われることがあります。アップデート情報は、コンソール（レッスン❻参照）の [設定] の [更新プログラムの確認] で確認することができます。また、[更新通知を表示する] にチェックを入れておくと、更新があった場合に通知されます。

[更新プログラムの確認] をクリックすると最新かどうか確認できる

### Point

**インストールと拡張機能の有効化手順はしっかり押さえておこう**

パソコンを買い替えたときや別のパソコンでもPower Automate Desktopを使いたい場合は本レッスンのインストール操作が必要です。また、Webブラウザーの拡張機能の追加と有効化はWebブラウザーの種類ごとに行う必要があります。使用するWebブラウザーの種類が変わったときは、そのWebブラウザーの拡張機能のインストールと有効化を行ってください。Webブラウザーの操作を簡単に自動化できるのもPower Automate Desktopの魅力です。拡張機能を追加できないとWebブラウザー上の操作を自動化するフローを作れず、Power Automate Desktopの本領が発揮できないので注意しましょう。

# Microsoftアカウント でサインインするには

サインイン

Microsoftアカウントでサインインし、Power Automate Desktopを起動してみましょう。フローデザイナーを起動できれば、使用開始まであと一歩です。

## ① Power Automate Desktopを起動する

**1** [スタート] を クリック

**2** ここを下に ドラッグ

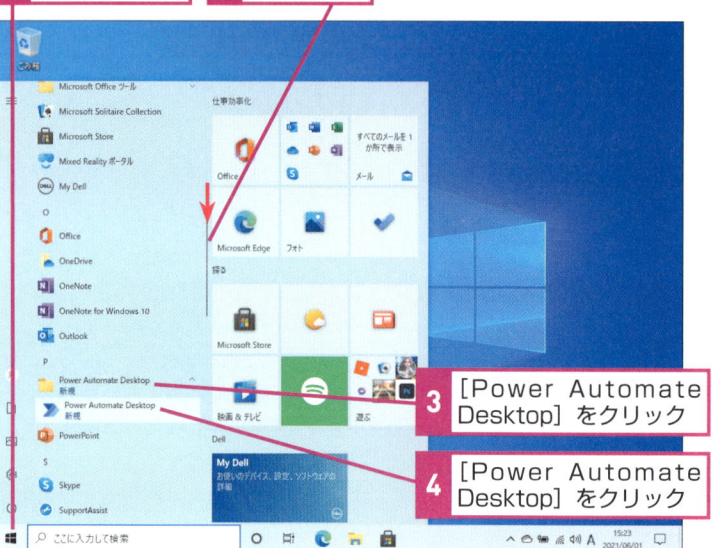

**3** [Power Automate Desktop] をクリック

**4** [Power Automate Desktop] をクリック

## ② サインインを開始する

Power Automate Desktop が 起動した

**1** [サインイン] を クリック

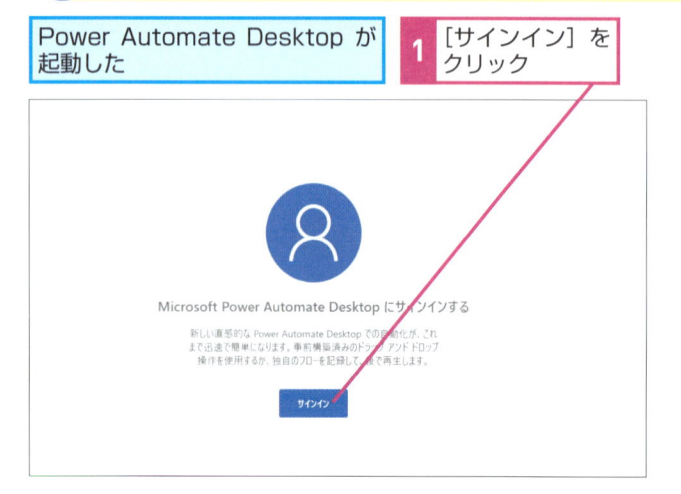

Microsoft Power Automate Desktop にサインインする

新しい直感的な Power Automate Desktop での自動化が、これまで迅速で簡単になります。事前構築済みのドラッグ アンド ドロップ 操作を使用するか、独自のフローを記録してフローで再生します。

サインイン

---

### HINT!

**デスクトップから 起動できるようにするには**

以下の方法で、Power Automate Desktopのアイコンが常時タスクバーに表示されるようになります。また、スタートメニューから [Power Automate Desktop] を選択し、アイコンにマウスポインターを合わせた状態でデスクトップにドラッグするとショートカットアイコンが作成されます。

手順1を参考に、スタートメニューの [Power Automate Desktop] を表示しておく

**1** [Power Automate Desktop] を右クリック

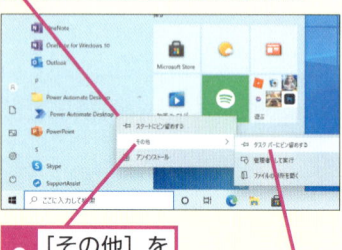

**2** [その他] を クリック

**3** [タスクバーにピン留めする] をクリック

## ③ メールアドレスを入力する

[Power Automate Desktop にサインインする]
画面が表示された

**1** [メールアドレス] にレッスン❸で
取得したメールアドレスを入力

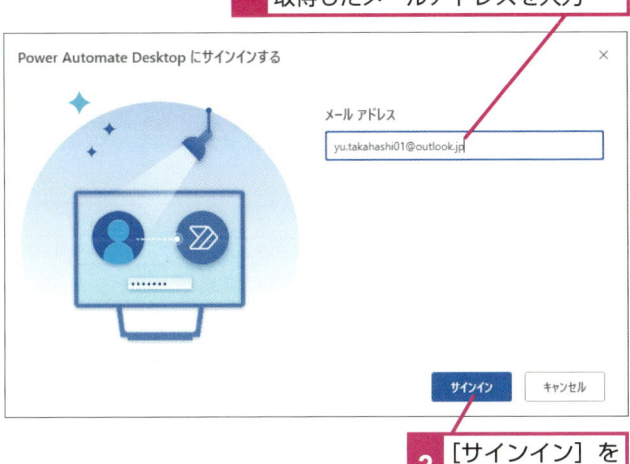

**2** [サインイン] を
クリック

## ④ パスワードを入力する

パスワードの入力画面が表示された

**1** パスワードを
入力

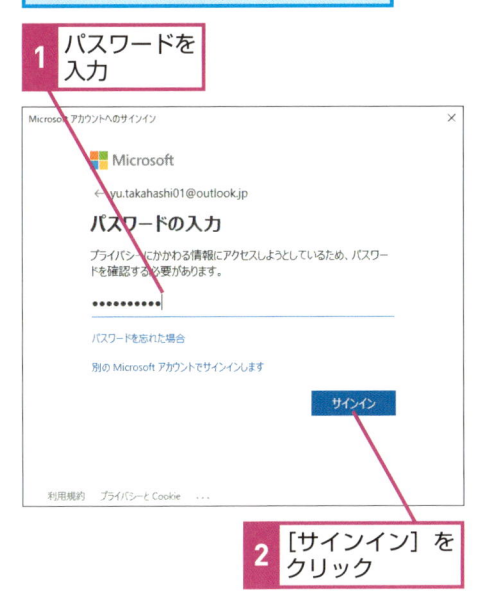

**2** [サインイン] を
クリック

次のページに続く

---

5

サインイン

## HINT!

### どんなアドレスでも
### サインインできる？

Microsoftアカウントに登録してい
ないメールアドレスは使用できませ
ん。レッスン❸で作成した
Microsoftアカウントのメールアドレ
ス、もしくはすでにMicrosoftアカウ
ントとして登録済みのメールアドレ
スでサインインしましょう。

⚠ **間違った場合は？**

手順4で [サインイン] をクリックし
てエラーが表示されたときは、入力
したパスワードが間違っている可能
性があります。正しいパスワードを
入力しましょう。

## ⑤ 国または地域を選択する

[Power Automate Desktop へ
ようこそ] 画面が表示された

[国／地域の選択] で
使用地域を設定する

**1** ここをク
リック

**2** スクロールバー
を下にドラッグ

**3** [日本] をクリック

[日本] が選択できた

**4** [開始する] を
クリック

## ⑥ 新しいフローを作成する

Power Automate Desktop のコンソールが表示された

新しいフローを作成する **1** [新しいフロー] をクリック

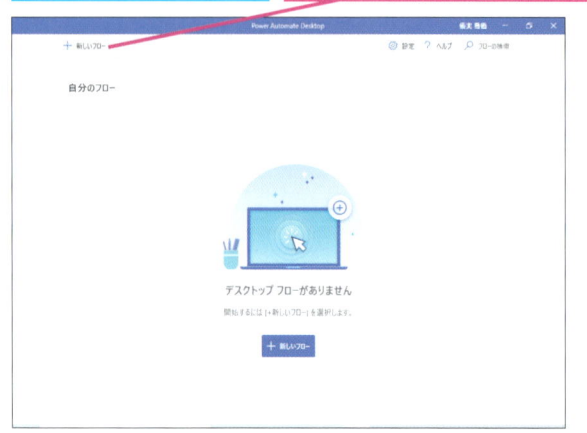

---

## アカウントの切替方法

Power Automate Desktopのサ
インインアカウントは、以下の手順で
サインアウトしましょう。サインアウ
トした後は、サインインしたいア
カウントのメールアドレスとパス
ワードを入力することで切り替えら
れます。

**1** アカウント名を
クリック

**2** [サインアウト] を
クリック

[サインイン] をクリックし、
サインインしたいアカウントを
入力する

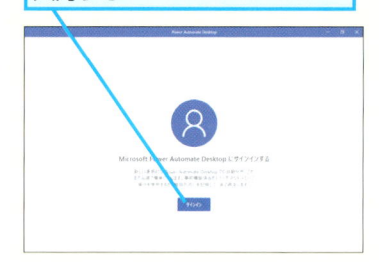

## ⓻ フロー名を入力する

[フローを作成する]画面が
表示された

**1** [フロー名]に任意の
名前を入力

**2** [作成]を
クリック

## ⓼ フローデザイナーの画面が表示された

フローが作成され、フローデザイナーが
表示された

**1** [閉じる]を
クリック

手順6のコンソールに戻る

**5**

サインイン

# Power Automate Desktop の画面や機能を確認しよう

## 各部の名称と画面構成

アクションを組み合わせてフローを制作していく画面「フローデザイナー」と、画面内の各機能について解説しています。各部の名称と機能を覚えておきましょう。

## フローデザイナーの画面構成

フローデザイナーはアクションを組み合わせてフローを制作していく画面です。フロー制作に必要な操作は一画面にシンプルにまとめられており、効率的な制作ができる画面構成になっています。Power Automate Desktopを使ううえで特に重要なのは、画面左側の［アクションペイン］、中央の［ワークスペース］、右側の［変数ペイン］です。［アクションペイン］はパソコン上でよく行う操作が「アクション」として登録されている領域です。ここではまずフローデザイナーの各部の名称と機能を簡単に覚えておきましょう。

❶ メニューバー　❸ ツールバー　❼ 変数ペイン

❹ ［サブフロー］タブ

❺ ［Main］タブ

❻ ワークスペース

❷ アクションペイン

❽ 状態バー

## ❶メニューバー

フローの保存や実行など、制作に必要な各種操作が種類別に各ボタンに格納されている。各ボタンをクリックすると操作のメニューが表示され、メニューの右端には各操作のショートカットキーが確認できる。

## ❷アクションペイン

全アクションがグループごとに分けられ、グループ名の左の〉をクリックすると各アクションが表示される。

## ❸ツールバー

フローの保存や実行のほか、Webレコーダーやデスクトップレコーダーのボタンが配置されている。右側の虫眼鏡マーク🔍をクリックすると[フロー内を検索する]が開き、フローで使用しているアクションや変数を検索できる。

## ❹ ［サブフロー］タブ

サブフローの一覧が表示される。サブフローを制作することで、Mainフローが長くなってしまうことを防いだり、フローを修正しやすくしたりします。

## ❺ ［Main］タブ

[Main]タブは[実行]を押したときに必ず実行されるフローが表示される。[Main]タブのフローを「Mainフロー」と呼び、[Main]タブの削除や名前の変更はできない。

## ❻ワークスペース

ここにアクションを並べて、フローを制作する。

## ❼変数ペイン

フローで使用するすべての変数が表示される。フロー実行中は各変数の現在の値を確認できる。

## ❽状態バー

フローのステータス、選択中のアクション、フロー内のアクション、サブフローの合計数が表示される。フロー実行中には実行開始からの経過時間が、エラーがある場合にはエラーの数が表示される。フローの動作テストを行う際に活用できる。

## 記録した操作をアクションとして生成するレコーダー

フローの作成方法は[アクションペイン]のアクションをワークスペースに配置する方法のほかに、ツールバーにあるレコーダーを起動して実際の操作を記録する方法があります。レコーダーにはWebブラウザー上の操作を記録する「Webレコーダー」とデスクトップ上の操作を記録する「デスクトップレコーダー」があります。レコーダーはシステムのログインやメニュー選択などの操作を正確に記録し、アクションを生成してくれる便利な機能ですが、同じ操作を繰り返し行うことや条件に応じて処理を分けるなどの処理は記録できません。レコーダーについてはレッスン❽、アクションペインからアクションを選択する方法はレッスン⓬で詳しく説明しています。

### サブフローって何？

サブフローとは、[Main]タブ以外のタブに格納されるフローのことです。例えば、フロー中に頻繁に実行するアクションのまとまりがある場合に、頻繁に使うフローをサブフローに制作し、Mainフローから呼び出して実行します。サブフローは単独で実行することはできず、Mainフロー内に[サブフローの実行]アクションを配置します。サブフローは、∨をクリックし、[新しいサブフロー]⊕をクリックすると作成できます。

### Power Automate Desktopのヘルプページを確認しよう

コンソールの右上の[ヘルプ]をクリックして[ドキュメント]をクリック、もしくはメニューバーの[ヘルプ]をクリックして[ドキュメント]をクリックすると、マイクロソフトのPower Automate Desktopドキュメントを確認できます。ドキュメントはPower Automate Desktopの公式マニュアルにあたるものです。基本操作から管理者向けの専門的な内容までを確認することができます。

### Point

### まずはフローデザイナーの操作を覚えよう

フローデザイナーはフロー制作の中心となる画面です。その中でも特に[アクションペイン]、[ワークスペース]、[変数ペイン]はフロー制作中に頻繁に使用する機能になりますので、重点的に理解を深めていってください。各部位の名称もすべて覚える必要はありません。実際にPower Automate Desktopの画面を開き、メニューボタンを押してみるという練習や経験が積み重なることで自然に名称や機能を覚えていくことができるでしょう。

# この章のまとめ

## 「感覚的」に操作できるように設計されたツール

Power Automate DesktopはWindows 10が搭載されたパソコンを使っている人であれば、無償で使うことができるため「RPAツールは便利そうだが価格が高い」と感じていた人も手軽に使うことができます。使用を開始するには、Microsoftアカウントでのサインインや拡張機能の有効化など、いくつかのポイントがありますが、複雑な設定は必要ないため導入のハードルが低いツールといえるでしょう。「フロー」や「アクション」など聞き慣れない用語や、普段使用している

ExcelやWordとは異なる画面構成に戸惑った人もいるかもしれません。しかし、Power Automate Desktopはプログラミング未経験者でも「感覚的」に操作できるように設計されているローコードツールです。操作の練習やフローの制作経験を積み重ねることで、自然と習得できるようになっています。第2章から実際にフローを制作します。手を動かしながらPower Automate Desktopの操作に慣れましょう。

**パソコン上のさまざまな業務を自動化できる**

時間が掛かっていた業務を一瞬で完了させることができる

# フローの
# 作成方法を知ろう

この章では、実際にフローを作りながら、基本的な操作方法やフロー制作における考え方を解説しています。フローの保存や編集などの操作、変数の考え方、繰り返し同じ処理を実行する方法など、どれもPower Automate Desktopで業務を自動化するうえで欠かせない内容です。

●この章の内容

# 自動化したい業務の手順を整理してみよう

業務の自動化に取り組む場合に、最初に行うのは対象となる業務の手順を確認することです。業務の手順の書き出し方や自動化する場合の注意点を解説します。

## 業務の目的や自動化の理由を書き出そう

自動化したい業務を思い付いたら、まず業務の目的や自動化したい理由を書き出してみましょう。目的が曖昧なまま着手してしまうと不必要な業務を自動化してしまい、結果的に無駄になってしまうことがあります。次に業務の手順を書き出します。入社したばかりの社員に教えるつもりで、1つ1つの操作を書き出すようにしてください。フロー制作は「アプリケーションを開く」「フォルダー内の○○ファイルを開く」など、1つ1つの操作をアクションとして配置するため、丁寧に書き出すことでどのようなアクションが必要か分かります。使用するファイル名、アプリケーションも同時に書き出し、Power Automate Desktopがインストールされているパソコンでそのファイルやアプリケーションを操作できる設定になっているか確認しておきましょう。

### ●書き出す内容の参考

1. 業務名：セミナー参加御礼メールの送信
2. 業務目的：御礼の気持ちを伝える。当社製品紹介ページのURLをお知らせする
3. 自動化したい理由：メールアドレス、会社名、担当者の名前をセットして送信していく簡単な繰り返し作業だが、ミスするとお客さまの信頼を失ってしまうので、気が抜けずストレスが大きい

### ●人による手順の書き出しの例

| No. | 手順 | ファイル名 | アプリケーション |
|---|---|---|---|
| 1 | メールソフトを起動する | − | Outlook |
| 2 | メールテンプレートを開く | − | Outlook |
| 3 | 参加者リストがまとめられた Excel ファイルを開く | セミナー参加者リスト.xlsx | Excel |
| 4 | メールアドレス、会社名、名前をテンプレートに貼り付ける | − | Excel、Outlook |
| 5 | 送信ボタンを押す | − | Outlook |
| 6 | 参加者数の分、4〜5を繰り返す | − | Outlook |
| 7 | メールソフトと参加者リストを閉じる | − | Excel、Outlook |

## HINT!

### 紙を使った作業はまずデジタル化の検討を

手順の途中に紙を使った作業が入っていないかチェックすることも大切です。「FAXで届いた単価を目視で確認し、Excelに入力する」というような紙を使った作業は、Power Automate Desktopでは自動化できません。紙を使った作業がある場合は、デジタル化も同時に検討する必要があります。

## 業務をPower Automate Desktopで自動化する際のポイント

手作業で行っていた業務をPower Automate Desktopで自動化した場合は、自動化した業務の内容やフロー名をまとめた「自動化業務リスト」を作成しておくとよいでしょう。このリストをメンバー間で共有し、自動化されている業務の内容を把握している担当者を明確にし、業務引き継ぎの際に活用できるようにしておきましょう。また、Power AutomateDesktopのフローを実行しているパソコンが故障したときや、関連アプリケーションに障害が発生したときに、どの業務に影響が出るかすぐ把握できるようになります。

### ●自動化業務リストの例

| No. | フロー名 | 業務内容 | 参照ファイル | アプリケーション | 実行時期 | 担当者 |
|---|---|---|---|---|---|---|
| 1 | 生産計画データの展開 | A社の物流システムにサインインし、生産計画を取得してメール配信する | － | 物流システム (Web)、Outlook | 毎日 9：00 | 鈴木 |
| 2 | 課内有給取得状況 | 課内メンバーの前月の有給取得状況を更新する | 有給取得状況.xlsx | 勤怠システム、Excel | 第1稼働日 | 星野 |
| 3 | セミナー参加御礼配信 | セミナー参加者に参加御礼メールを送信する | 参加者リスト.xlsx | － | セミナー開催後 | 木村 |

### テクニック 作業の様子を動画で撮影しておくとよい

手順書がない、または簡易な手順書しかない業務を自動化したい場合は、パソコン操作の様子を画面録画ソフトで撮影するとよいでしょう。Windows 10の機能にある「ゲームバー」を使えば、パソコン画面の操作を動画で記録できます。動画は、業務手順の書き出しに役立つほか、作業動画を観察することで、無意識に行っている作業のポイントに気付くことができます。また、パソコンやアプリケーションにトラブルが発生しフローが実行できず、急遽、人による作業が必要になった場合も動画があれば手順を確認することができます。

▼ Windows 10のゲームバーでPC画面の動画キャプチャーを記録する方法
https://dekiru.net/article/14135/

### 自動化で業務が「ブラックボックス化」してしまう？

業務の自動化に取り組み始めると、「パソコンが勝手に動いて何をやっているのか分からない」という反応に遭うことがあるかもしれません。しかし、左ページで示したようにフローは1つ1つの作業を洗い出してからでないと制作できないため、自動化をきっかけに業務手順は明確になります。フロー制作の過程で明確になった手順を資料や動画などで残すなどし、自動化ツールの活用に協力が得られるようにしていくことも重要です。

### HINT!

### 設計書などのドキュメントは必要？

Power Automate Desktopの魅力は、高度な知識がなくても手軽に業務を自動化できる点です。設計書などのドキュメント作成を必須にしてしまうとそれが負担となってしまい、自動化が進まなくなってしまう危険があります。フロー内にコメントを入れる機能や、実行中の動画を撮影しておくなどできるだけ作成に負担がかからない方法でフローの内容を共有できるルールにしておくことをおすすめします。

### Point

#### 目的や手順を整理してから作ろう

フローはいきなり作り始めるのではなく、業務の目的や手順、必要なアプリケーションなどを整理したうえで作り始めたほうがよいでしょう。また自動化した後も、その後起こり得るトラブルなどを見越すことが大切です。作成したフローをまとめたリストを作り、自分だけでなく、ほかのスタッフも管理しやすいようにしておきましょう。

# レコーダー機能を使ってみよう

## デスクトップレコーダー

レコーダーは実際の操作を記録し、自動でアクションを配置してくれる機能です。練習用アプリケーションの操作を自動記録し、レコーダー機能を理解しましょう。

## 操作を記録し自動でアクションを配置してくれるレコーダー機能

「レコーダー」は、実際の画面操作を記録することで、[ワークスペース]に適切なアクションを自動的に配置してくれる機能です。WebページやWebブラウザー上で動くアプリケーションの操作を自動記録したい場合はWebレコーダーを、パソコンにインストールして使うソフトウェアやアプリケーションの操作はデスクトップレコーダーを使います。同じ処理を繰り返し行ったり、条件によって処理を変えたりする操作は記録できませんが、レコーダーは効率のよいフローの制作をサポートしてくれる頼もしい機能です。このレッスンではデスクトップアプリケーション「Asahi.Learning」を起動し、製品コードや金額を入力する操作をデスクトップレコーダーで記録します。

**キーワード**

| | |
|---|---|
| Webレコーダー | p.201 |
| アプリケーションパス | p.201 |
| デスクトップレコーダー | p.203 |

📄 **レッスンで使う練習用ファイル**
Asahi.Learning.exe

第2章 フローの作成方法を知ろう

●デスクトップレコーダーの操作例

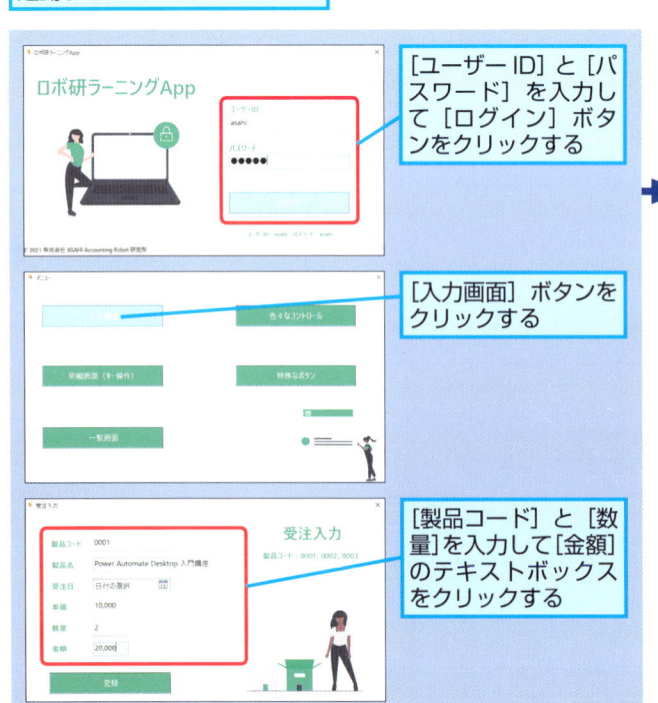

[Aasahi.Learning]アプリを起動する

[ユーザーID]と[パスワード]を入力して[ログイン]ボタンをクリックする

[入力画面]ボタンをクリックする

[製品コード]と[数量]を入力して[金額]のテキストボックスをクリックする

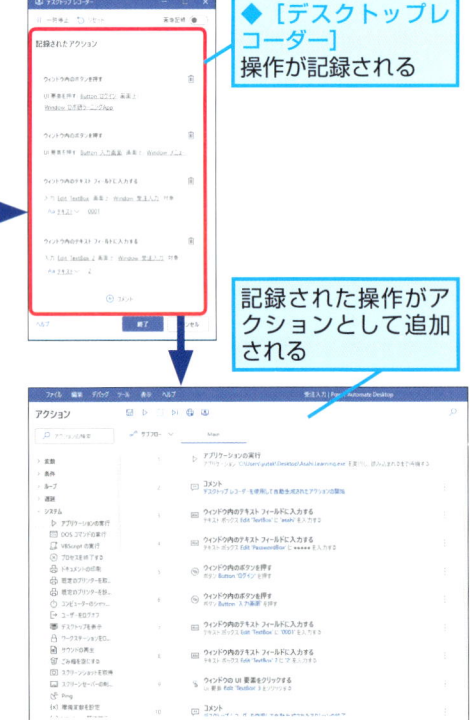

◆[デスクトップレコーダー]操作が記録される

記録された操作がアクションとして追加される

## 「受注入力」フローに最初のアクションを設定する

### ① 使用アプリを準備する

このレッスンで使用するアプリ［Asahi.Learning］を
デスクトップに保存しておく

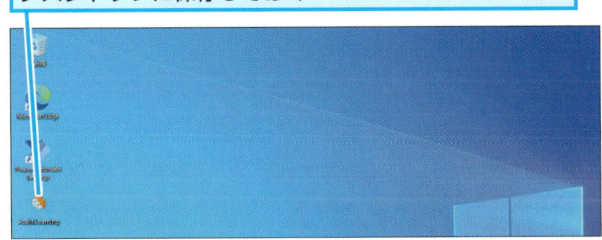

### ② ［システム］の一覧を表示する

レッスン⑤を参考に「受注入力」という名前の新しい
フローを作成し、フローデザイナーを表示しておく

**1** ［システム］のここを
クリック

### ③ アプリを起動するアクションを追加する

［システム］のアクション
一覧が表示された

**1** ［アプリケーションの実行］に
マウスポインターを合わせる

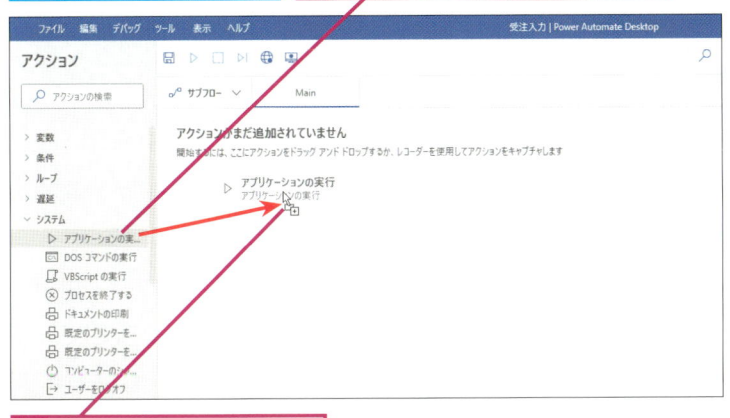

**2** ワークスペースにドラッグ

次のページに続く

---

**HINT!**

### アクションはグループ別に
### まとめられている

アクションは300種類以上あるため、
目的のアクションがスムーズに探せ
るようグループ別にまとめられてい
ます。グループ名の左にある ▷ マー
クを左クリックすると各アクション
が表示されます。

**HINT!**

### アクション名が
### 見えづらいときは

フローデザイナーのウィンドウを最
大化するか、［アクションペイン］の
右側にマウスを合わせて、マウスポ
インターの形が ⟷ の状態で右へ
ドラッグすると、表示枠の幅が広
がってアクション名が見やすくなり
ます。

マウスポインターの形が ⟷ の
状態で左右にドラッグすると、
表示の幅を調整できる

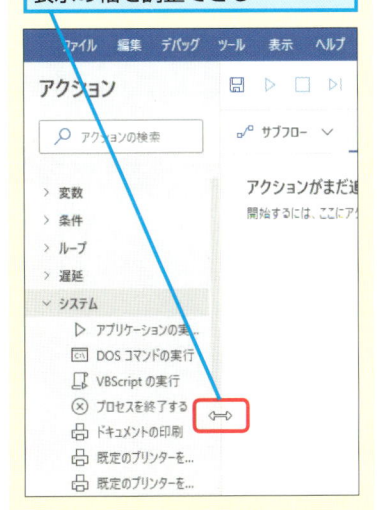

## 4 [ファイルの選択] ダイアログボックスを表示する

[アプリケーションの実行] ダイアログボックスが表示された

**1** [アプリケーションパス] の [ファイルの選択] をクリック

## 5 起動するアプリを指定する

[ファイルの選択] ダイアログボックスが表示された

ここでは、デスクトップに保存した [Asahi.Learning] を選択する

**1** [デスクトップ] をクリック

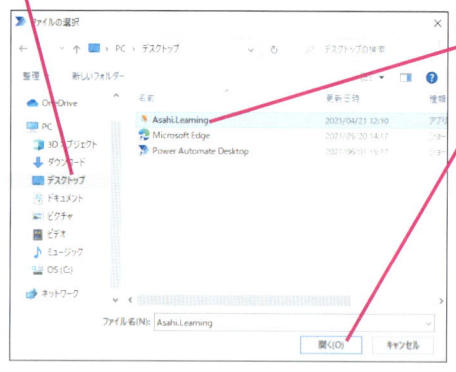

**2** [Asahi.Learning] をクリック

**3** [開く] をクリック

## 6 読み込みの設定を指定する

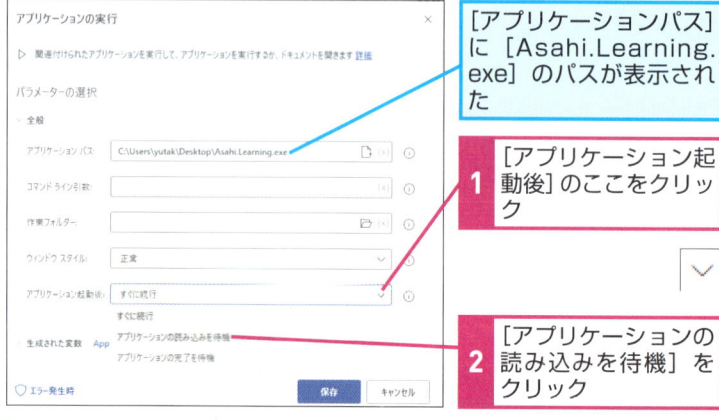

[アプリケーションパス] に [Asahi.Learning.exe] のパスが表示された

**1** [アプリケーション起動後] のここをクリック

**2** [アプリケーションの読み込みを待機] をクリック

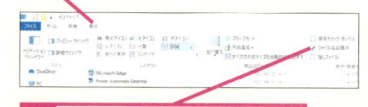

## ⑦ ［アプリケーションの実行］の設定を保存する

アプリケーションの起動後の状態を変更できた

**アプリケーションの実行**

▷ 関連付けられたアプリケーションを実行して、アプリケーションを実行するか、ドキュメントを開きます 詳細

パラメーターの選択

∨ 全般

アプリケーション パス: C:\Users\yutak\Desktop\Asahi.Learning.exe

コマンド ライン引数:

作業フォルダー:

ウィンドウ スタイル: 正常

アプリケーション起動後: アプリケーションの読み込みを待機

タイムアウト: 0

> 生成された変数　AppProcessId　WindowHandle

◯ エラー発生時　　　　　　　　　　　　　　**保存**　キャンセル

**1** ［保存］をクリック

## デスクトップレコーダーで操作を記録する

## ① デスクトップレコーダーを起動する

ワークフローに［アプリケーションの実行］が設定された

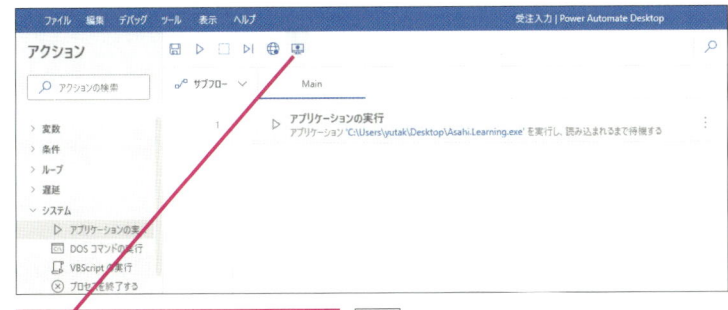

**1** ［デスクトップレコーダー］をクリック

フローデザイナーの画面が最小化し、［デスクトップレコーダー］ウィンドウが表示された

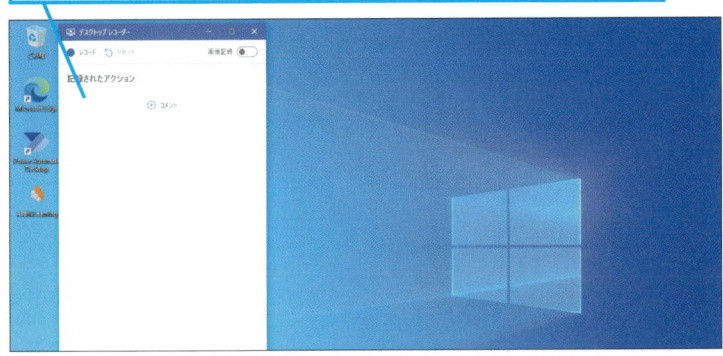

### ［アプリケーション起動後］の設定を変えるとどうなる？

手順6の操作2では、次のアクションをすぐに実行するか、アプリケーションの起動が完了するまで待機するかを設定できます。この設定が設けられているのは、アプリケーションの起動が完了する前に次のアクションを実行してしまうと、アプリケーション上にクリックするボタンがないことなどを理由にエラーになる場合があるためです。

| 種類 | 機能 |
|---|---|
| すぐに実行 | アプリケーションの起動が完了したかどうかに関わらず、すぐに次のアクションへ移動する |
| アプリケーションの読み込みを待機 | アプリケーションの起動が完了するまで待ってから、次のアクションへ移動する |
| アプリケーションの完了を待機 | アプリケーションの起動と終了が完了するまで待ってから次のアクションに移動する |

### アプリの起動はレコーダーで記録できない？

デスクトップなどに配置されたショートカットアイコンをダブルクリックする操作をレコーダーで記録し、アプリケーション起動を行うことも可能です。しかし、手順6の［アプリケーションの実行］アクションで行った［アプリケーション起動後］の設定ができないため、起動を待つことができず、後続のアクションでエラーになる恐れがあります。また、レコーダーで記録した場合、デスクトップ上のショートカットアイコンが削除されてしまうとアプリケーションを起動できなくなります。

**次のページに続く**

## ② アプリを起動する

**1** [Aasahi.Learning] を
ダブルクリック

アプリが起動し、「ロボ研ラーニングApp」の画面が
表示された

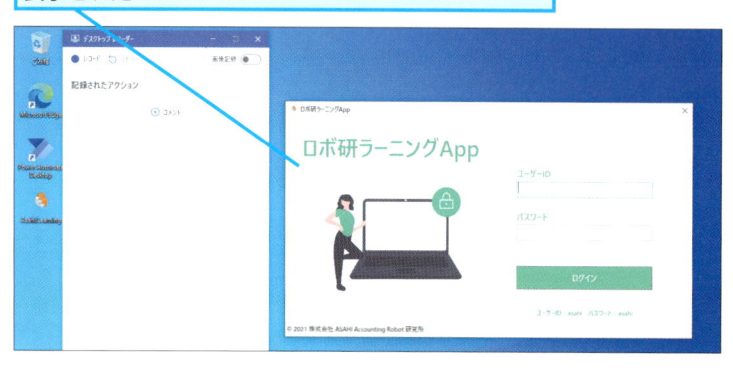

## ③ 記録を開始する

**1** [レコード] をクリック

操作の記録が
開始される

## ④ [ユーザー ID] を入力する

[ユーザー ID] のテキストボックスに
「asahi」と入力する操作を記録する

**1** [ユーザー ID] のテキ
ストボックスをクリック

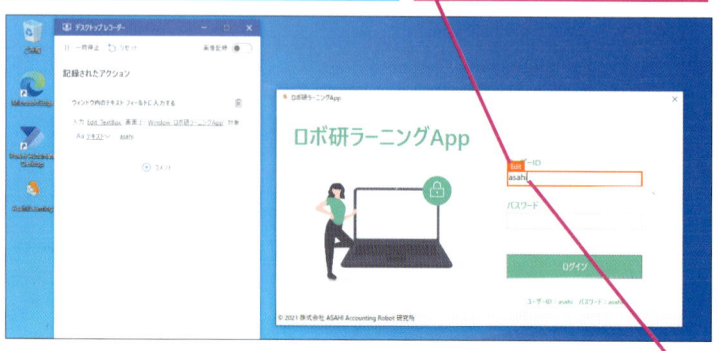

**2** 「asahi」と入力

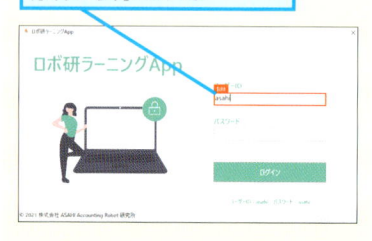
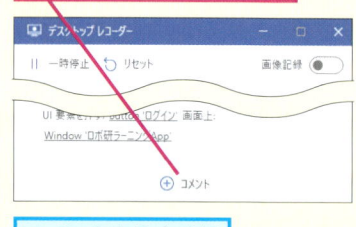
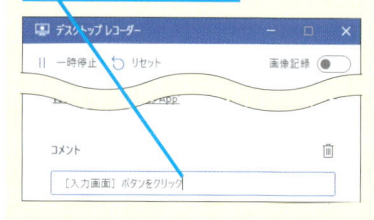

## ⑤ [パスワード] を入力し [ログイン] ボタンを クリックする

[デスクトップレコーダー] ウィンドウに最初の
アクションが記録された

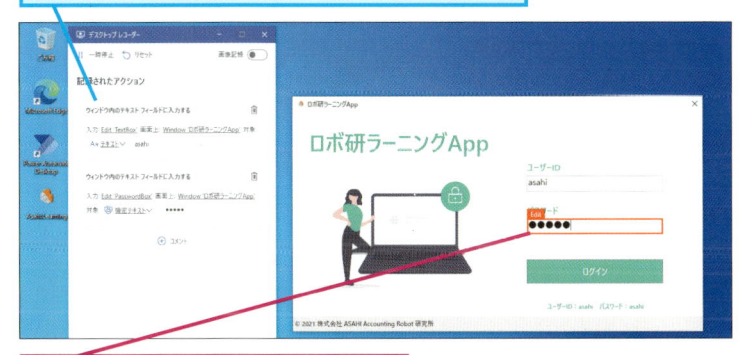

**1** [パスワード] に「asahi」と入力

**2** [ログイン] を クリック

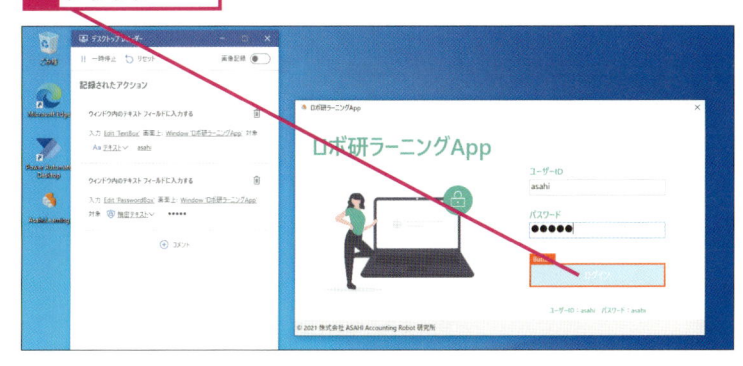

## ⑥ メニュー画面でボタンをクリックする

[メニュー] の
画面が表示さ
れた

[メニュー] の画面と [デスクトップレコーダー]
ウィンドウが重なって表示されたときは、HINT!
を参考にレコードを一時停止して画面を移動する

**1** [入力画面] を クリック

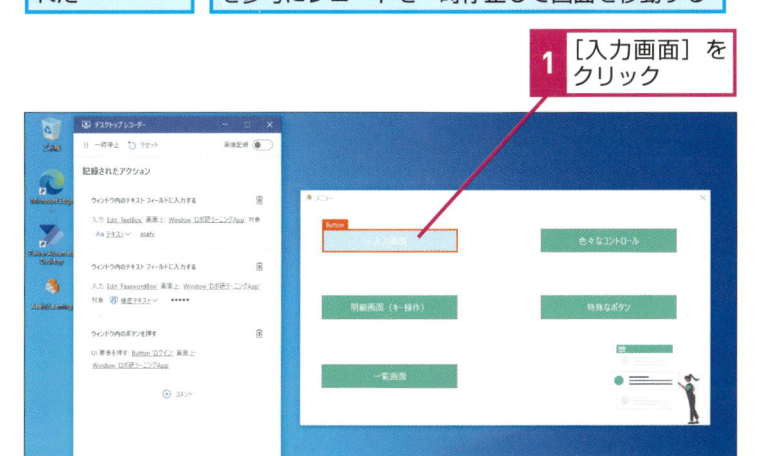

次のページに続く

---

### HINT!

#### 操作したのにアクションが 記録されない！

操作が早すぎるとアクションが記録
されないことがあります。テキスト
の入力やボタンのクリックなど、1つ
1つの操作を行うたびに、アクション
が記録されたことを確認しましょう。
記録されなかった場合は、もう一度
操作を行ってみてください。

#### ⚠ 間違った場合は？

必要ない操作を記録した場合は、[デ
スクトップレコーダー] ウィンドウ
で、記録されたアクションの右側に
ある [削除] 🗑 をクリックして、削
除しましょう。

### HINT!

#### パスワード入力欄だと 判定する機能もある

手順5の操作1で記録された操作の
ように、パスワード入力枠だと判定
すると、入力内容を自動で [機密テ
キスト] にしテキストを非表示にし
ます。これはパスワード保護のため
の機能で、フローの制作中にパス
ワードが盗み見られてしまうことを
防いでくれています。

[機密テキスト] として
記録される

# ⑦ ［製品コード］と［個数］を入力する

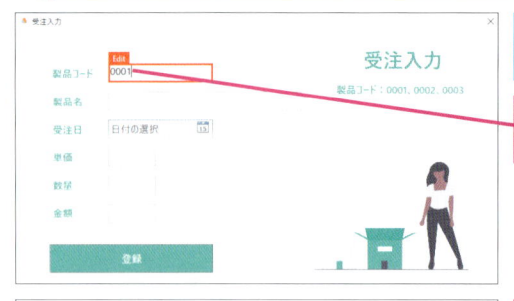

[受注入力] の画面が表示された

**1** ［製品コード］に「0001」と入力

**2** ［数量］に「2」と入力

[単価] に数値が自動で表示された

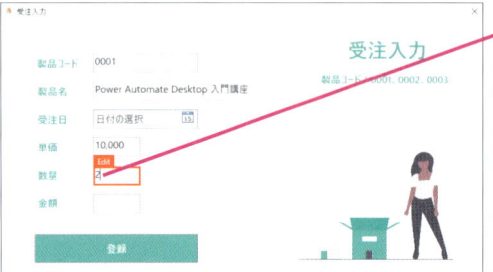

# ⑧ ［金額］のテキストボックスを選択する

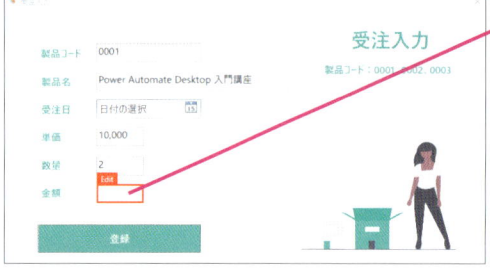

**1** ［金額］のテキストボックスをクリック

[登録] ボタンは押さない

# ⑨ デスクトップレコーダーを終了する

[金額] に数値が自動で表示された

**1** ［デスクトップレコーダー］ウィンドウの［終了］をクリック

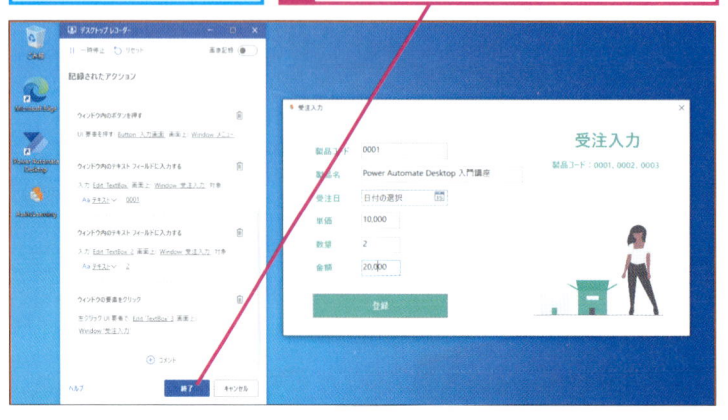

## HINT!

### 自動記録したUI要素は画像付きで確認できる

UIとは「User Interface（ユーザーインターフェイス）」の略称で、ウィンドウ、チェックボックス、テキストフィールド、ドロップダウンリストなど、人とコンピューター間で情報をスムーズにやり取りすることをサポートする目的で配置されている部品のことです。レコーダーを使ってテキストボックスなどのUIを記録した場合は、［デスクトップレコーダー］ウィンドウのアクションに、「TextBox」など、どんなUI要素を記録したのか表示されます。UI要素の名前だけでは、何を記録したのか分からない場合は、UI要素ペインで画像付きで確認できます。

**1** ［UI 要素］をクリック

記録した UI 要素が一覧で表示された

**2** ［Button 'ログイン'］をクリック

記録した操作が画像で表示された

## ⑩ フローデザイナーが表示された

デスクトップレコーダーが終了し、
フローデザイナーに戻った

デスクトップレコーダーで記録された操作が
アクションとして追加された

次のレッスンで、フローを実行する

## ⑪ アプリを終了する

次のレッスンでアプリの起動から実行するため、
[Aasahi.Learning] アプリを終了する

**1** [閉じる] を
クリック

**2** [閉じる] を
クリック

## HINT!

### レコーダーを終了すると
### コメントが自動で入る

レコーダー機能を使って配置したアクションの前後には、自動でコメントが入ります。レコーダー機能により配置されたアクションの開始と終了位置を示すためのコメントなので、不要な場合は削除しましょう。

**1** Ctrl キーを押しながら2行目と10行目の [コメント] アクションをクリック

**2** Delete キーを
押す

[コメント] アクションが
削除される

## Point

### 自動でフローを
### 作成してくれるレコーダー機能

レコーダー機能は記録した操作を自動でアクションに変換するため、どのアクションを使っていいのか見当が付かない場合も活用することができます。本レッスンでは [デスクトップレコーダー] を使いましたが、Webページ上の操作を記録する [Webレコーダー] も同じ要領で使うことができます。レコーダー機能を使う際は、不要な操作を記録していないか、目的の操作が記録されたかを確認しましょう。うまく操作が記録できていないとフローを実行したときにエラーが起きる可能性があります。

# 9

## 作成したフローを
## 実行・保存するには

### フローの実行と保存

レッスン❽で作成したフローを実行してか
ら保存してみましょう。フローを作成する
うえで身に付けておくと便利な、部分的な
フロー実行方法も解説します。

## フローを実行する

### ① フローを実行して動作を確認する

ここではレッスン❽で作成した
フローを実行する

**1** [実行] を
クリック ▷

### ② 自動的に操作が実行される

アプリが起動し、デスクトップレコーダーで
記録した操作が実行された

▶ キーワード

| アクション | p.201 |
|---|---|
| デバッグ | p.203 |
| 変数ペイン | p.203 |

### HINT!

**1行ずつ確認しながら
実行したい！**

[実行] の右にある [次のアクション
を実行] は、アクションを1つ実行
するごとに自動で一時停止される機
能です。[実行] では動きが早すぎ
て分からないときや、アクションご
とに [変数ペイン] の変数を確認し
たい場合に便利です。

**1** [次のアクションを
実行] をクリック ▷|

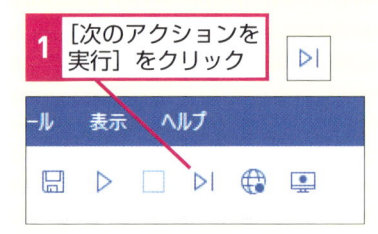

[次のアクションを実行] を
クリックするたびに、次の
アクションが実行される

[停止] をクリックす
ると、実行が終了する □

## テクニック　ブレークポイントの使い方を知りたい

ブレークポイントとは、フロー制作中に実行内容の確認やテストのため、途中で意図的にフローを一時停止させる箇所のことです。前ページのHINT!で説明した［次のアクションを実行］と組み合わせて使用すること

も可能です。ブレークポイントを設定して1行ずつ実行しながら、不具合箇所を特定し修正していく作業をプログラミング用語で「デバッグ」と呼びます。

**1** ブレークポイントを設定したいアクションをクリック

**2** ［デバッグ］をクリック

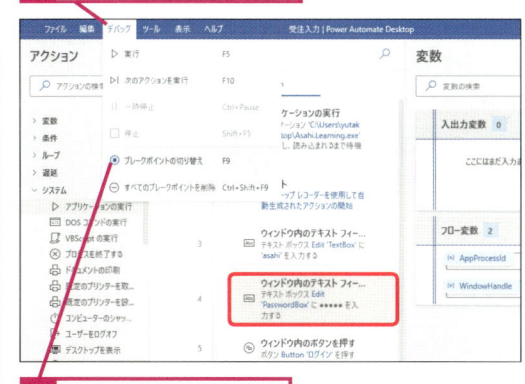

**3** ［ブレークポイントの切り替え］をクリック

ブレークポイントが表示された

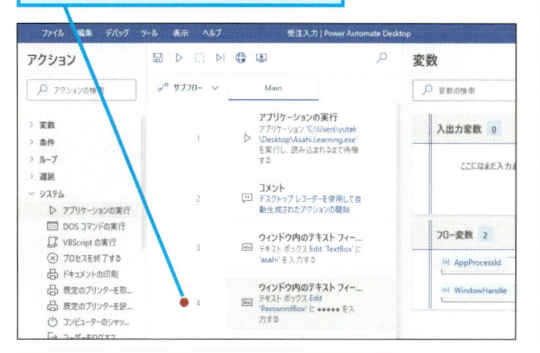

［実行］をクリックすると、ブレークポイントでフローが止まる

［デバッグ］タブ-［すべてのブレークポイントを削除］をクリックすると、ブレークポイントを削除できる

---

## フローを保存する

### ① 実行したフローを保存する

**1** ［保存］をクリック

### ② フローが保存された

フローが正常に保存された

**1** ［OK］をクリック

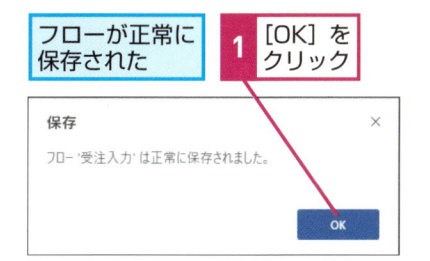

---

### Point

**フローを制作したら実行してみよう**

テクニックで紹介したブレークポイントは、フロー制作中に「この部分だけテスト実行してみたい」というときに活躍する便利な機能です。アクション上で右クリックすると表示される［ここから実行］と組み合わせて使えば、フローの途中からブレークポイントの位置まで実行することもできます。フローが完成したら、ブレークポイントは不要になるので［デバッグ］-［すべてのブレークポイントを削除］の順にクリックして削除しておきましょう。

# 10 フローを編集するには

## フローの編集

各アクションには「ダイアログボックス」が設けられており、さまざまな設定が可能です。ダイアログボックス内の設定内容を変更、保存する手順を確認しましょう。

## 1 アクションの編集画面を表示する

ここではレッスン❽で作成したフローを編集する

**1** 8行目の［ウィンドウ内のテキストフィールドに入力する］のアクションをダブルクリック

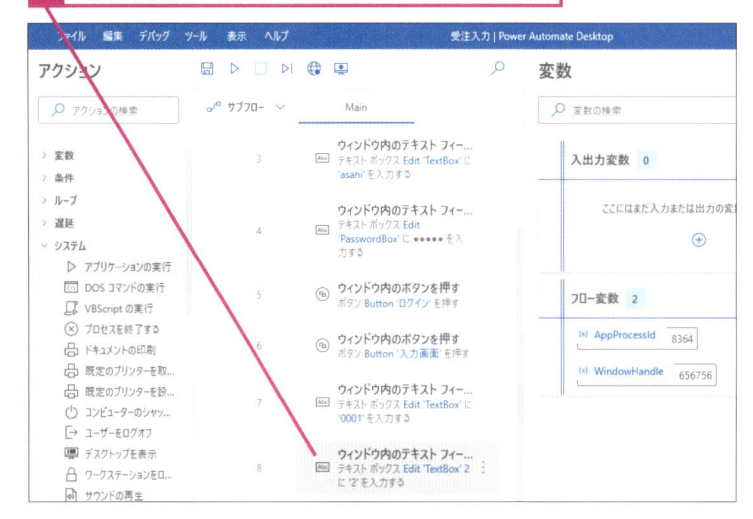

## 2 アクションの編集を開始する

［ウィンドウ内のテキストフィールドに入力する］ダイアログボックスが表示された

ここでは、［入力するテキスト］に表示された数値を変更する

**1** ［入力するテキスト］の「2」をドラッグして選択

**2** Delete キーを押す

### ショートカットキー

Ctrl + C ……コピー
Ctrl + V ……貼り付け
Ctrl + X ……切り取り
Ctrl + Alt + Shift + ↑
……………………上に移動
Ctrl + Alt + Shift + ↓
……………………下に移動

### HINT!

**アクションの順番はドラッグで入れ替えられる**

ワークスペース内のアクションは移動させたいアクションをドラッグするか、ショートカットキーで上下に移動できます。上に移動するときは Ctrl + Alt + Shift + ↑ キーを、下に移動するときは Ctrl + Alt + Shift + ↓ キーを押します。

### HINT!

**アクションはコピーできる**

ワークスペース内のアクションは、右クリックで表示される操作メニューから、切り取りやコピー、貼り付けができます。ショートカットキーでの場合は、切り取りは Ctrl + X キー、コピーは Ctrl + C キー、貼り付けは Ctrl + V キーを押します。

## ③ テキストが削除された

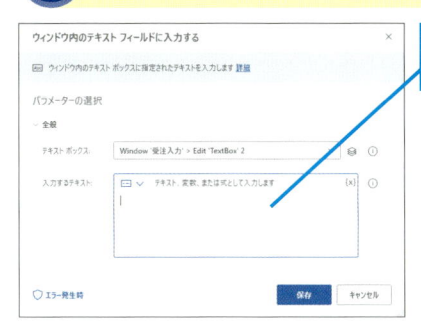

テキストが入力できるように
なった

## ④ 入力するテキストを設定する

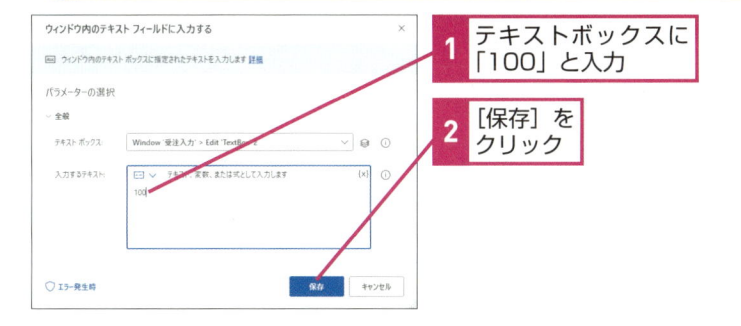

1 テキストボックスに
「100」と入力

2 [保存] を
クリック

## ⑤ アクションが変更できた

8行目のアクションで入力するテキスト
を「100」に変更できた

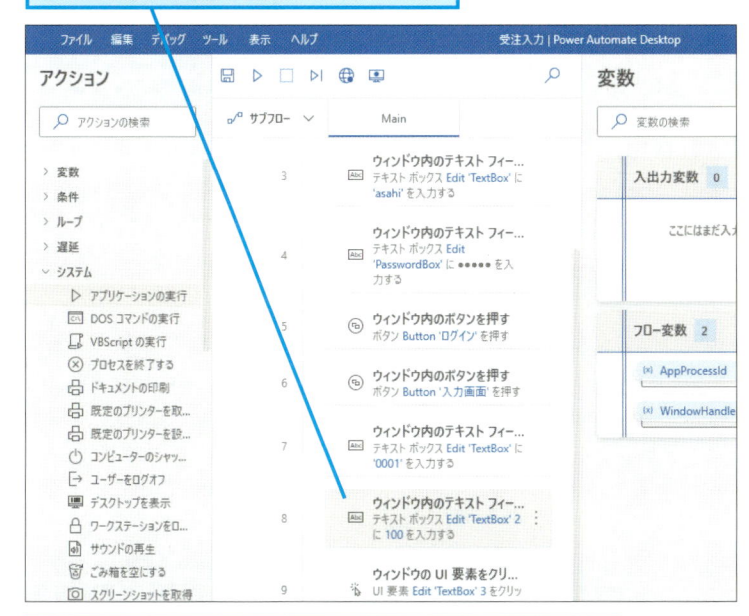

レッスン⑨を参考に、フローを実行した後、保存しておく

レッスン⑨を参考に、

---

## HINT!

### アクションを無効化するには

アクション上で右クリックすると表示される[無効にする]をクリックすると、そのアクションが無効化できます。無効化されたアクションはグレーアウトされ、実行がスキップされます。有効化したい場合は無効化されたアクション上で右クリックし、表示された[有効にする]をクリックしてください。

ここでは、8行目のアクション
を無効化する

1 8行目のアクション
を右クリック

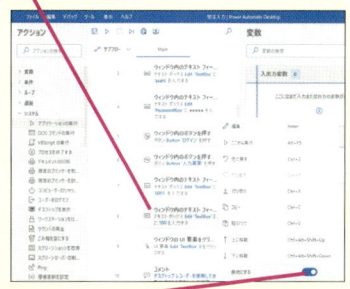

2 [無効にする] の
ここをクリック

アクションが無効化される

## Point

### アクションごとに細かな設定ができるダイアログボックス

[アクションペイン] からアクションを追加した際、表示される設定画面のことを「ダイアログボックス」と呼びます。設定内容はアクションごとに異なり、操作に慣れてくるとダイアログボックスを見れば、そのアクションでできることが分かるようになってきます。ダイアログボックスは [ワークスペース] 上のアクションをダブルクリックすることで開けることを覚えておきましょう。

# 11

## 保存したフローの
## ファイルを確認するには

### OneDrive

保存したフローのデータはOneDriveに保存されます。せっかく作ったフローのデータを消失させてしまうことがないように、仕組みを理解しておきましょう。

第2章　フローの作成方法を知ろう

## ① OneDriveにアクセスする

Microsoft Edge を起動しておく

**1** 右記の Web ページにアクセス

▼OneDriveのWebページ
https://onedrive.live.com/

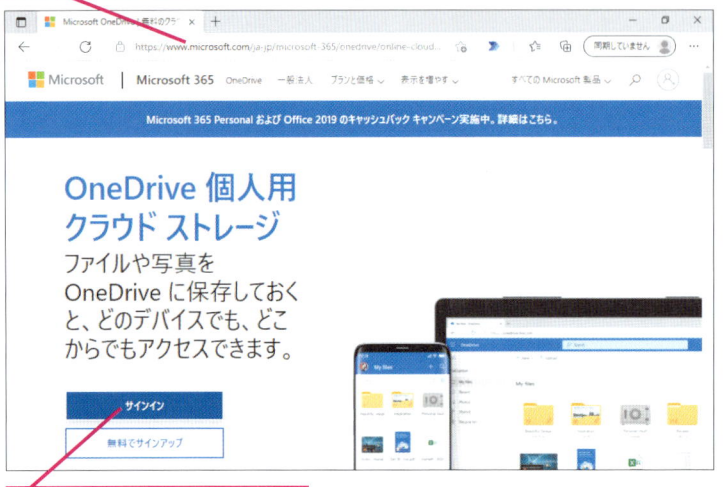

**2** [サインイン] をクリック

## ② [アプリ] フォルダーを表示する

OneDrive が起動し、[自分のファイル] フォルダーが表示された

**1** [アプリ] をクリック

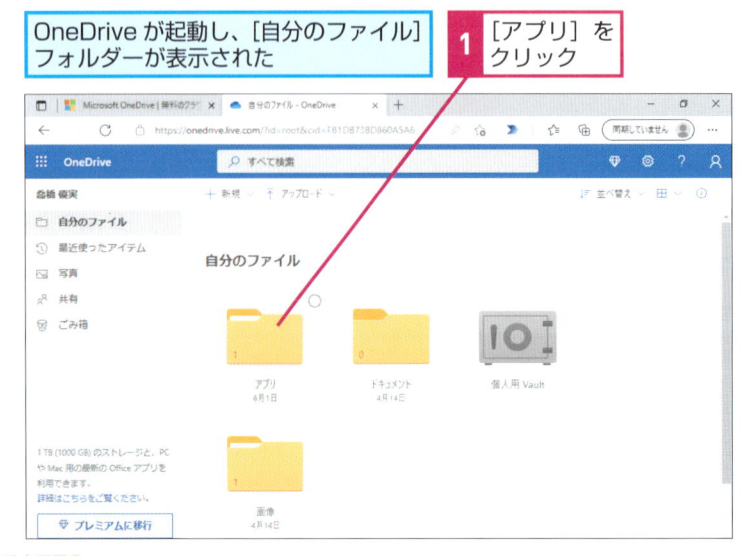

### キーワード

| | |
|---|---|
| クラウドサービス | p.202 |
| サインイン | p.202 |
| フロー | p.203 |

### HINT!

#### OneDrive って何？

「OneDrive」は、マイクロソフトが提供するクラウド上のオンラインストレージサービスです。インターネット上の自分専用のデータの保存場所として写真や文書を保存できます。Microsoftアカウントを持っていれば無料で5GBまで使えます。インターネットに接続された状態でサインインすれば、どのパソコンからもアクセスできるので、データをアップロードしておけばパソコンを買い替えたときなどにデータを引っ越しする手間が発生しません。

### HINT!

#### データの削除に要注意！

OneDriveに保存されている [Power Automate Desktop For Windows] フォルダーのデータは、ダウンロードして開いてもPower Automate Desktopのフローとしては開けないため、このデータを編集することは基本的にはありません。また、このフォルダーやフォルダー内のデータを削除してしまうと作成したフローを開けなくなってしまいます。誤って消さないように注意しましょう。

## ❸ フォルダーを表示する

[アプリ] フォルダーが
表示された

**1** [Power Automate Desktop For Windows] をクリック

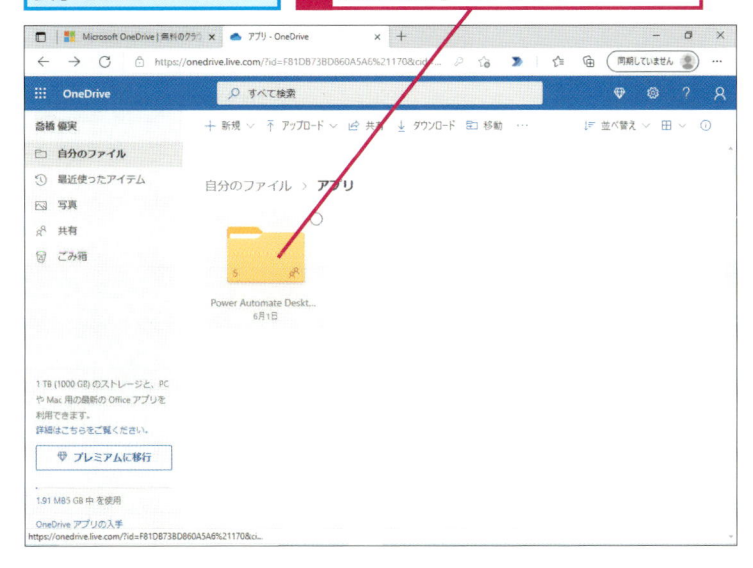

## ❹ ファイルが表示された

フォルダー内のファイルが
表示された

保存した各フローは OneDrive に
保存される

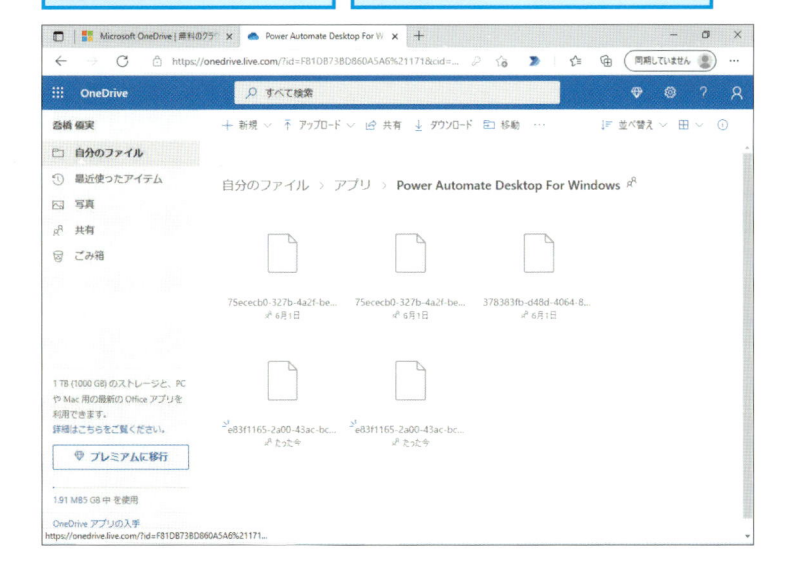

## HINT!

### 自動でサインイン できないときは

前ページの手順1で [サインイン] の画面が表示された場合は、Power Automate Desktopのサインインで使用したMicrosoftアカウントでサインインを行ってください。

**1** メールアドレスを入力

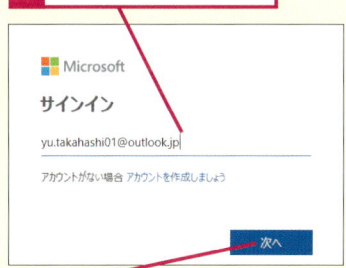

**2** [次へ] をクリック

[パスワードの入力] の画面でパスワードを入力した後、[サインイン] をクリックする

11

OneDrive

## Point

### クラウド上に自動保存することで消失リスクを軽減

Power Automate Desktopで制作したフローのデータは、自動的にオンラインストレージサービスOneDriveに保存されます。そのため、Power Automate Desktopをインストールしたパソコンが万が一故障しても、フローデータを消失することはありません。Power Automate Desktopはインターネットに接続した環境で使用する必要があるのは、データがクラウド上に自動保存される仕組みになっているからです。コンソールでフローを削除した場合は、OneDrive上のデータも削除されるので注意しましょう。

# 12

## アクションを選んで使ってみよう

### アクション

［アクションペイン］から目的のアクションを選択し、ワークスペースに配置してみましょう。ここではデスクトップに保存したExcelファイルにテキストを入力します。

## 1 空のExcelファイルを作成する

| Excel を起動し、新しいブックを作成する | 何も入力せずに「レッスン 12」という名前で［デスクトップ］に保存しておく |
|---|---|

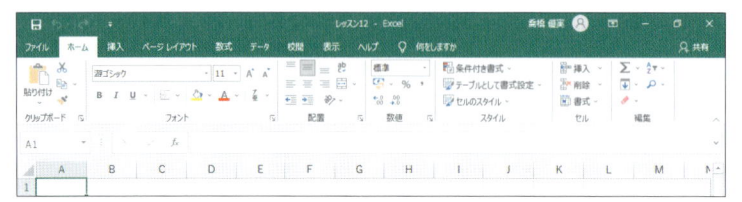

## 2 Excelを起動するアクションを追加する

| レッスン❺を参考に、「Excel へのデータ入力」という名前の新しいフローを作成し、フローデザイナーを表示しておく | **1** ［Excel］のここをクリック |
|---|---|

| **2** ［Excel の起動］にマウスポインターを合わせる | **3** ワークスペースまでドラッグ |
|---|---|

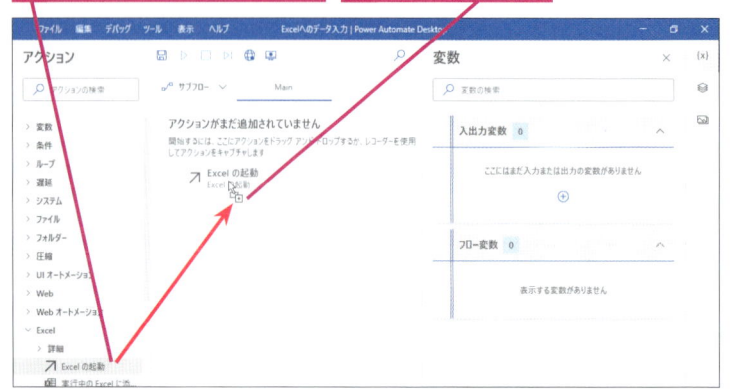

### キーワード

### HINT!

**アクションはダブルクリックでも追加できる**

アクションは［アクションペイン］のアクションをダブルクリックすることでも追加できます。この方法で追加した場合は、選択中のアクションの下に追加されます。

### ⚠ 間違った場合は？

追加するアクションを間違った場合は、追加したアクションのダイアログボックスの右上にある［閉じる］か、画面下部の［キャンセル］をクリックします。

## ③ Excelの起動方法を変更する

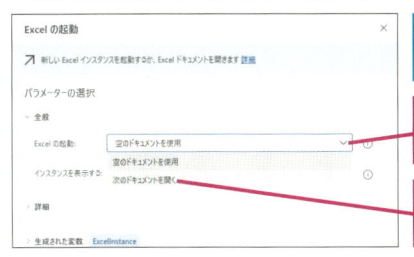

[Excel の起動] ダイアログ
ボックスが表示された

**1** [Excel の起動] の
ここをクリック

**2** [次のドキュメント
を開く] をクリック

## ④ 起動するExcelファイルを選択する

ここでは、[デスクトップ]
フォルダーに保存した Excel
ファイル「レッスン 12」を
指定する

**1** [ファイルの選択] を
クリック

[ファイルの選択] ダイアログ
ボックスが表示された

**2** 画面左の [デスクトップ]
をクリック

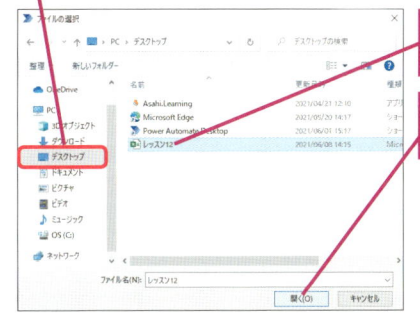

**3** [レッスン 12] を
クリック

**4** [開く] を
クリック

## ⑤ 設定を保存する

選択したファイルのパスが
表示された

**1** [保存] を
クリック

次のページに続く

---

### HINT!

#### アクションを素早く探したい

Power Automate Desktopには300
種類以上のアクションがあります。
[アクションペイン]上部の[アクショ
ンの検索]を使えば、キーワードで
アクションの検索が可能です。アク
ショングループを1つずつ開いて探
すより、素早く目的のアクションを
見つけることができます。

**1** [アクションの検索] に
キーワードを入力

**2** Enter キーを押す

キーワードを含んだアクション
が表示される

### HINT!

#### ファイルのパスって何？

ファイルの住所のようなもので、パ
ソコン内のどこにファイルが保存さ
れているかを示しています。Power
Automate Desktopでファイルや
フォルダーを操作する場合はファイ
ル名ではなく、ファイルのパスを指
定する必要があります。

## ⑥ 書き込みを行うアクションを追加する

[Excel の起動] アクションが
追加された

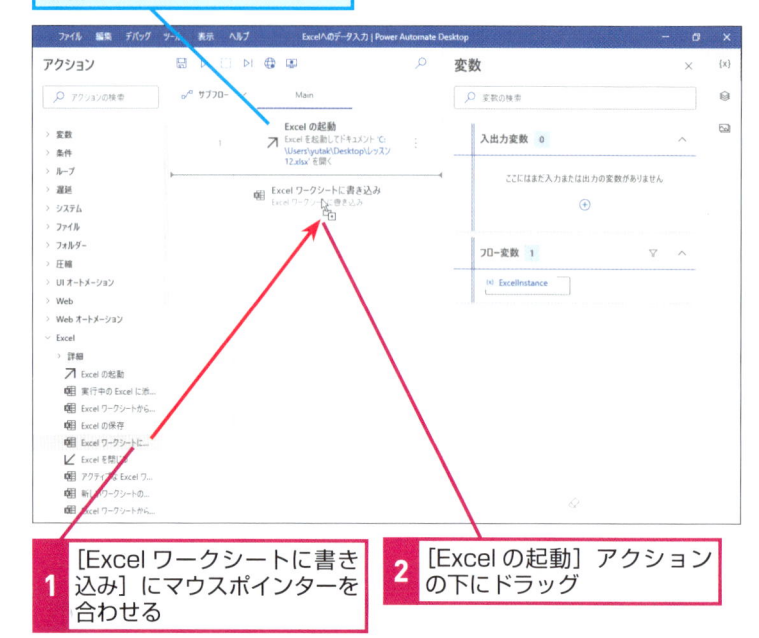

**1** [Excel ワークシートに書き込み] にマウスポインターを合わせる

**2** [Excel の起動] アクションの下にドラッグ

## ⑦ セルに入力する値を設定する

[Excel ワークシートに書き込み]
ダイアログボックスが表示された

ここではセル A1 に「商品名」と
入力されるように設定する

**1** [Excel インスタンス] に [%ExcelInstance%] と表示されていることを確認

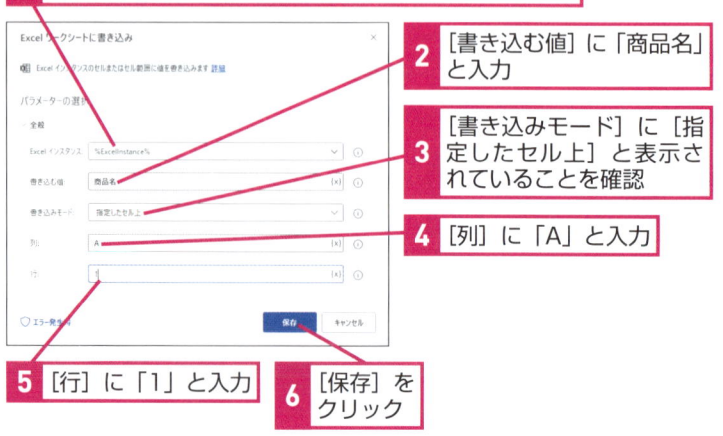

**2** [書き込む値] に「商品名」と入力

**3** [書き込みモード] に [指定したセル上] と表示されていることを確認

**4** [列] に「A」と入力

**5** [行] に「1」と入力

**6** [保存] をクリック

### アクションの挿入位置は線で表示される

選択したアクションの挿入位置は線で表示されます。アクションは上から順番に実行されていくので、アクションの挿入位置が間違っていると、フローが正しく動作しない場合があります。挿入位置を間違えてしまった場合は、アクションをドラッグするとワークスペース内での順序を入れ替えることができます。

線で示された挿入位置に
合わせてドラッグする

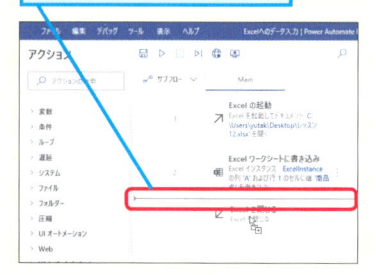

### セルA1に「商品名」と入力する

手順7の操作3にある [書き込みモード] に [指定したセル上] を指定すると、Excelのシート上のどこに値を入力するか設定できます。ここではA列の1行目、つまりセルA1に「商品名」と入力されるように設定しています。

作成したフローを実行する
とセル A1 に「商品名」と
入力される

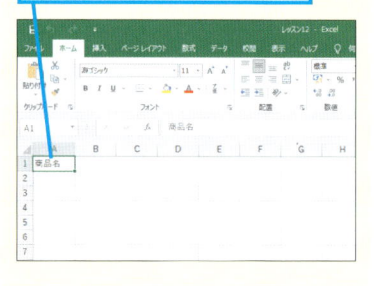

## 8 Excelを閉じるアクションを追加する

手順6を参考に、[Excelを閉じる]アクションを追加する

**1** [Excelを閉じる]にマウスポインターを合わせる

**2** ワークスペースの最下部にドラッグ

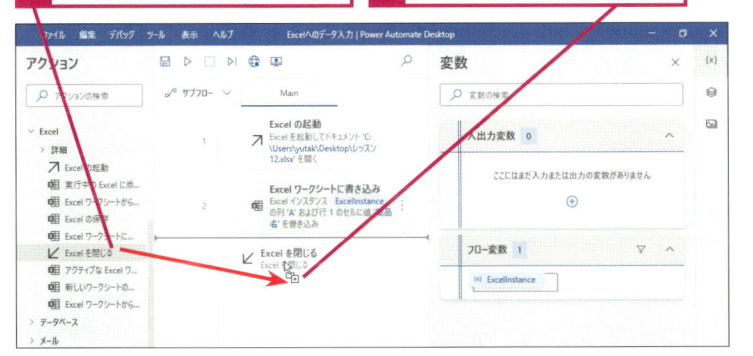

## 9 ワークシートの保存方法を設定する

[Excelを閉じる]ダイアログボックスが表示された

**1** [Excelインスタンス]に[%ExcelInstance%]と表示されていることを確認

**2** [Excelを閉じる前]のここをクリック

**3** [ドキュメントを保存]をクリック

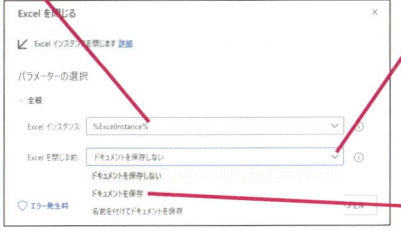

**4** [保存]をクリック

[Excelを閉じる]アクションが追加できた

**5** [実行]をクリック

Excelが起動し、Excelファイル[レッスン12]のセルA1に「商品名」と入力された後、Excelが閉じる

レッスン❾を参考に、フローを実行し保存しておく

**Point**

### アクションを選んだらダイアログボックスで設定する

作成したフローはとても簡単なものですが、本レッスンで解説したアクションの追加と設定の積み重ねによって業務を自動化するフローを作り上げていきます。またExcelファイルを起動すると変数[ExcelInstance]が作成され、そのファイルを識別できるようになることも覚えておきましょう。

# 「変数」を知ろう

変数

Power Automate Desktopを使いこなすうえで重要な「変数」を解説します。「変数」の考え方が理解できれば、さまざまな自動化に応用できるようになります。

## 必要な値を一時的に保管できる「変数」

「変数」とは、数値やテキストなどのデータをPower Automate Desktopの中で一時的に保管できる「箱」のようなものです。下図のように、毎日デザートとして配る果物を入れる「本日の果物」と書かれた箱があるとします。この箱に入る果物は、一昨日は「さくらんぼ」、昨日は「ぶどう」、今日は「メロン」と毎日変わっていきます。Power Automate Desktopにも、このような「箱」を「変数」として準備することができ、そのときに必要な数値やテキストなどを入れることができるのです。変数を入れる箱の名前を「変数名」、箱に初めて入る数値やテキストを「初期値」、現在箱の中に入っている数値やテキストを「現在値」といいます。変数に格納したデータは、変数名を使うことで自由に取り出せ、各アクションの設定にも使用できます。

第2章 フローの作成方法を知ろう

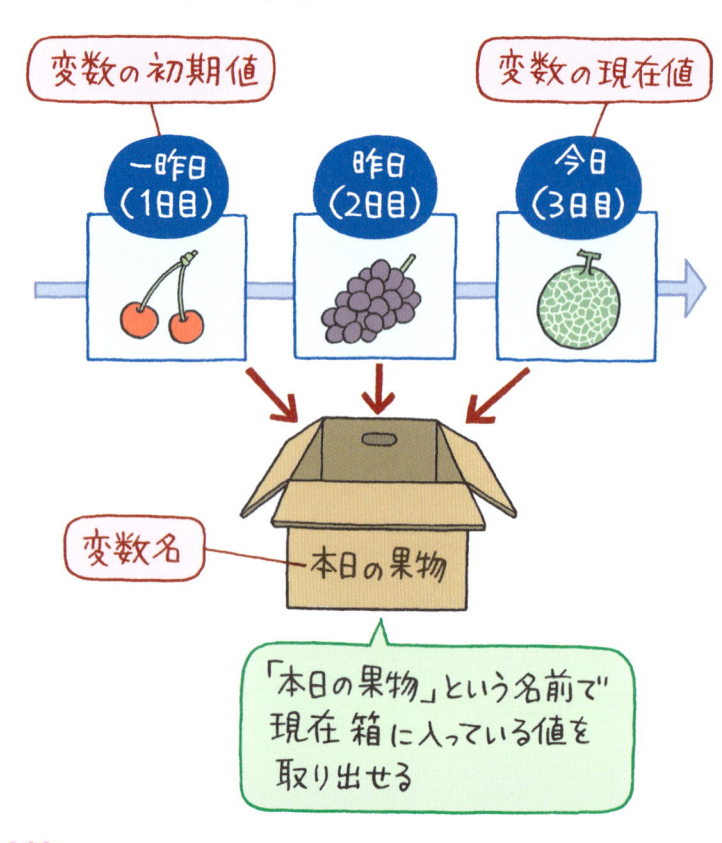

変数の初期値　　　変数の現在値

一昨日（1日目）　昨日（2日目）　今日（3日目）

変数名　本日の果物

「本日の果物」という名前で現在箱に入っている値を取り出せる

## 変数の作られ方は2種類ある

変数は、[変数の設定] アクションを使って自分で作る場合と、選択したアクションによって自動で作られる場合があります。[変数の設定] アクションの場合は、自分で変数の初期値を決めることができます。一方、選択したアクションによって自動で変数が作られる場合、初期値はそのアクションによって取得される値となります。例えば、Excelワークシートのセル A1 のデータを読み取るアクションを配置した場合、「ExcelData」という変数がアクションにより作られ、読み取ったデータは初期値として格納されます。

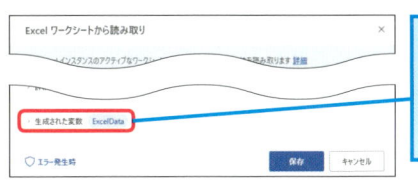

◆生成された変数
アクションにより読み取られたデータは、変数 [ExcelData] の初期値に格納される

## 変数には「型」がある

変数にデータが格納されると、データの種類ごとに「型」が決められます。氏名などのテキストが格納された場合は「テキスト型」、100や200などの数字が格納された場合は「数値型」など、複数の型が存在します。変数の「型」は自動で決められるので、あまり意識しなくても使うことができますが、0から始まる数字を変数に格納する場合に注意が必要です。例えば、「001」を変数に格納したい場合、変数の型が「数値型」になっていると、先頭の0が自動で消去されてしまいます。このような場合は、変数の「型」を「数値型」から「テキスト型」に変更するアクションを使って「型」を変更する必要があります。

### ●変数の主なデータ型

| データ型 | 説明 |
| --- | --- |
| 数値型 | 0 〜 9（マイナスも含む）までの数字に適用される数学演算が可能なデータ型 |
| テキスト型 | あいうえお、abcde、.,* といった文字列に適用される |
| Datetime 型 | 「5/17/2021」「3:04:42 PM」といった日付や時間に適用される |
| データテーブル型 | リストが 2 列以上存在する Excel のような表形式のデータの場合、データテーブル型となる。値を使用するには、「% 変数 [ 行数 ][ 列数 ]%」と値を指定する必要があり、プログラミング用語では 2 次元配列に相当 |
| インスタンス型 | Web ブラウザーや Excel などのアプリケーションの起動や、アプリケーションのウィンドウを取得した際に適用される型。操作するウィンドウを識別する際に必要となる |

**13**

変数

# HINT!

## 変数の「型」はどこで確認できる？

変数の型は、フローやアクションが実行されると確認できます。変数の現在値が表示されている状態で [変数ペイン] の各変数にマウスポインターを合わせて、[その他のアクション] ⋮ - [表示] の順にクリックすると確認できます。

フローを実行してから確認する

**1** [その他のアクション] をクリック

**2** [表示] をクリック

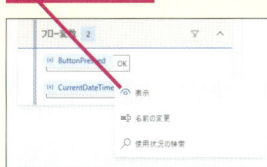

変数名の右に変数の「型」が表示される

[閉じる] をクリックすると画面が閉じる

**次のページに続く**

## [変数] アクションを使って変数の仕組みを理解しよう

### ① [変数の設定] アクションを追加する

レッスン❺を参考に、「変数」という名前の新しいフローを作成し、フローデザイナーを表示しておく

**1** [変数] のここをクリック

**2** [変数の設定] にマウスポインターを合わせる

**3** ワークスペースまでドラッグ

### ② 変数名を変更する

[変数の設定] ダイアログボックスが表示された

**1** [NewVar] をクリック

[%NewVar%] と表示された

**2** [%NewVar%] が選択された状態で Delete キーを押す

**3** 「%Box%」と入力

---

**HINT!**

#### ここで制作するフローについて

変数の仕組みを理解するために「Box」という名前の変数を作り、初期値を格納したのち、変数の中身を書き換えるフローを作成します。また、変数の現在値をメッセージボックスで表示させる方法も紹介します。

**HINT!**

#### [設定] に表示されている [NewVar] って何？

[変数の設定] アクションで変数を作ると、名前は [NewVar] になります。変数は、英語では「Variable」であることから、「Variable」が「Var」と省略され [NewVar] と表記されます。今回は、変数の名前を [NewVar] から [Box] に変更します。

**HINT!**

#### [宛先] 欄に入力した値は何？

手順3で [変数の設定] アクションの [宛名] に入力した値がこの変数の初期値になります。今回は「さくらんぼ」が初期値として変数 [Box] に格納されます。

[宛先] に入力した値が、変数 [Box] の初期値として格納される

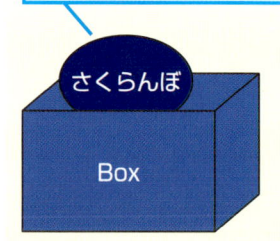

---

## ③ 変数に格納する値を設定する

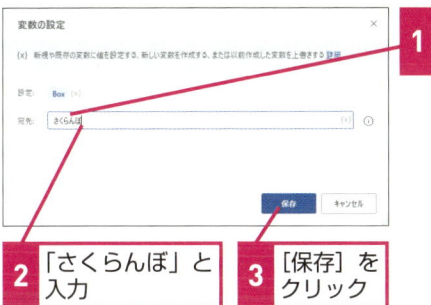

**1** [宛先]のテキストボックスをクリック

**2** 「さくらんぼ」と入力

**3** [保存]をクリック

### HINT!

**[フロー変数]の上部にある[入出力変数]って何？**

[変数ペイン]の[入出力変数]は、Power Automate DesktopとPower Automateの連携や、フロー内からすでに作成済みのデスクトップフローを呼び出す際、値の受け渡しをするために使う変数です。なお、本書では[入出力変数]は扱いません。

## ④ [メッセージを表示]アクションを追加する

[変数の設定]アクションが追加された

**1** [メッセージボックス]の〉をクリック

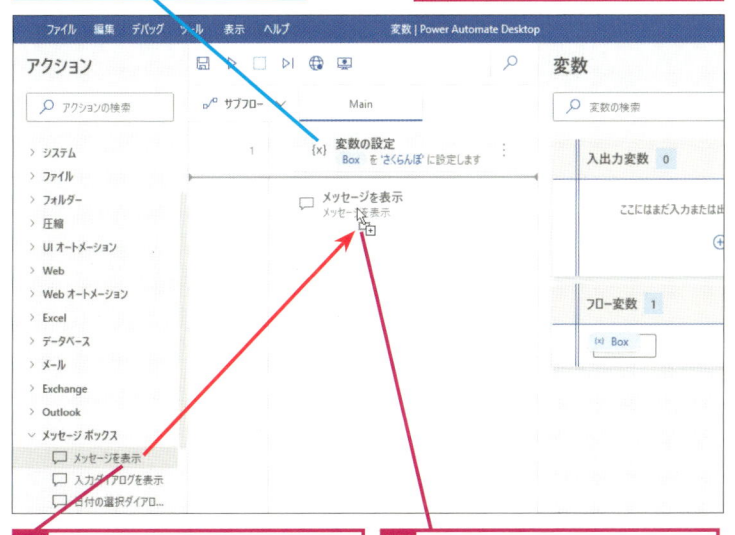

**2** [メッセージを表示]にマウスポインターを合わせる

**3** [変数の設定]アクションの下にドラッグ

### HINT!

**変数がどのアクションで使用されているか調べることもできる**

[変数ペイン]には[使用状況の検索]メニューがあり、変数ごとにどのアクションで使われているのか調べることができます。[変数ペイン]で変数名にマウスポインターを合わせ、[その他のアクション]⋮-[使用状況の検索]の順にクリックすると、状態バー上部に検索結果が表示されます。

状態バー上部に検索結果が表示される

## ⑤ 表示するメッセージを入力する

[メッセージを表示]ダイアログボックスが表示された

**1** [表示するメッセージ]のテキストボックスをクリック

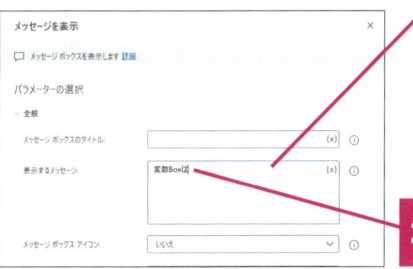

**2** 「変数 Box は」と入力

次のページに続く

## ⑥ 変数を設定する

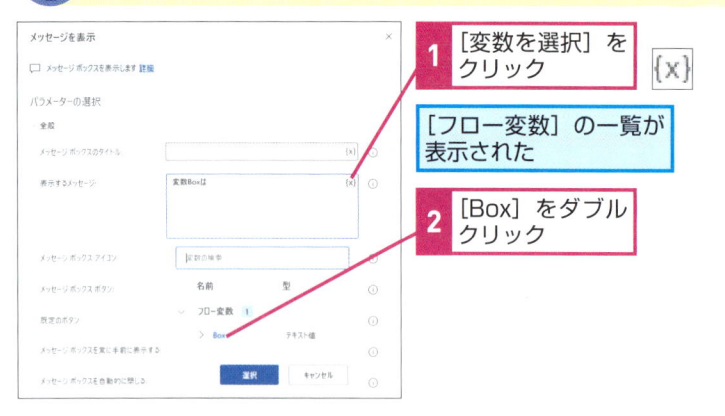

1 [変数を選択] を
クリック

[フロー変数] の一覧が
表示された

2 [Box] をダブル
クリック

## ⑦ [メッセージを表示] の設定を保存する

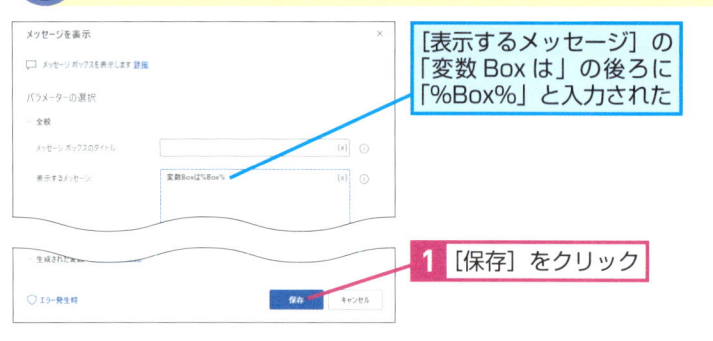

[表示するメッセージ] の
「変数 Box は」の後ろに
「%Box%」と入力された

1 [保存] をクリック

## ⑧ [変数の設定] アクションを再び追加する

[メッセージを表示] アクションが
追加された

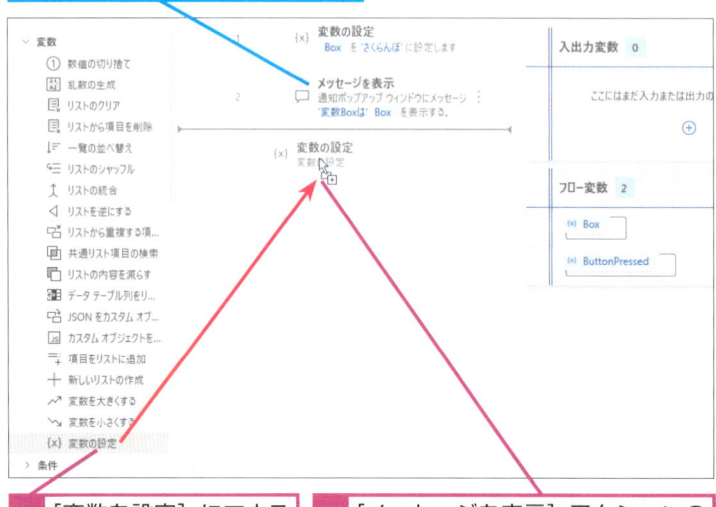

1 [変数を設定] にマウス
ポインターを合わせる

2 [メッセージを表示] アクションの
下にドラッグ

---

### HINT!

#### 変数は [変数の選択] から選ぼう

すでに作成された変数をダイアログボックス内で指定する場合は、[[x]] マークの [変数の選択] をクリックしましょう。直接変数名を入力することもできますが、変数名は大文字、小文字も区別されます。スペルミスによるエラーを防止するために、[変数の選択] での入力がおすすめです。

### HINT!

#### 変数名は変更できる

手順2で行っているように変数の名前は変更できます。変数名に使えるのは、アルファベット、数字、記号の半角文字です。ひらがな、漢字、全角文字は使用できません。簡単な英単語やローマ字表記で分かりやすい名前を付けておくと、どのようなデータが格納されている変数かすぐに分かります。例えば、住所を入れるための変数であれば「%Juusho%」や「%Address%」などとするとよいでしょう。

### HINT!

#### 変数名の前後に付く%は何？

通常のテキストや数字と区別するために、変数の前後に「%」が付きます。例えば、[メッセージを表示] アクションを使い「注文数は□個です」という文章を変数「Suuryo」を使って作成する場合は「注文数は%Suuryo%です」と記入します。「%」で囲われた部分は変数だと認識され、変数の現在値が表示されます。

## 9 変数を変更し値を入力する

**[変数の設定] ダイアログボックスが表示された**

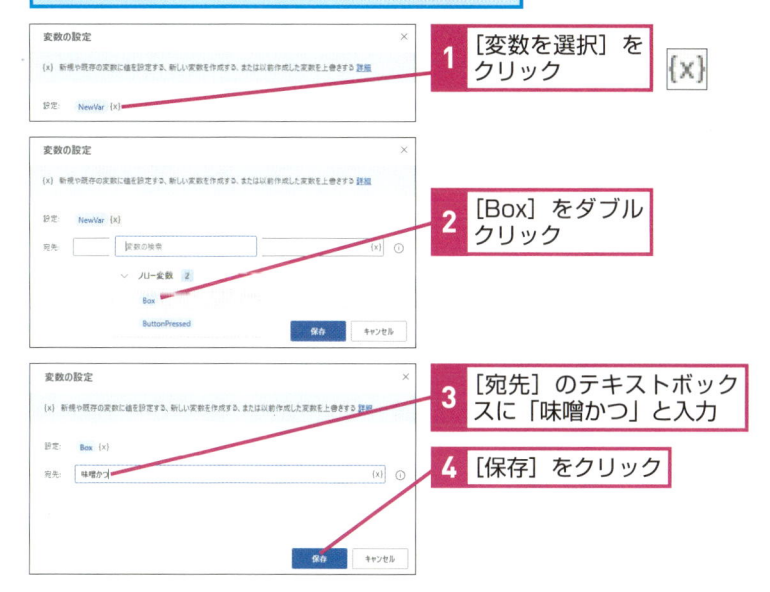

**1** [変数を選択] を
クリック

{x}

**2** [Box] をダブル
クリック

**3** [宛先] のテキストボック
スに「味噌かつ」と入力

**4** [保存] をクリック

## 10 [メッセージを表示] アクションを再び追加する

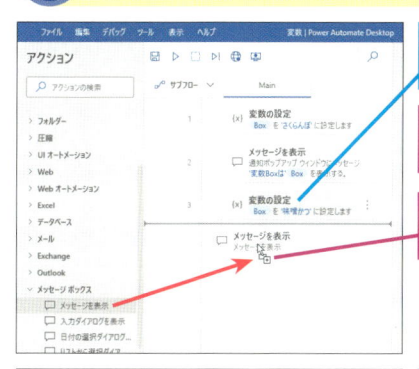

**2つ目の [変数の設定] アク
ションが追加された**

**1** [メッセージを表示] にマ
ウスポインターを合わせる

**2** [変数の設定] アクション
の下にドラッグ

**61〜62ページの手順5〜
7を参考に、[メッセージを
表示] ダイアログボックスの
[表示するメッセージ] を設
定する**

**3** [保存] をクリック

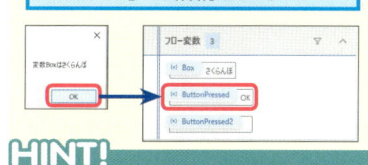

## HINT!

### [変数の設定] アクションで変数を上書きすることもできる

手順9で行っているように、すでに作られた変数に格納されているデータを上書きすることもできます。[設定] で上書きしたい変数名を選んで、[宛先] に上書きしたいデータを入力するとアクション実行時に変数の現在値が上書きされます。

## HINT!

### [メッセージを表示] アクションも変数が作られている

[メッセージを表示] アクションを配置すると、[ButtonPressed] という名前の変数が作られます。この変数にはメッセージボックスのボタン選択が格納されます。今回であれば、[OK] を押すと、変数 [ButtonPressed] に「OK」が格納されます。

**メッセージボックスのボタンで
選択した値が、変数 [Button
Pressed] に格納される**

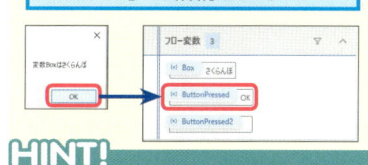

## HINT!

### 複数のアクションで使用している変数名を変更するには

本レッスンの変数 [Box] のように、複数のアクションで使っている変数の名前を変更したい場合は [変数ペイン] から行うとよいでしょう。[変数ペイン] から変数名を変更すれば、その変数を使用しているアクション内の変数名も修正されるので、アクションごとに修正する手間が省けます。[変数ペイン] で変数名にマウスポインターを合わせて、[その他のアクション] ⋮ - [名前の変更] の順にクリックすると、変数名が編集できます。

**次のページに続く**

13

変数

## ⑪ フローを実行する

2つ目の［メッセージを表示］
アクションが追加された

1 ［実行］を
クリック

## HINT!
### 変数の現在値の確認方法

フロー内で使用している変数は［変数ペイン］の［フロー変数］に表示されます。フローを実行し変数にデータが格納されると変数名の横に変数の現在値が表示されます。

フローを実行すると変数名の横に現在値が表示される

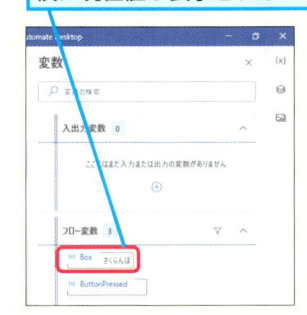

## ⑫ 1つ目のメッセージを確認する

メッセージボックスに「変数Boxは
さくらんぼ」と表示された

1 ［OK］を
クリック

## ⑬ 2つ目のメッセージを確認する

2つ目のメッセージボックスに「変数Boxは
味噌かつ」と表示された

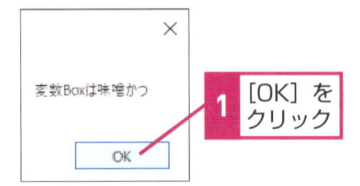

1 ［OK］を
クリック

フローの実行が終了する

レッスン⑨を参考に、［保存］をクリックして
フローを保存しておく

## Point
### 変数は必要なデータを入れておける便利な箱

変数はそのときどきによって必要なデータを入れられる便利な箱のようなものです。箱の名前を「変数名」、箱に初めて格納されるデータを「初期値」、現在箱に格納されているデータを「現在値」と呼ぶことをまず覚えましょう。変数の使い方が分かるようになると、実践的なフローが作れます。

第2章　フローの作成方法を知ろう

# 作成したフローを別のアカウントで使いたい

Power Automate Desktopの無償版で作成したフローを、別のMicrosoftアカウントのPower Automate Desktopにコピーできます。この方法を使えば、フローをほかの人に渡すことができ、とても便利です。フローのアクションだけでなく、変数やUI要素（46ページのHINT!を参照）もコピーされます。ただし、アクショ

ン中に機密テキスト（45ページのHINT!を参照）があると、コピー後にエラーとなってしまいます。コピーする前に機密テキスト使っているアクションのダイアログボックスを開き、通常のテキストに変更し、保存をしたうえでコピーをしてください。

**ここではフロー全体をコピーして別のアカウントで使用する**

**1** フローデザイナー上で Ctrl + A キーを押す

**すべてのアクションが選択される**

**2** そのまま状態で任意のアクションを右クリック

**3** ［コピー］をクリック

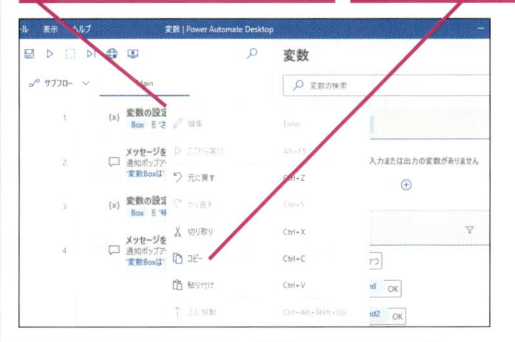

**4** ［メモ帳］アプリを起動

**5** Ctrl + V キーを押す

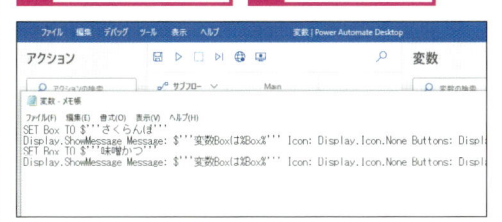

**フローコードが貼り付けられた**

**フローをほかの人に渡す場合は、このコードをやりとりする**

**別アカウントで［Power Automate Desktop］にサインインして、新しいフローを作成しておく**

**フローのコードを［メモ帳］アプリで開きコードをコピーしておく**

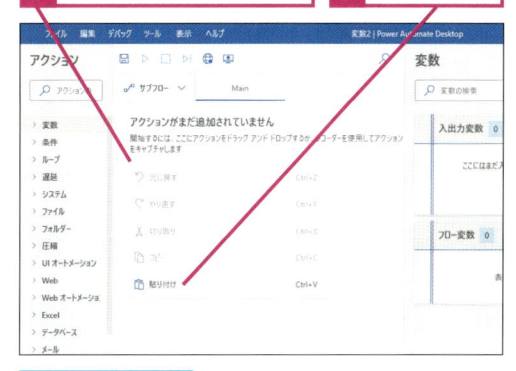

**6** ［Main］タブの空白部分をクリック

**7** ［貼り付け］をクリック

**フローがコピーされた**

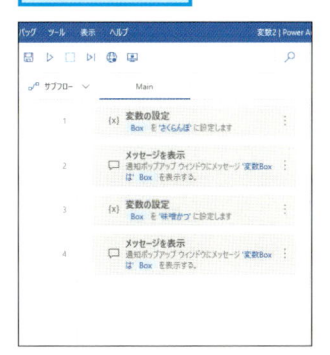

# 繰り返し処理を実行するには

**ループ**

レッスン⓭で学んだ変数の仕組みを使って、同じ処理を繰り返し行ってみましょう。指定された回数分の処理を繰り返す[Loop]アクションを使って解説をします。

## 繰り返し処理とは？

Excelファイルに記載された「売上日」「売上額」などのデータをWebシステムなどに入力する場合、入力するデータは1件ずつ変わるものの、同じページの同じ入力枠に対して、繰り返し入力を行います。このようなデータだけを変えて同じ作業を繰り返し行っていくことを「繰り返し処理」と呼びます。Power Automate Desktopには繰り返し処理を行うアクションがいくつかあり、そのうち多く使うのは[Loop]アクションと[For each]アクション（第4章レッスン㉚参照）です。[Loop]アクションは指定した回数分繰り返され、[For each]アクションは指定した変数の行数分だけ繰り返し処理が行われます。このレッスンでは、回数を決めて繰り返し処理を行う[Loop]アクションを使って解説をします。

### キーワード

| | |
|---|---|
| アクション | p.201 |
| 変数 | p.203 |
| 変数ペイン | p.203 |

## HINT!

### ここで制作するフローについて

Excelワークシートのセル A 1 〜セル A5までに、繰り返し「あいうえお」と入力する操作を作成します。[Loop]アクションと[End]アクションの間に配置されたアクションは、指定された回数だけ繰り返されることを理解しましょう。

> [Loop]アクションを使い、セル A 1 〜セル A5 までに「あいうえお」と入力する

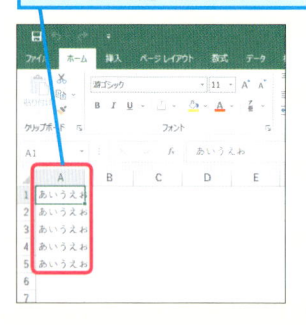

---

作業内容は変わらないが、入力するデータを変えて繰り返し行っている作業は自動化できる

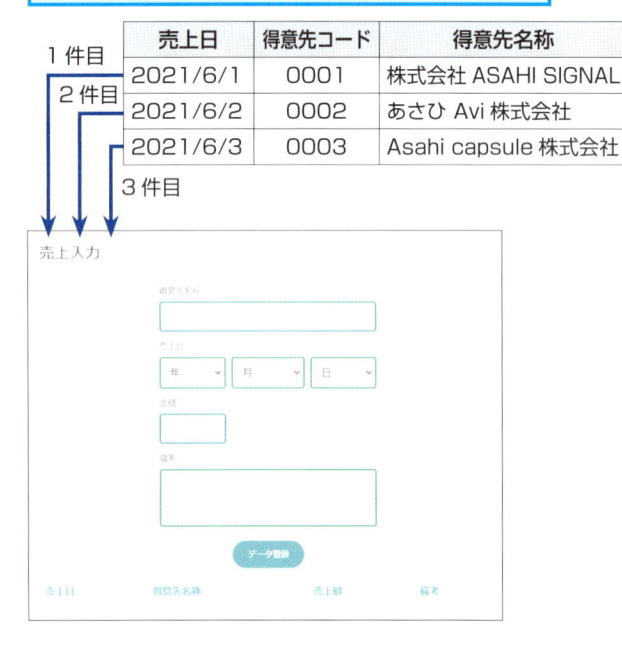

| 売上日 | 得意先コード | 得意先名称 | 売上額 |
|---|---|---|---|
| 2021/6/1 | 0001 | 株式会社 ASAHI SIGNAL | 100,000 |
| 2021/6/2 | 0002 | あさひ Avi 株式会社 | 200,000 |
| 2021/6/3 | 0003 | Asahi capsule 株式会社 | 300,000 |

1 件目
2 件目
3 件目

## [Loop] アクションで繰り返し処理を作る

### 1 空のExcelファイルを作成する

Excel を起動し、新しい
ブックを作成する

何も入力せずに「レッスン14」という
名前で [デスクトップ] フォルダーに
保存しておく

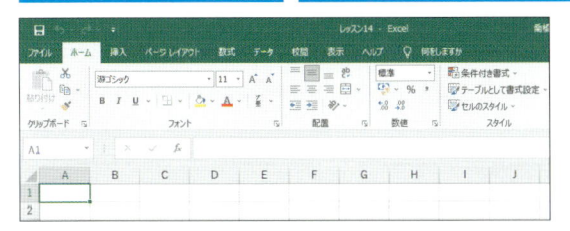

### 2 [Excel] のアクション一覧を表示する

レッスン❺を参考に、「ループ」という
名前の新しいフローを作成し、フローデ
ザイナーを表示しておく

**1** [Excel] のここ
をクリック

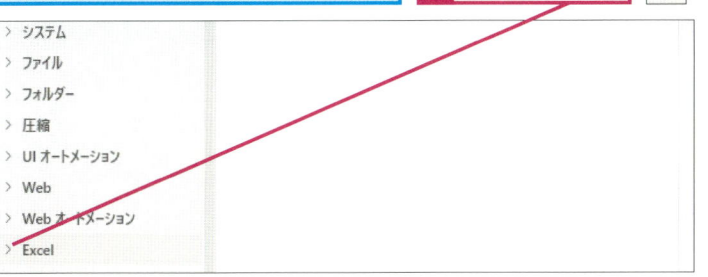

### 3 Excelを起動するアクションを追加する

**1** [Excel の起動] にマウス
ポインターを合わせる

**2** ワークスペースまで
ドラッグ

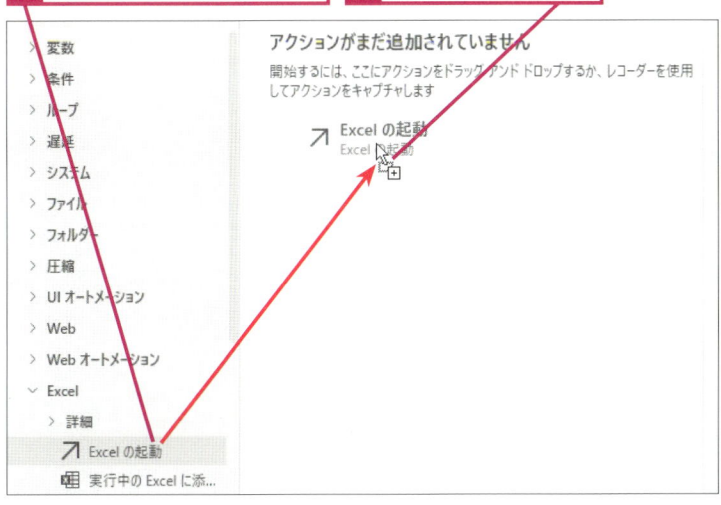

**HINT!**

### 社内ファイルサーバー上の Excelファイルを開ける

ファイルサーバー上に保存されているExcelファイルもPower Automate Desktopを使って、開いたり、書き込んだりすることができます。その場合、Power Automate Desktopがインストールされているパソコンや、パソコンにサインインしているユーザーにファイルサーバーや、開こうとするフォルダーのアクセス権がないと操作できません。操作したいシステムやファイルサーバーへの接続が許可された状態になっていることを確認してください。

次のページに続く

## ④ 開くドキュメントを指定する

[Excel の起動]ダイアログ
ボックスが表示された

**1** [Excel の起動]のここを
クリック

**2** [次のドキュメントを開く]
をクリック

## ⑤ 起動するExcelファイルを選択する

ここでは、[デスクトップ]フォルダーに保存した
Excel ファイル「レッスン14」を指定する

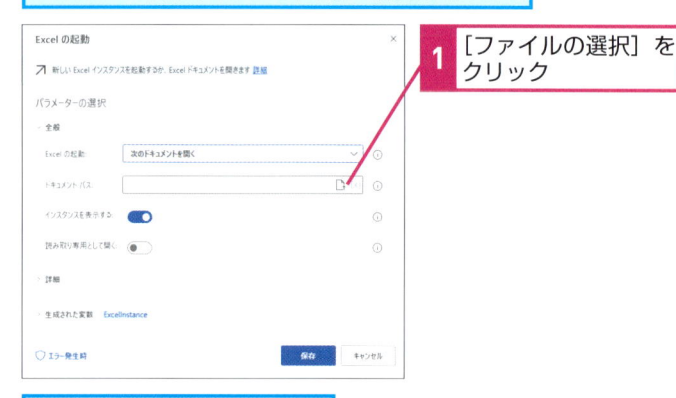

**1** [ファイルの選択]を
クリック

[ファイルの選択]ダイアログ
ボックスが表示された

**2** 画面左の[デスクトップ]
をクリック

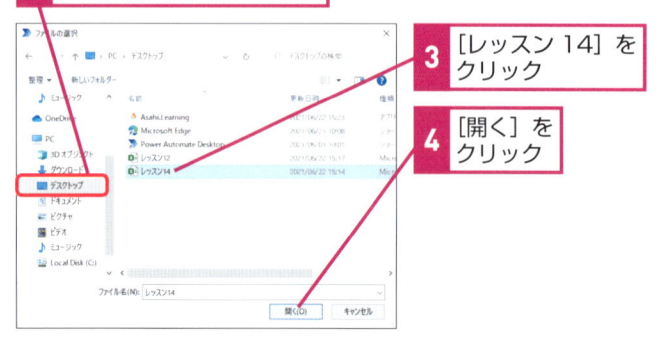

**3** [レッスン 14]を
クリック

**4** [開く]を
クリック

### HINT!

## [空のドキュメントを使用]を
## 選択したときは？

手順4の操作2で[空のドキュメント
を使用]を選択した場合は、Power
Automate Desktopにより新規の
Excelファイルが作成されます。[空
のドキュメントを使用]で起動した
Excelファイルに書き込みを行った
場合は必ず[Excelを閉じる]アクショ
ンなどを使い、保存先を指定して保
存してからフローを終了しないと
ファイルが保存されません。保存先
とファイル名を指定してExcelファイ
ルを保存する方法は第3章のレッス
ン❷で解説しています。

第2章
フローの作成方法を知ろう

## 6 設定を保存する

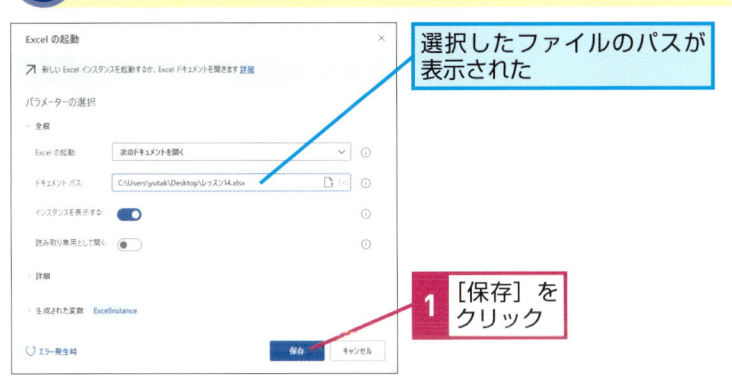

選択したファイルのパスが
表示された

**1** [保存]を
クリック

## 7 [Loop] アクションを追加する

[Excel の起動] アクション
が追加された

**1** [ループ] の > を
クリック

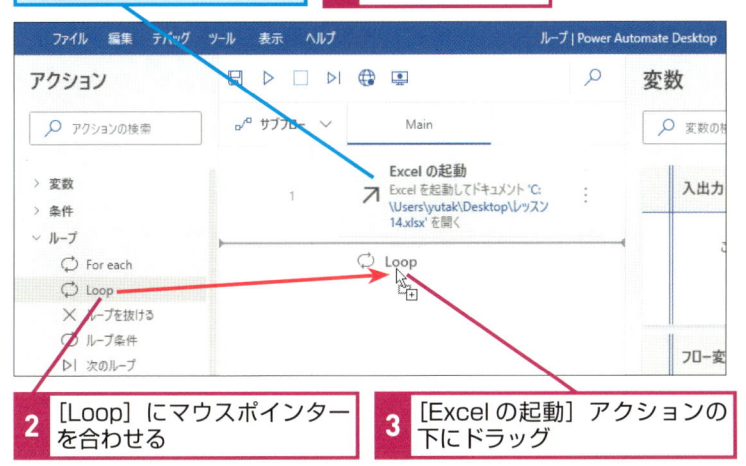

**2** [Loop] にマウスポインター
を合わせる

**3** [Excel の起動] アクションの
下にドラッグ

## 8 ループの開始点や終了点を設定する

[Loop] ダイアログボックスが
表示された

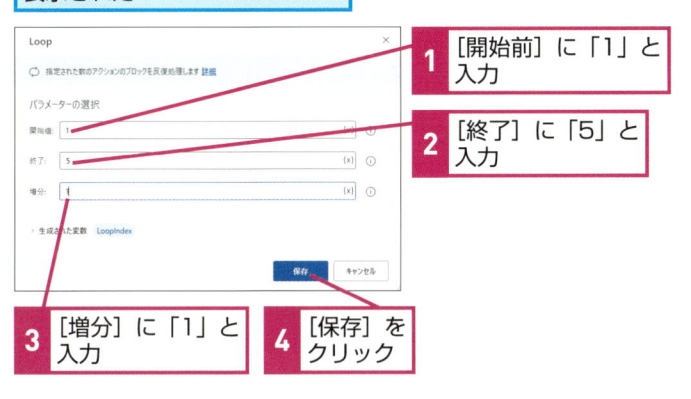

**1** [開始前] に「1」と
入力

**2** [終了] に「5」と
入力

**3** [増分] に「1」と
入力

**4** [保存]を
クリック

HINT!

### [Loop] アクションで
### 生成される変数

[Loop] アクションを使うと自動的
に変数 [LoopIndex] が作られます。
ダイアログボックス内の [開始値]
に入れた値が、変数 [LoopIndex]
の初期値として格納されます。変数
[LoopIndex] は繰り返しごとに自
動で値が変わるようになっており、
[終了値] に到達すると繰り返し処
理を終了します。

HINT!

### 「増分」って何？

[増分] は、変数 [LoopIndex] を
どういう刻みで増やすかを設定する
項目です。[開始値] が「1」、[終了
値] が「10」、[増分] が「1」であ
れば、変数 [LoopIndex] の値は「1、
2、3…」と1ずつ増えていき、10に
達するとLoopを終了します。[増分]
には「-1」など負の値も設定できます。
[開始値] が「10」、[終了値] が「0」、
[増分] が「- 1」であれば、変数
[LoopIndex] の値は「10、9、8…」
と減っていき、0に達するとLoopが
終了します。

次のページに続く

## ⑨ [メッセージを表示] アクションを追加する

[Loop] アクションが追加された

**1** [メッセージボックス] の ⟩ をクリック

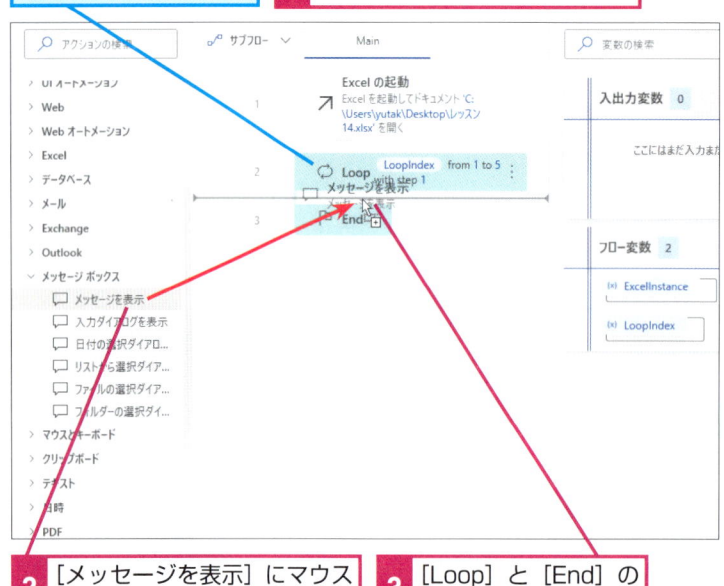

**2** [メッセージを表示] にマウスポインターを合わせる

**3** [Loop] と [End] の間にドラッグ

## ⑩ 変数を設定する

[メッセージを表示] ダイアログボックスが表示された

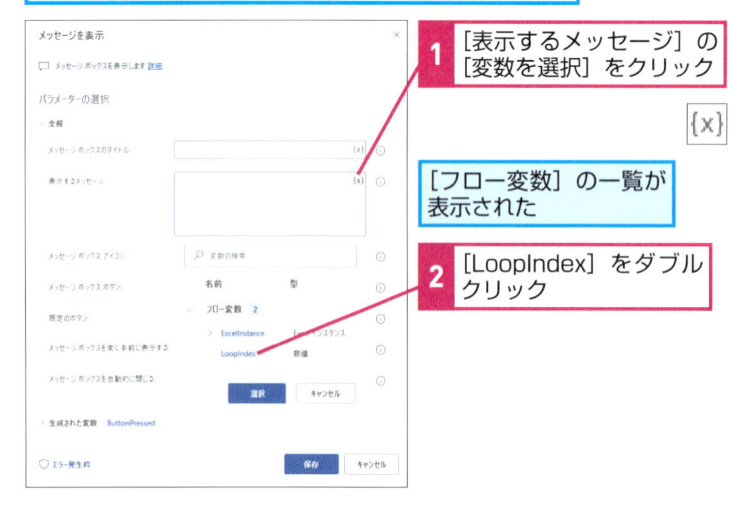

**1** [表示するメッセージ] の [変数を選択] をクリック

[フロー変数] の一覧が表示された

**2** [LoopIndex] をダブルクリック

### HINT!

**繰り返すアクションの挿入位置に注意**

繰り返し実行させたいアクションは、[Loop]アクションと[End]アクションの間に挿入する必要があります。[End]アクションは[Loop]アクションを追加すると自動的に配置されるアクションで、繰り返し処理の対象となるアクションを区切る役目を果たしています。

### HINT!

**Loopが終了した後も変数 [LoopIndex] はリセットされない**

Loop終了後、変数 [LoopIndex] には終了値が格納されます。そのため2つ目の [Loop] アクションを配置した際に同じ変数 [LoopIndex] を使ってしまうと、終了値から開始してしまいます。フロー内で複数の [Loop] アクションを使う場合は、[LoopIndex2] など別の変数を使うか、変数 [LoopIndex] をリセットするアクションを入れる必要があります。

第2章 フローの作成方法を知ろう

## ⑪ ［メッセージを表示］の設定を保存する

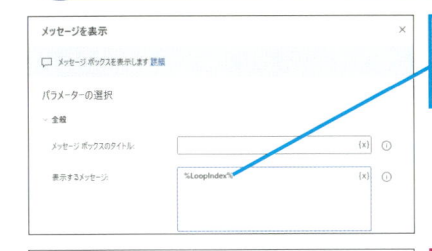

［表示するメッセージ］に
「%LoopIndex%」と表示
された

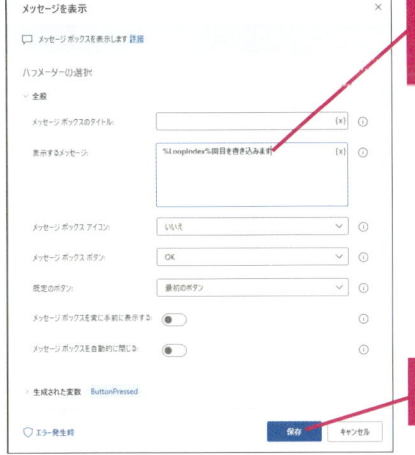

**1** 「%LoopIndex%」の
後ろに「回目を書き
込みます」と入力

**2** ［保存］を
クリック

## ⑫ ［Excelワークシートに書き込み］アクションを追加する

［メッセージを表示］アクションが
追加された

**1** ［Excel］の［>］を
クリック

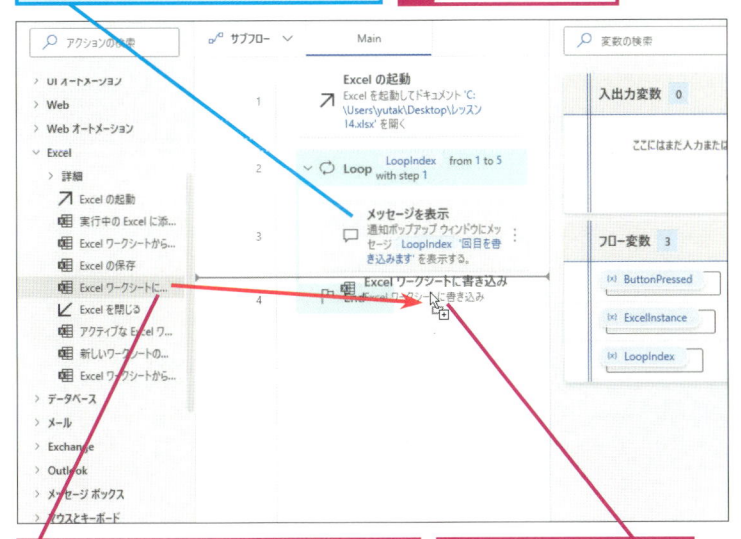

**2** ［Excel ワークシートに書き込み］
にマウスポインターを合わせる

**3** ［メッセージを表示］
アクションの下にド
ラッグ

次のページに続く

---

### メッセージボックス内で変数を使う場合は「％」で囲む

テキストと変数を組み合わせて文字列を作成する場合は、テキストと変数を区別するために変数の前後を「％」で囲む必要があります。［変数の選択］を使って、変数を挿入すると自動的に「％」で囲われるので削除しないようにしましょう。

変数を使う場合は、必ず
変数名を「％」で囲む

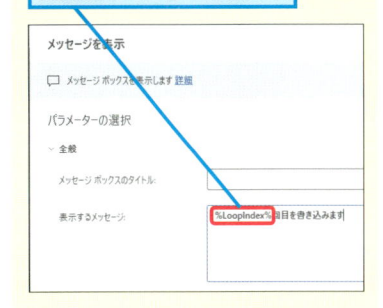

**14**

ループ

## ⑬ セルに入力する値を設定する

[Excel ワークシートに書き込み]
ダイアログボックスが表示された

ここでは、セル A1 〜 A5 に
「あいうえお」と入力される
ように設定する

**1** [Excel インスタンス] に「%ExcelInstance%」と
表示されていること確認

**2** [書き込む値] に「あいう
えお」と入力

**3** [書き込みモード] に [指
定したセル上] と表示さ
れていることを確認

**4** [列] に「A」と
入力

**5** [行] の [変数の選択] を
クリック {x}

## ⑭ [行] の変数を設定して保存する

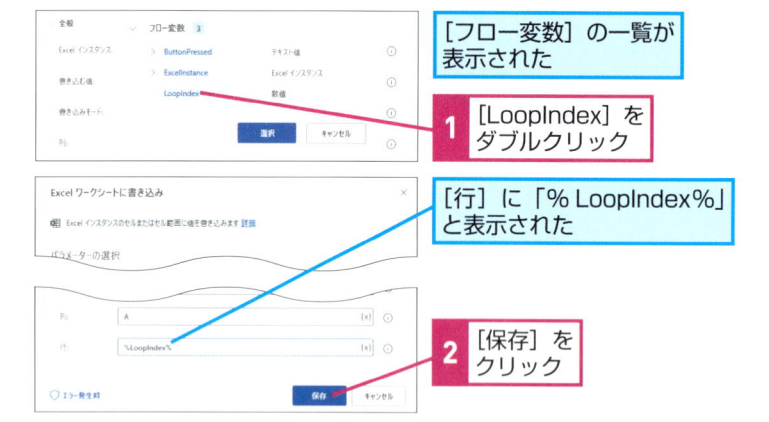

[フロー変数] の一覧が
表示された

**1** [LoopIndex] を
ダブルクリック

[行] に「% LoopIndex%」
と表示された

**2** [保存] を
クリック

## ⑮ フローを作成できた

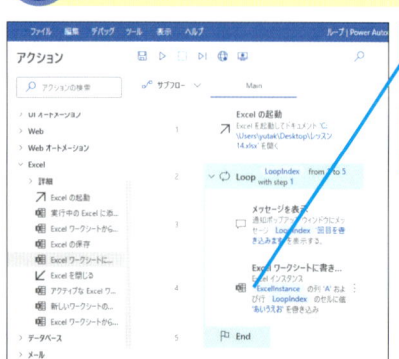

[Excel ワークシートに書き込
み] アクションが追加された

レッスン❾を参考に、
フローを保存しておく

---

### HINT!

**[End] アクションを
削除してしまった場合は**

[End] アクションは、[フローコント
ロール] グループの中にあります。
誤って削除してしまった場合は、ワー
クスペースにドラッグして配置し直
してください。

[End] アクションを削除すると
エラーになるため、ドラッグし
て再度追加する

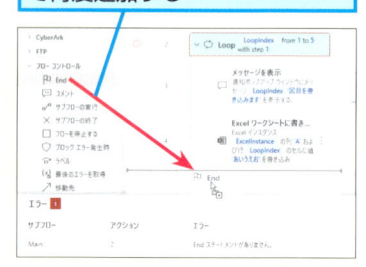

### HINT!

**列に変数 [LoopIndex] を
指定すると？**

[Loop] アクションでは [開始値] を
「1」、[終了値] を「5」、[増分] を「1」
に設定しています。そのため、繰り
返し1回目には、変数 [LoopIndex]
には「1」が格納され、セルA1に「あ
いうえお」が入力されます。以降は、
繰り返しのたびに変数 [LoopIndex]
の現在値が「1」ずつ増えるため、2
回目にはセルA2に、3回目にはセル
A3、4回目はセルA4、5回目にセル
A5に入力され、Loopが終了します。

## 16 フローを実行する

**1** 実行をクリック

## 17 フローが実行された

Excel が起動した　　メッセージボックスが表示された

**1** [OK] をクリック

1回目を書き込みます
OK

同様に、残り 4 回メッセージボックスが表示されるので、その都度 [OK] をクリックする

## 18 起動したExcelを確認する

フロー実行時に起動した Excel ファイルを表示する

セル A1 ～ A5 まで「あいうえお」と入力された

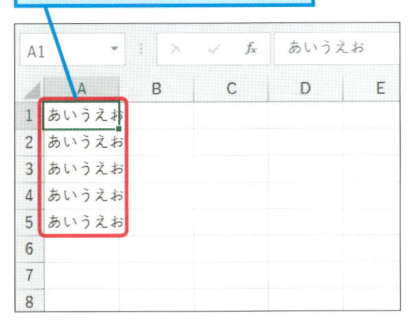

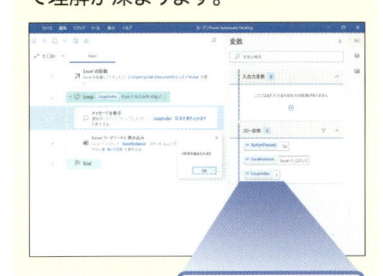
**14**

ループ

### Point

## 繰り返し処理が得意な Power Automate Desktop

[Loop] アクションを使って、同じアクションを繰り返し実行する方法を解説しました。[Loop] アクションのように繰り返し処理を行うアクションは、繰り返しのたびに、アクションで作った変数の値を変化させていき、繰り返しの回数や終了するタイミングをコントロールしています。繰り返し実行させたいアクションは、[Loop] アクションと [End] アクションの間に必ず挿入しましょう。

# 条件によって処理を変えてみよう

## 条件分岐

条件によって処理を分けることができるアクションがいくつか用意されています。それらを使ううえで理解しておくとよい、「条件分岐」の考え方を解説します。

### 条件によって処理を変える「条件分岐」とは

「曜日によって処理を変える」「一定金額以下は処理をスキップさせる」「品番がマスター上に存在しない場合は処理を停止させる」など、Power Automate Desktopでは条件によって処理を変えることができます。このように条件によって、処理内容を変えることを「条件分岐」と呼びます。Power Automate Desktopで条件分岐を行うには、[条件] グループ内のアクションを使います。最も基本的な条件分岐のアクションは、[If] アクション、[Else if] アクション、[Else] アクションです。[If] アクションは、設定した条件に一致した場合にのみ、処理を行うアクションです。[Else if] アクションと [Else] アクションは、2つ以上の条件を設定する場合、[If] アクションと組み合わせて使用します。このレッスンでは、3種類の条件分岐アクションを組み合わせ、入力された値によって表示するメッセージを変えるフローを作成します。

### HINT!

#### [If] アクションも [End] アクションとセットで使う

[If] アクションを配置すると、[Loop] アクションを配置したときと同じように [End] アクションが自動で配置されます。[If] アクションで設定した条件に一致した場合、[End] アクションまでのアクションを実行します。[If] アクションで設定した条件に一致しなかった場合、[End] アクションまでのアクションをスキップし、[End] アクションの次のアクションに移動します。

● [If] アクションについて

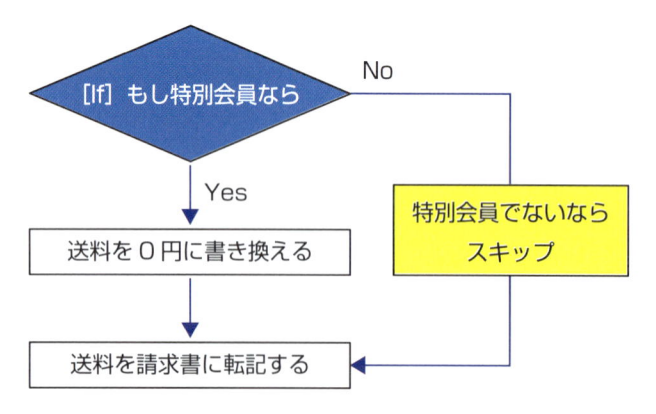

## 2つ以上の条件がある条件分岐もできる

2つ以上の条件がある条件分岐を作ることもできます。以下は、次ページ以降で作成するフローのイメージ図です。会員の年齢が6歳以上12歳未満かを判定するフローです。設定した条件に一致した場合のみに処理を行う［If］アクションと、［If］アクションの条件に一致しなかった場合にのみ、設定した条件に一致するか判定する［Else if］アクション、［If］アクションや［Else if］アクションの条件に一致しなかった場合に実行する［Else］アクションを配置して、3通りの結果を表示します。フローを制作しながら、［If］アクションの使い方や［Else if］アクション、［Else］アクションとの組み合わせ方を学んでみましょう。

### ●フローの流れ

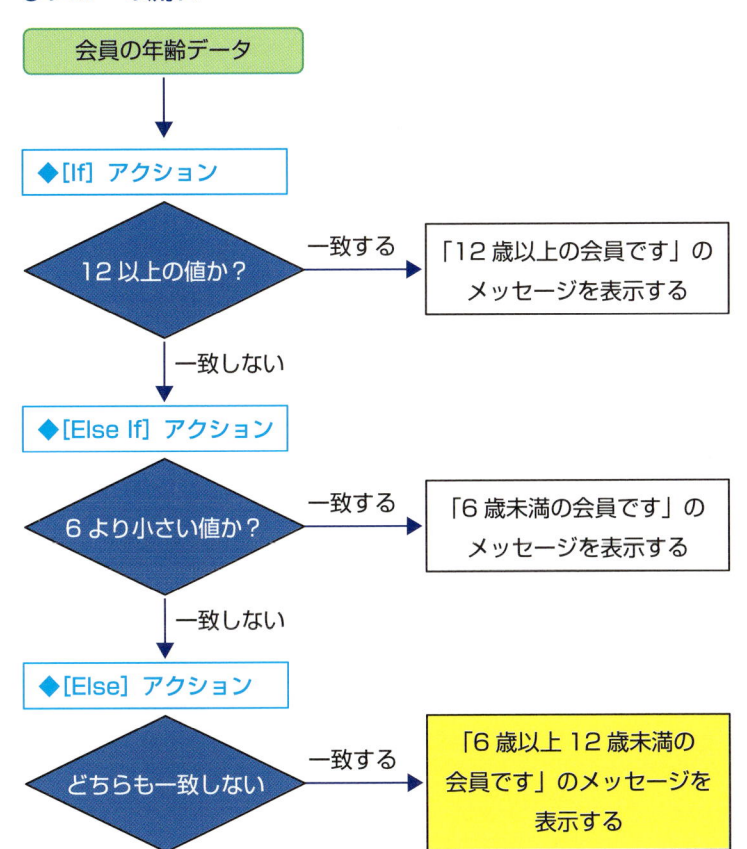

**HINT!**

### 条件にはファイル名やUI要素を設定もできる

［If］アクションと［Else if］アクションの条件には、テキスト、数字、変数以外にファイル名やUI要素も指定できます。特定のキーワードを含むファイル名だけ処理を行う、特定のボタンがWebページ上に出ている場合は処理を行うなどの条件分岐も設定できます。

**HINT!**

### 条件分岐は何個まで設定できるの？

条件分岐の設定上限はありません。例えば、都道府県ごとに処理内容を変えたい場合は、47の条件分岐を設定することが可能です。しかし条件分岐の個数が増えれば増えるほど、フローは長く複雑になり、修正などする場合、大変になってしまいます。条件分岐の個数はできるだけ少なく、シンプルなフロー作りを心掛けましょう。

**次のページに続く**

# [条件] のアクションを使ってフローを作成しよう

## ❶ [入力ダイアログを表示] アクションを追加する

レッスン❺を参考に、「条件分岐」という名前の新しいフローを作成し、フローデザイナーを表示しておく

**1** [メッセージボックス] のここをクリック

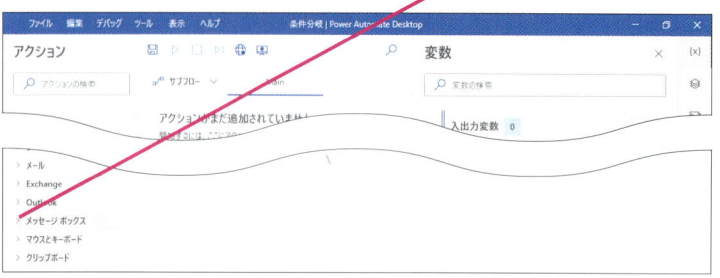

**2** [入力ダイアログを表示] にマウスポインターを合わせる

**3** ワークスペースにドラッグ

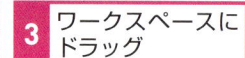
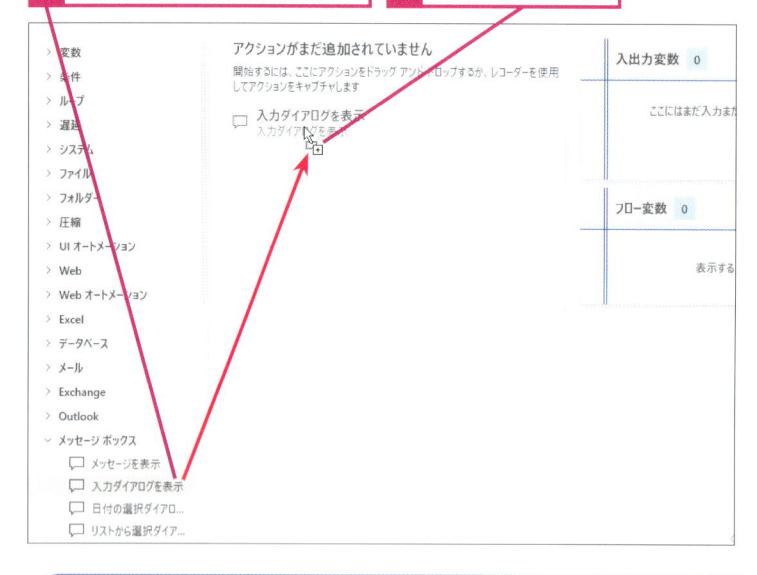

## ❷ アクションの設定を保存する

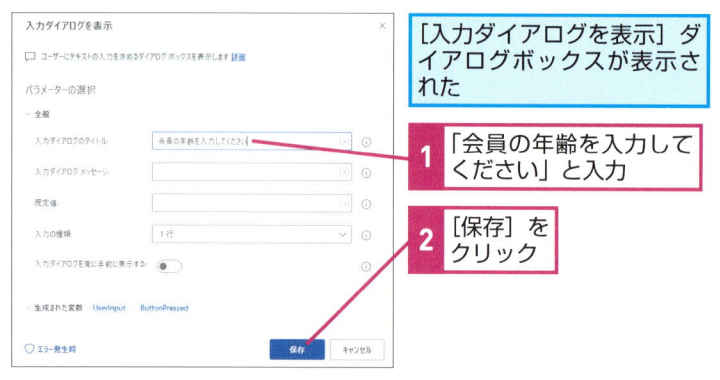

[入力ダイアログを表示] ダイアログボックスが表示された

**1** 「会員の年齢を入力してください」と入力

**2** [保存] をクリック

---

## HINT!

### このレッスンで制作するフロー

会員の年齢が小学生相当の6歳以上、12歳未満かどうかを判定するフローを作ります。[If] アクションで「12以上の値かどうか」を判定し、一致する場合は「12歳以上の会員です」と表示し、一致しない場合は [Else If] アクションに進みます。[Else If] アクションでは「6より小さい値かどうか」を判定し、一致する場合は「6歳未満の会員です」を表示します。[If] アクションと [Else If] アクションのどちらの条件にも一致しない場合は [Else] アクションに進み、「6歳以上12歳未満の会員です」と表示させます。前ページの図も参考にしてください。

## HINT!

### 入力欄を表示するアクション

[入力ダイアログを表示] アクションは、入力された値を変数として取り込むことができます。入力した値は [入力ダイアログを表示] アクションによって作られる変数 [UserInput] に格納されます。例えば、配達指定日だけはユーザーが決めた日時にしたいような場合にこのアクションを使うと便利です。

## ❸ [If] アクションを追加する

[入力ダイアログを表示]
アクションが追加された

**1** [条件] の ⟩ を
クリック

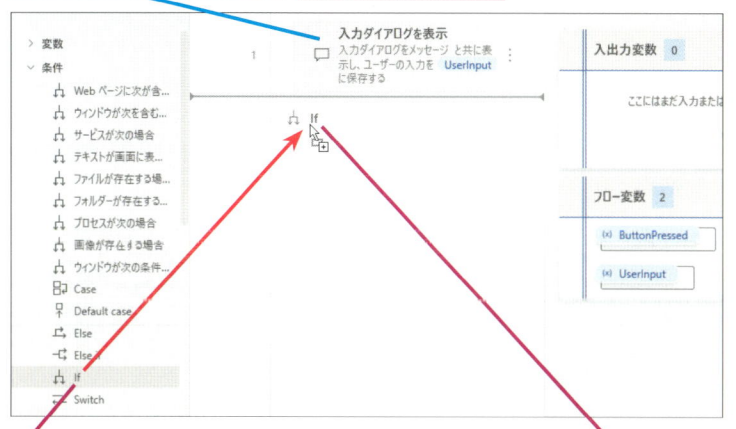

**2** [If] にマウスポインターを
合わせる

**3** [入力ダイアログを表示]
アクションの下にドラッグ

## ❹ 最初の条件と演算子を指定する

[If] ダイアログボックスが表示された

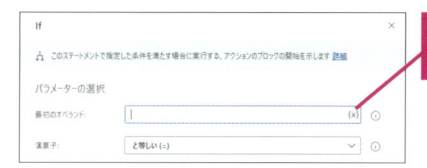

**1** [最初のオペランド] の [変
数を選択] をクリック

[フロー変数] の一覧が表示された

**2** [UserInput] を
ダブルクリック

「%UserInput%」と
表示された

**3** [演算子] のここを
クリック

**4** 以上である (>=) を
クリック

## HINT!

### オペランドとは何か？

オペランドとはパソコンなどが行う
演算の対象となる値です。例えば、
「x＜5」のオペランドは「x」と「5」
になります。演算子には「＋」「−」「＜」
「＝」などがあり、「＜」のように2つ
のデータを比較するときに使う記号
を「比較演算子」といいます。

## HINT!

### 演算子の種類

演算子は、合計14種類あります。等
しい（=）、等しくない（<>）などの
比較演算子以外に「次を含む」「次
を含まない」などの演算子もありま
す。特定のキーワードが含まれてい
たら処理を実行するといった条件分
岐を設定することができます。

次のページに続く

**15**

条件分岐

## ⑤ 2つ目の条件を指定する

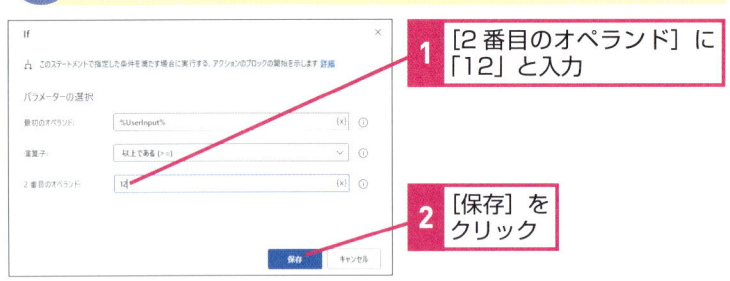

1 [2番目のオペランド]に「12」と入力

2 [保存]をクリック

**HINT!**

### [2番目のオペランド]とは

[If]アクションの[最初のオペランド]に設定された値の比較対象となる値が[2番目のオペランド]に設定される値です。今回は[最初のオペランド]に変数[UserInput]を格納し、[2番目のオペランド]には12を格納し、[UserInput]と「12」が比較されるようにします。

## ⑥ [メッセージを表示]アクションを追加する

[If]アクションが追加された

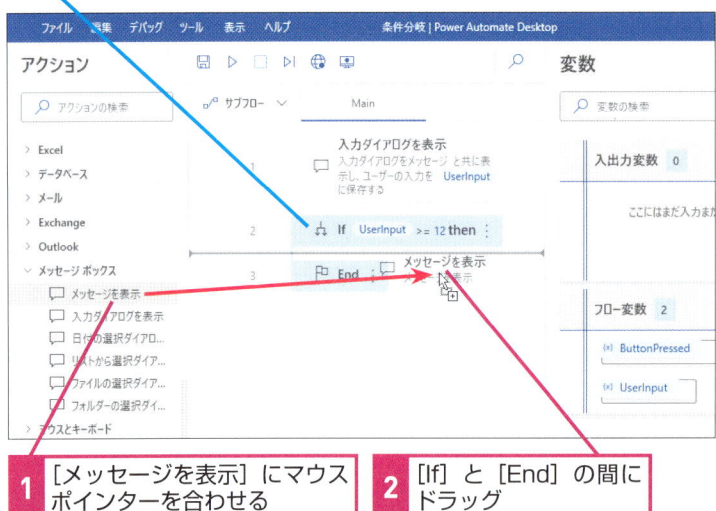

1 [メッセージを表示]にマウスポインターを合わせる

2 [If]と[End]の間にドラッグ

**HINT!**

### ここまでできたらフローを実行してみよう!

手順7までできたら、フローを実行してみましょう。メッセージボックスに「0〜100」の値を入力し、12以上の値が入力されたときはメッセージボックスが表示され、12より小さい値が入力されたときはメッセージボックスが表示されないことを確認してみましょう。

## ⑦ 表示するメッセージを指定する

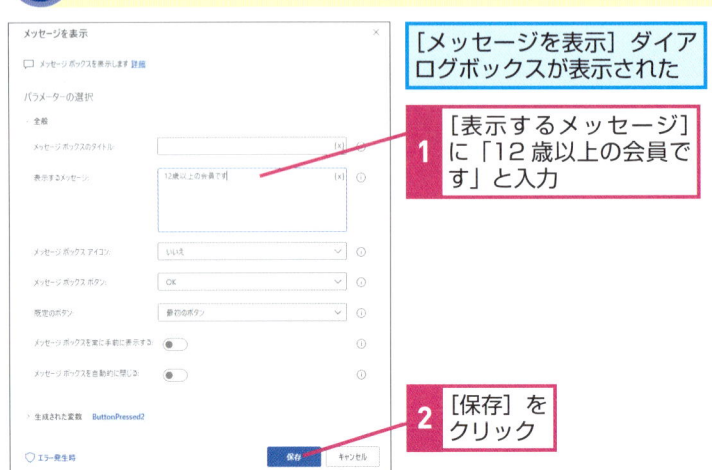

[メッセージを表示]ダイアログボックスが表示された

1 [表示するメッセージ]に「12歳以上の会員です」と入力

2 [保存]をクリック

## 8 ［Else if］アクションを追加する

［メッセージを表示］ア
クションが追加された

**1** ［Else if］にマウスポインターを
合わせる

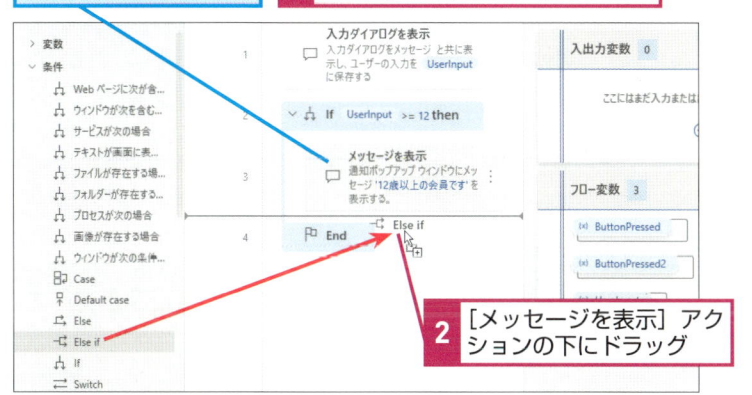

**2** ［メッセージを表示］アク
ションの下にドラッグ

## 9 最初の条件と演算子を指定する

変数「UserInput」に格納された値が、6 より小さい
場合に表示するメッセージを設定する

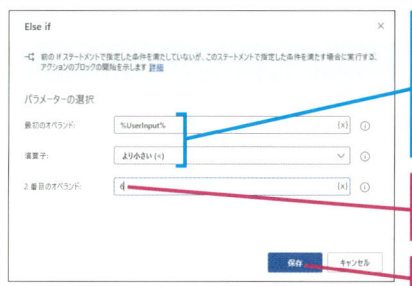

77 ページの手順 4 を参考に、
［最初のオペランド］に変数
「UserInput」を、［演算子］
に［より小さい（<）］を設定
する

**1** ［2 番目のオペランド］
に「6」と入力

**2** ［保存］をクリック

## 10 ［メッセージを表示］アクションを追加する

手順 6 を参考に、［Else if］アクションの下に
［メッセージを表示］アクションを追加する

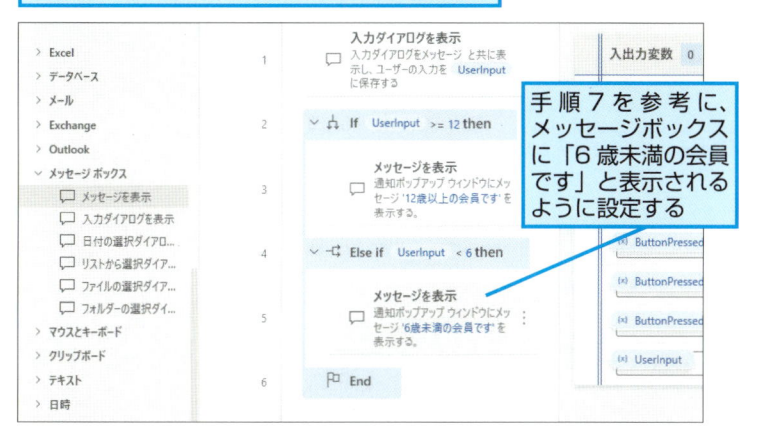

手順 7 を参考に、
メッセージボックス
に「6 歳未満の会員
です」と表示される
ように設定する

次のページに続く

---

### HINT!

**［Else if］アクションは
［If］アクションとセットで使う**

［Else if］アクションは、前に［If］
アクションがない状態で配置すると
エラーが表示されます。［Else if］ア
クションは［If］アクションの条件
に一致しなかった場合に実行される
アクションです。単独で配置するこ
とはできません。

### HINT!

**数字は必ず「半角数字」で
入力する**

各アクションのダイアログボックス
内で数字を入力する場合は「半角数
字」で必ず入力しましょう。誤って
全角数字を入力してもエラーは表示
されないので、注意してください。

### HINT!

**「より小さい（<）」「以下である
（<=）」「未満」の違いは？**

［より小さい（<）］を設定した場合、
対象となる数字は含みません。［以
下である（<=）］を設定した場合は、
対象とする数字も含みます。「未満」
は［より小さい（<）］と同じで、対象
となる数字は含まない、という意味
になります。

## 11 [Else] アクションを追加する

**1** [Else] にマウスポインターを合わせる

**2** [メッセージを表示] アクションの下にドラッグ

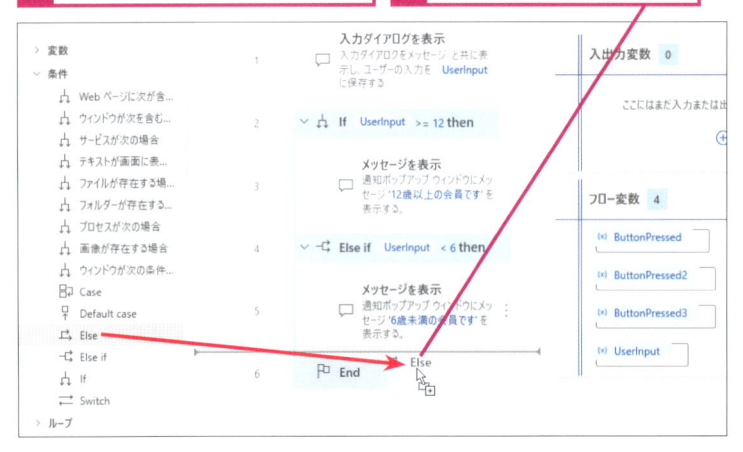

## HINT!

### [Else] アクションはダイアログボックスが自動で開かない

[Else] アクション内のアクションは、[If] アクションや [Else if] アクションの条件に一致しなかった場合に実行される仕組みになっています。そのため、[Else] アクションのダイアログボックスには設定項目がなく、ワークスペース配置した際もダイアログボックスは表示されません。ダイアログボックスを表示したい場合は、ワークスペース上の [Else] アクション上でダブルクリックしてください。

## 12 [メッセージを表示] アクションを追加する

**1** [メッセージを表示] にマウスポインターを合わせる

**2** [Else] アクションの下にドラッグ

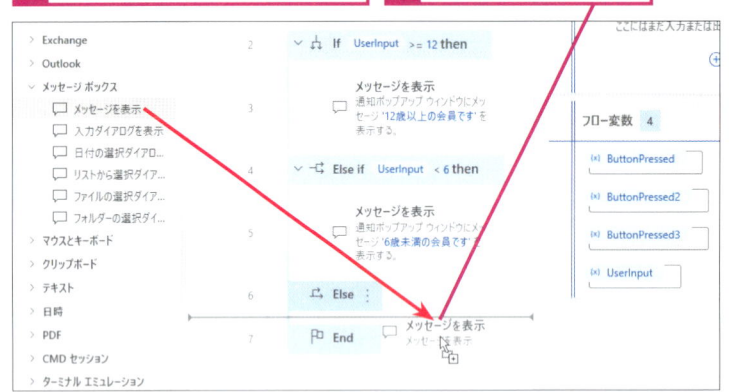

## HINT!

### 実際の業務でこのフローを使う際の注意点

フロー実行時に出てくる [会員の年齢を入力してください] 画面で [OK] ではなく [Cancel] を押してもフローは実行されてしまいます。もしこのフローを実際の業務で使いたい場合は [入力ダイアログ表示] アクションのボタン選択結果を格納する変数 [ButtonPressed] に「OK」が格納された場合のみ実行される条件を追加した方がよいでしょう。[入力ダイアログを表示] アクションの後に [If] アクションを追加し [ButtonPressed] =OKという条件設定をし、このレッスンで作成した [If] から[End]までのアクションを [End]で囲います。

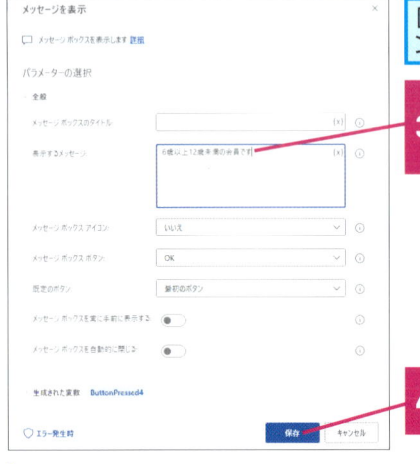

[メッセージを表示] アクションが追加された

**3** [表示するメッセージ] に「6 歳以上 12 歳未満の会員です」と入力

**4** [保存] をクリック

第2章 フローの作成方法を知ろう

## ⑬ フローを実行する

[メッセージを表示] ダイアログ
ボックスが表示された

**1** [実行] を
クリック ▷

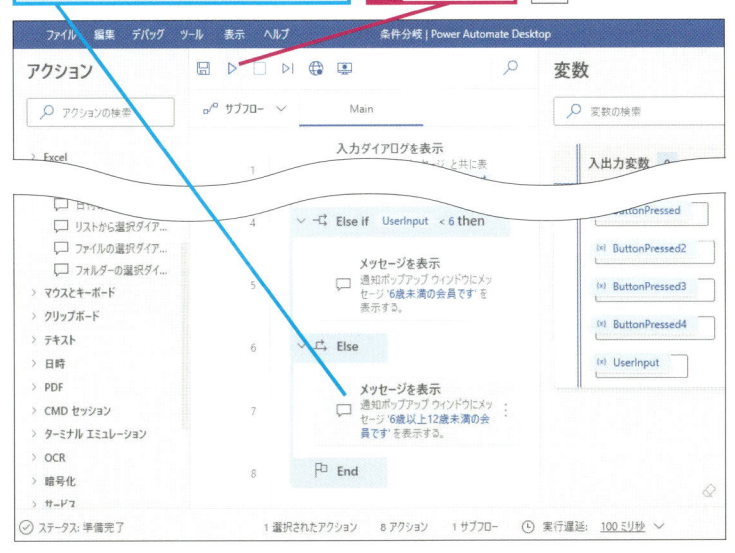

## ⑭ メッセージボックスに数値を入力する

メッセージボックスが
表示された

入力する数値によって表示される
メッセージが異なる

会員の年齢を入力してください

6

**1** 「6」と
入力

**2** [OK] を
クリック

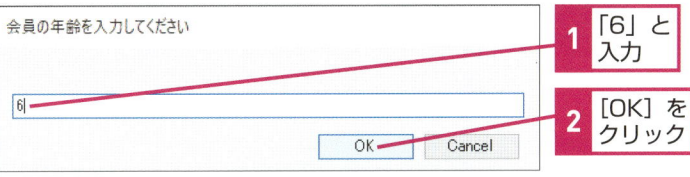

「6 歳以上 12 歳未満の
会員です」と表示された

6歳以上12歳未満の会員です

OK

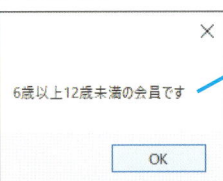

レッスン⑨を参考に、[保存] をク
リックしてフローを保存しておく

15

条件分岐

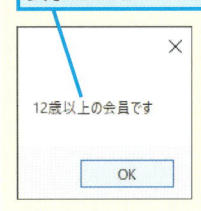
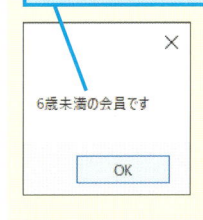

# 16

## エラーを 確認するには

### エラー

フロー制作中やテスト実行中に、エラーが発生する場合があります。本レッスンではエラーの種類や［エラーペイン］の見方について説明します。

## エラー発生時の画面

エラーは主にフロー制作中と実行中に発生します。フロー作成中にエラーが表示された場合は、画面下部に表示される［エラーペイン］でエラーが発生したアクションとエラー内容を確認し、アクションの編集を行います。実行中に問題が発生してフローが停止した場合は、変数が格納できていない、違う値が格納されてしまっている、読み込むはずのファイルがフォルダー内になかった、など複数の要因が考えられます。レッスン❾のテクニックにあるブレークポイントや［次のアクションを実行］▷｜を使って、［変数ペイン］に表示される変数の現在値を確認しながら、エラーが起こった原因を探していきます。このレッスンでは、フロー制作中にエラーメッセージが出た場合の見方を解説します。

### ●ランタイムエラーの例

エラーが発生するとアクションの番号の左に［！］マークが付く

◆エラーペイン
エラー情報が表示される領域

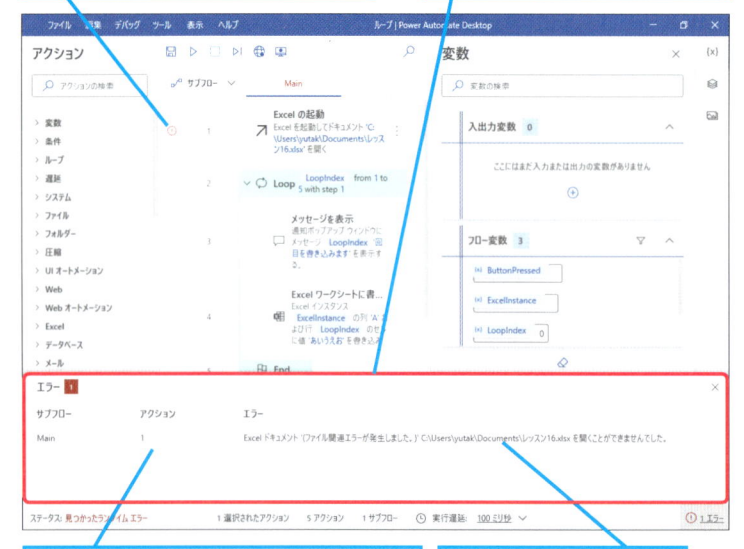

［アクション］にはエラーを発生させたアクションの行番号が表示される

［エラー］にはエラーの内容が表示される

▶**キーワード**

| | |
|---|---|
| デバッグ | p.203 |
| ブレークポイント | p.203 |
| ランタイムエラー | p.203 |

## HINT!

### ［エラーペイン］を閉じるには

［エラーペイン］右上の［閉じる］⊠をクリックすると閉じることができます。エラーが解消していない場合は、状態バーの右端に①が表示され、クリックすると［エラーペイン］が再表示されます。また状態バーのステータスも「見つかったランタイムエラー」という表示が維持されます。エラーが解消されれば、ステータスが「準備完了」に変わります。

## エラーメッセージを見てみよう

### 1 フローデザイナーを表示する

ここでは、レッスン⑭で作成した「ループ」フローを編集する

Power Automate Desktop を起動し、[コンソール] の画面を表示しておく

**1** [ループ] をダブルクリック

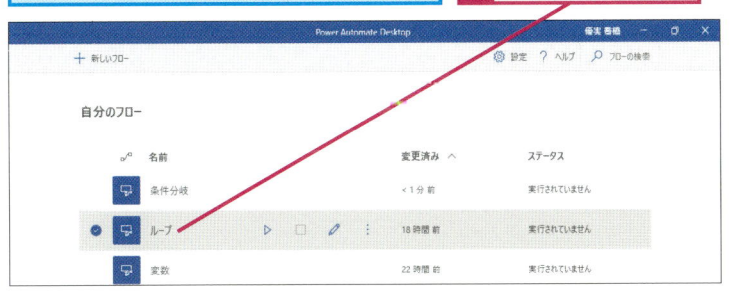

### 2 アクションを編集する

フローデザイナーの画面が表示された

**1** [Excel の起動] アクションをダブルクリック

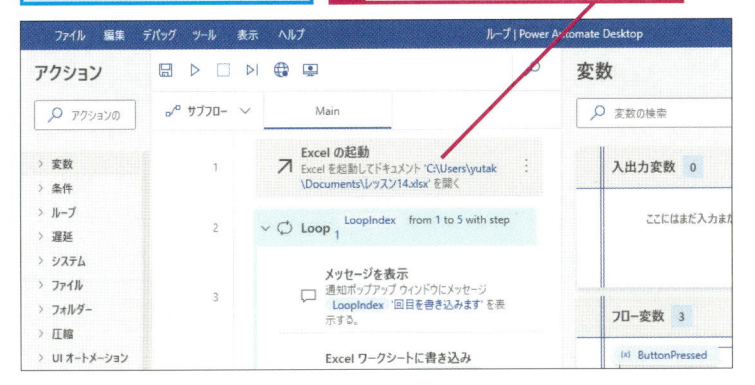

### 3 パスを変更する

[Excel の起動] ダイアログボックスが表示された

ここではドキュメントのファイル名を変更する

**1** [ドキュメントパス] の「レッスン 14」を「レッスン 16」に変更

**2** [保存] をクリック

レッスン⑨を参考にフローを実行すると、エラーが表示される

## HINT!

### ブレークポイントを設定して変数を確認しよう

[Loop] アクションなどの繰り返し処理を行うアクションにブレークポイントを付けると、繰り返し処理の1件ずつについて、変数の現在値が確認できます。49ページのテクニックを参考に、[デバッグ] をクリックすると、ブレークポイントの切り替えやすべてのブレークポイントの削除ができます。

**1** [Loop] アクションの番号の左をクリック

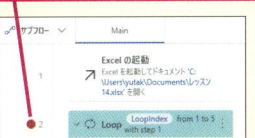

ブレークポイントが設定された

フローを実行すると、一時停止した時点でのフロー変数に格納されている値が表示される

## Point

### フローはエラーを修正しながら作りこむもの

エラーの修正や実行のテストを繰り返すことは、フローを制作する過程の一部です。フローデザイナーにはエラーが発生した場合に原因箇所を特定するための機能が複数あります。アクションの設定や変数の値を確認し、エラーの原因箇所を特定し修正できるようになりましょう。

# この章のまとめ

## ●仕組みを理解できると応用が利くようになる

この章で学んだことは、Power Automate Desktopの学習の基礎にあたる内容です。変数は、「変数名」「初期値」「現在値」などの言葉の意味も確認しながら、仕組みを理解していくとよいでしょう。繰り返し処理は、同じ作業を繰り返し行いたいときに便利な仕組みです。何回繰り返したら終わりにするか、必要な繰り返し回数をどうやって決めるかを考えながら使いましょう。条件分岐はどのアクションを使って、条件を設定していけば対象を絞り込んでいけるか、フロー作りを通して条件分岐の組み立て方を知っていくことが大切です。これ以降はこの章で学んだ内容を使って、実践的なフローを制作していきます。「変数」「繰り返し処理」「条件分岐」に不安を感じる場合は、レッスンに戻って復習をしておくとよいでしょう。

**実用的なフローを作れるようになろう**

「変数」「繰り返し処理」「条件分岐」の仕組みを理解できるとさまざまなフローが制作できる

# Excelの作業を
# 自動化しよう

この章では、第2章で学んだ繰り返し処理と条件分岐を使いながら、データ元となるExcelファイルを読み込み、必要な情報を別のExcelファイルに転記し保存するフローを制作します。Excelファイルを開く、ワークシートを指定する、データを読み取る、セルに書き込むなどの操作は、Excelグループのアクションで簡単に行えます。

# 請求項目一覧から取引先別
# の請求書を作成しよう

第3章で制作する「請求書作成」業務の概要を説明します。また第2章レッスン❼で解説した業務内容を書き出す方法やフロー制作上のポイントを解説します。

## 本章で制作する「請求書作成」業務の概要

本章では、取引先にサービスを提供した履歴が記録されている［請求項目一覧.xlsx］から、取引先別の請求書を作成します。請求書には、［請求項目一覧.xlsx］に記載されている取引先の社名や、「担当者名」「支払期限」「品名」「金額」などを転記したうえで、ファイル名に取引先名と今日の日付を付けてファイルを保存します。

1. 業務名：請求書作成業務
2. 業務目的：取引先に正確な請求書を遅延なく発行することで、費用回収を確実に行う
3. 自動化したい理由：請求項目一覧表の会社ごとの項目を請求書様式に転記しているが、転記漏れが発生し、請求が遅れて取引先や社内に迷惑をかけてしまったことがある。自動化し、ミス防止と作業ストレスを軽減したい

### ●業務イメージ

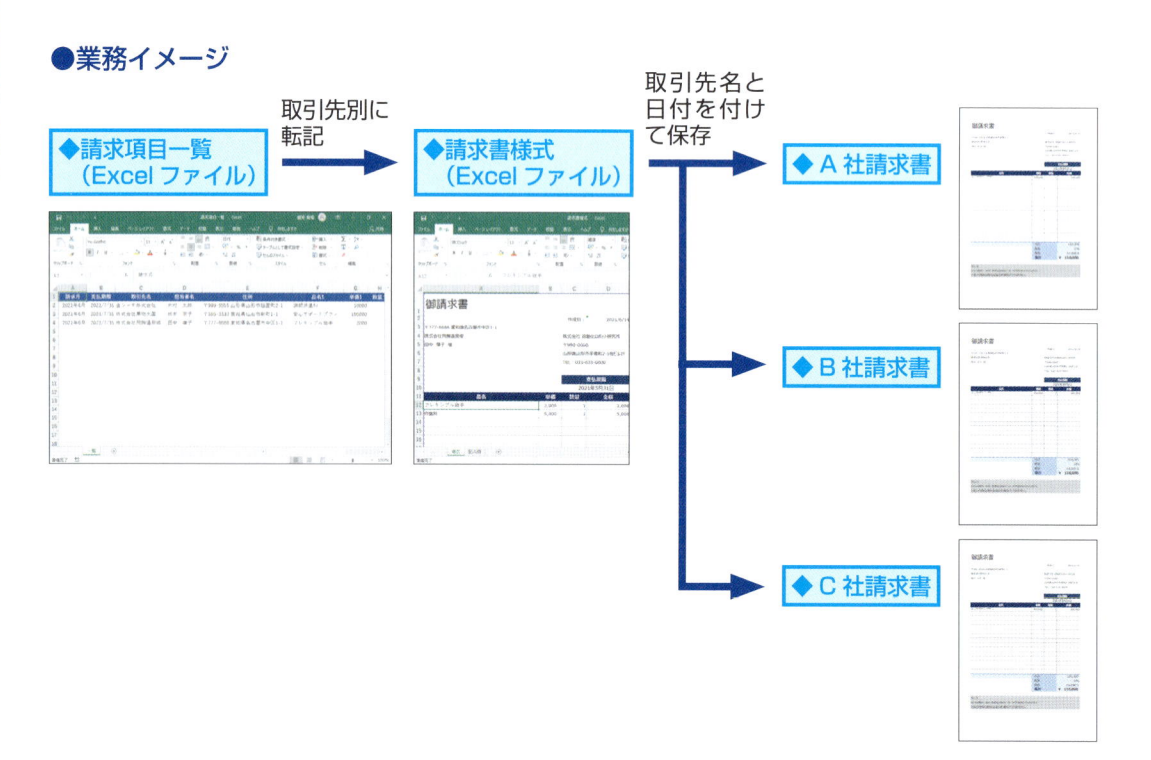

第3章　Excel の作業を自動化しよう

## 作業の流れとフローの概要

以下の図は、本章で制作するフローの全体像です。人が、[請求項目一覧.xlsx]から[請求書様式.xlsx]に取引先名や品名を転記する場合、コピーとペーストを繰り返します。一方、Power Automate DesktopはExcelのワークシートのデータをすべて読み込んで変数に格納し、読み取ったデータを変数として呼び出すことで[請求書様式.xlsx]に書き込みを行います。やり方の違いを意識しながら、フローを制作しましょう。

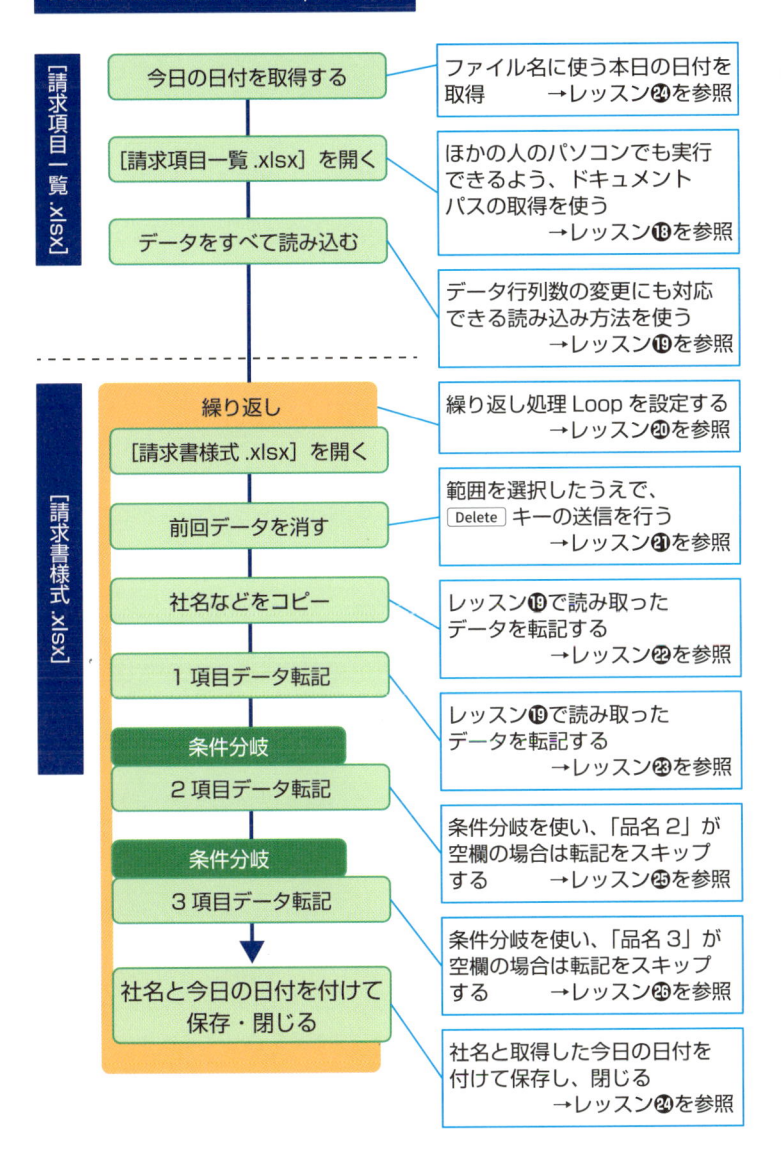

**HINT!**

### 使用するExcelの
### フォーマットは統一しよう

Excelファイルの操作を自動化する際は、ワークシートの様式を統一しておく必要があります。データの行や列数の変更には、レッスン⑲で解説する方法で対応できますが、列名やワークシート名が変更されるとExcelデータの取り込みや、データの転記に失敗する場合があります。フォーマットの統一も同時に検討するようにしましょう。

**HINT!**

### 長いフローは
### こまめに保存しよう

フローは自動保存されないため、パソコンに障害が起きた場合、せっかく作ったフローが消えてしまい、1から作り直しになる可能性があります。長いフローを作成するときは、特にこまめな保存を心掛けましょう。

**Point**

### Excelを操作するアクションの
### 組み立て方を学ぼう

ここでは、第3章で制作する「請求書作成」業務の概要とフローの全体像を解説しました。Power Automate DesktopにはExcelのワークシートをすべて読み込む機能があり、読み込んだデータを、別のExcelのワークシートやアプリケーションに高速で転記することができます。Excelを使用した業務のフローを作成する際に頻繁に使うアクションの組み立て方ですので、しっかりと学びましょう。

# Excelを開いて操作する
# ワークシートを指定するには

### Excelの起動

練習用ファイルを［ドキュメント］フォルダーに保存しフローを作り始めましょう。Excelファイルを開き、目的のワークシートをアクティブ化する操作を制作します。

## ❶ 練習用ファイルと保存先フォルダーを準備する

完成した Excel ファイルの保存先として、［ドキュメント］フォルダーに［請求書完成］フォルダーを作成しておく

［ドキュメント］フォルダーに［請求書作成］フォルダーを作成しておく

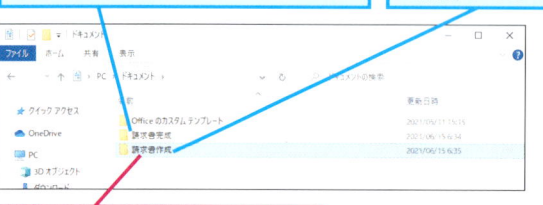

**1** ［請求書作成］フォルダーをダブルクリック

このレッスンで使用する Excel ファイル［請求項目一覧］と［請求書様式］を保存しておく

## ❷ ［特別なフォルダーを取得］アクションを追加する

レッスン❺を参考に、「請求書作成」という名前の新しいフローを作成し、フローデザイナーを表示しておく

**1** ［フォルダー］のここをクリック

**2** ［特別なフォルダーを取得］をワークスペースにドラッグ

---

 **レッスンで使う練習用ファイル**
請求項目一覧.xlsx
請求書様式.xlsx

### HINT!

**このレッスンで制作する操作**

［請求書項目一覧.xlsx］のデータを読み取る準備をします。［ドキュメント］フォルダーのファイルパスを［特別なフォルダー］アクションで取得し、変数を使って［請求項目一覧.xlsx］を起動して［一覧］シートをアクティブ化します。

### HINT!

**「特別なフォルダー」って何？**

［デスクトップ］や［ドキュメント］など、特定のフォルダーのパスを取得するためのアクションです。フォルダーのパスは「C:\Users\ログインユーザー名\Desktop」など、パソコンにログインしているユーザー名が含まれている場合が多く、作ったフローをほかの人のパソコンのPower Automate Desktopに　コピーして実行しようとすると、ログインするユーザー名の部分が異なるため、エラーになります。このアクションを使ってパスを取得すれば、ファイルパスのログインユーザー名部分を都度取得してくれるので、フローをコピーした際もエラーが起こらなくなります。

## ③ フォルダーのパスを取得する

[特別なフォルダーを取得] ダイアログボックスが
表示された

1 [特別なフォルダー
の名前] の☑をク
リックして [ドキュ
メント] を選択

2 [保存] を
クリック

変数 [SpecialFolder
Path] が作成された

## ④ [Excelの起動] アクションを追加する

[特別なフォルダーを取得] アクションが追加された

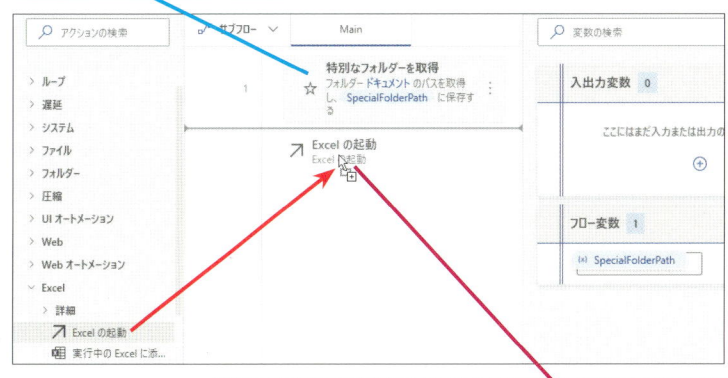

1 [Excel の起動] を [特別なフォルダーを取得]
アクションの下にドラッグ

## ⑤ 開くドキュメントの種類を選択

[Excel の起動] ダイアログ
ボックスが表示された

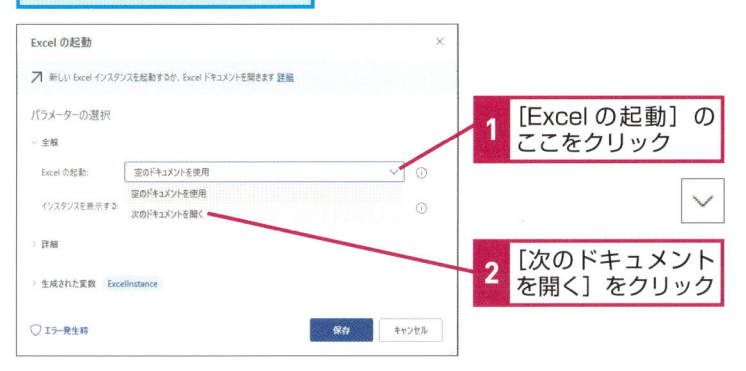

1 [Excel の起動] の
ここをクリック

2 [次のドキュメント
を開く] をクリック

次のページに続く

---

## HINT!

### Excel以外のアプリを起動するには

Excelを起動するには、専用のアク
ション [Excelの起動] がありますが、
それ以外のアプリケーションには専
用の起動アクションが用意されてい
ません。WordやPowerPointなどほ
かのアプリケーションを起動する場
合は、レッスン❽で使用した [アプ
リケーションの実行] アクションを
使用します。

## HINT!

### アクションの詳細はこまめに閉じよう

アクションペインにはいくつかのア
クショングループが存在し、グルー
プごとにアクションが格納されてい
ます。グループ名をクリックすると
ツリーが展開し、アクションの一覧
が表示されます。ツリーを展開した
ままにしておくと目的のアクション
が探しづらいため、使い終わったら
こまめに閉じる習慣を付けましょう。

1 グループ名のここ
をクリック

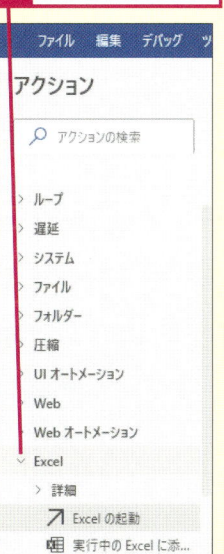

## ⑥ 変数を選択する

**1** [変数の選択] をクリック {x}

[フロー変数] の一覧が表示された

**2** [SpecialFolder Path] をダブルクリック

## ⑦ フォルダーとファイル名と入力する

[ドキュメントパス] に [%SpecialFolder Path%] と入力された

**1** 「%SpecialFolder Path%」の後ろに「\請求書作成\請求項目一覧.xlsx」と入力

## ⑧ 設定を保存する

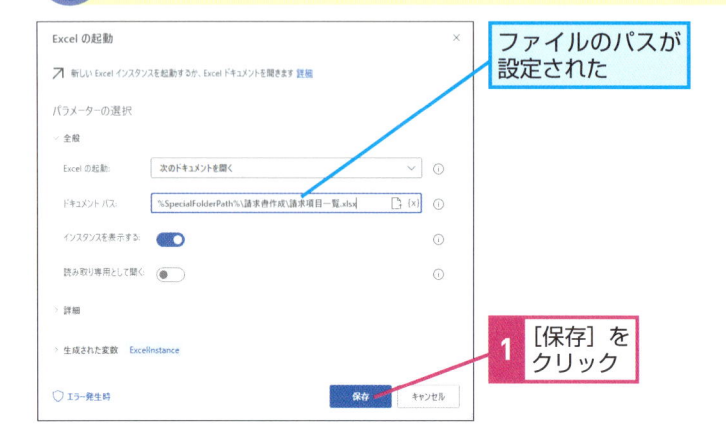

ファイルのパスが設定された

**1** [保存] をクリック

---

### HINT!

## ファイルなどを移動したらフローの変更も忘れずに

起動するExcelファイルの保存先を変更したときや、フォルダー名を変更した場合はファイルパスが変わります。[Excelの起動] アクションの中で設定した [ドキュメントパス] を変更しないと、一致するファイルパスがない状態となりエラーになってしまいます。忘れずに変更するようにしましょう。

[ドキュメントパス] に指定した場所にファイルがないとエラーが表示される

### HINT!

## 変数 [SpecialFolderPath] を使ってファイルパスが作成できる

[SpecialFolderPath] には、[特別なフォルダーを取得] アクションで取得したフォルダーパス「C:\Users\ログインユーザー名\Documents」が格納されています。変数 [SpecialFolderPath] の後に「\」を入れると、フォルダーを仕切ることができます。今回は[ドキュメント] フォルダーの [請求書作成] フォルダーに保存された [請求項目一覧.xlsx] を起動したいため、「%SpecialFolderPath%\請求書作成\請求項目一覧.xlsx」と指定します。

C:\Users\ ログインユーザー名\Documents

% SpecialFolderPath% 」請求書作成\請求項目一覧.xlsx」を起動

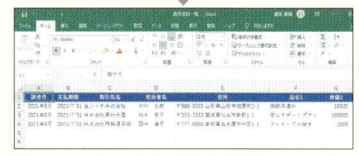

請求項目一覧 .xlsx が起動する

---

## ⑨ シートをアクティブ化するアクションを追加する

[Excel の起動] アクションが追加された

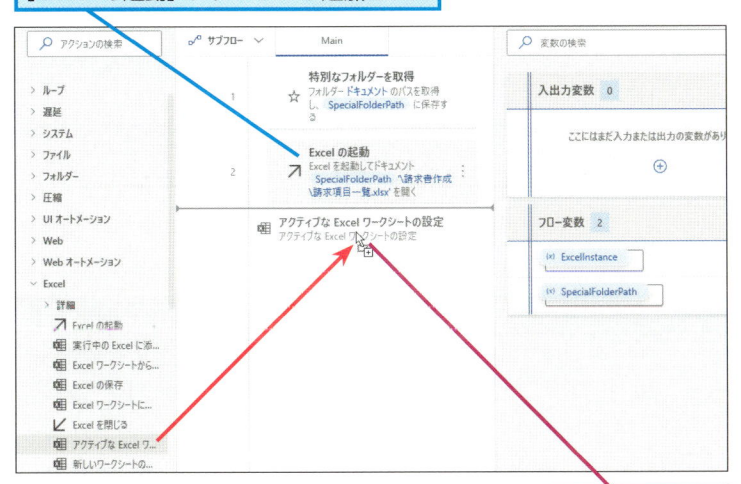

**1** [アクティブな Excel ワークシートの設定] を
[Excel の起動] アクションの下にドラッグ

## ⑩ [一覧] シートをアクティブ化する

[アクティブな Excel ワーク
シートの設定] ダイアログボッ
クスが表示された

**1** [Excel インスタンス] に
[%ExcelInstance%] と
表示されていることを確認

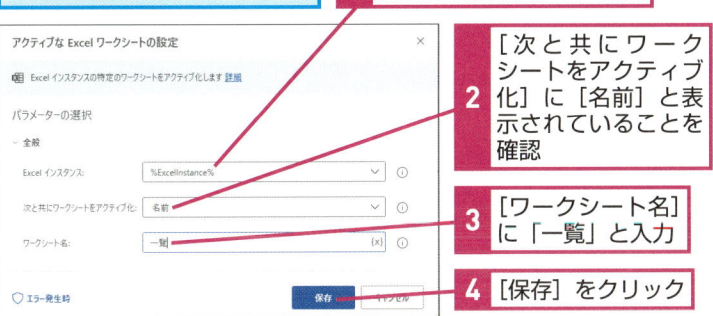

**2** [次と共にワーク
シートをアクティブ
化] に [名前] と表
示されていることを
確認

**3** [ワークシート名]
に「一覧」と入力

**4** [保存] をクリック

## ⑪ フローを一度保存する

このレッスンで「請求項目一覧」ファイルを開き、[一覧]
シートをアクティブ化するフローが作成された

**1** [保存] をクリック　[保存] の画面で [OK] をクリックする

**HINT!**

### ワークシートを
### アクティブ化する理由って？

ブック内に複数のワークシートが存
在する場合は、ファイルを開いた後
に操作を行うワークシートの選択が
必要です。手順9のアクションを使っ
て行い、アクティブ化されたワーク
シートに対して後続のアクションを
実行します。ワークシートは、ワー
クシート名またはインデックス番号
で指定します。インデックス番号は、
既存のワークシートの間に新しい
ワークシートが追加されると、番号
が変わってしまう可能性があるた
め、ワークシート名での指定がおす
すめです。

**◆インデックス番号**
インデックス番号はワークシー
トの左から順に 1 からの数字
で割り当てられる

ワークシートが間に追加される
とインデックス番号も変わる

**Point**

### エラーが起こりにくい
### 設定にしよう

本レッスンでは [特別なフォルダー
を取得] アクションを使うことで、
フローを実行するパソコンが変わっ
たときにも、ログインユーザー名を
自動で取得できるようにし、最小限
のメンテナンスで済むようにしまし
た。また、Excelファイルは、新たに
ワークシートが挿入される場合があ
ります。操作対象のワークシートの
指定を確実に行うためにインデック
ス番号ではなく、ワークシート名で
指定する方法を使ったほうがよいで
しょう。

# 19

## Excelの内容を読み取るには

### データの読み取り

Excelワークシートのデータが更新され、行数や列数が変わっても対応できるように、データが入力されている範囲を確認してから読み込みを行う方法を解説します。

## ❶ データ範囲を取得するアクションを追加する

レッスン⓲で作成した「請求書作成」フローに続きのアクションを追加する

**1** ［Excel ワークシートから最初の空の列や行を取得］を［アクティブな Excel ワークシートの設定］アクションの下にドラッグ

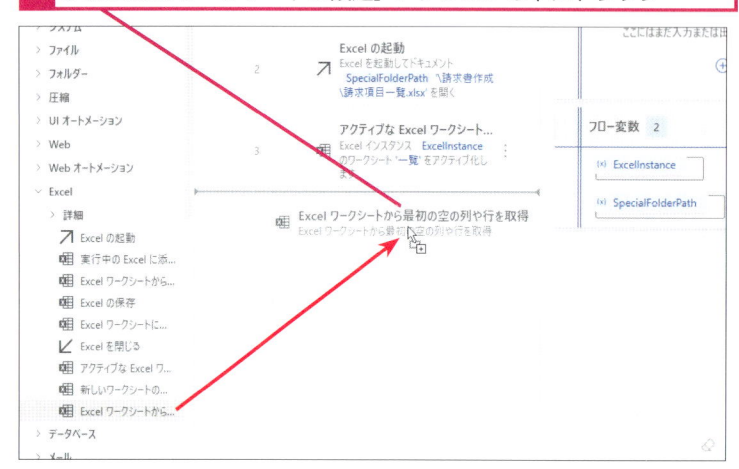

## ❷ 設定を保存する

［Excel ワークシートから最初の空の列や行を取得］ダイアログボックスが表示された

**1** ［Excel インスタンス］に［%ExcelInstance%］と表示されていることを確認

**2** ［保存］をクリック

変数［FirstFreeColumn］［FirstFreeRow］が作成された

---

**キーワード**

| | |
|---|---|
| Excelインスタンス | p.200 |
| アクティブ化 | p.201 |
| 変数 | p.203 |

### HINT!

**このレッスンで制作する操作**

レッスン⓲でアクティブ化した［一覧］シートのデータを読み取ります。データが入力されている範囲を読み取るために、［Excelワークシートから最初の空の列や行を取得］アクションを使うのがポイントです。読み取ったデータは変数［ExcelData］に格納し、［請求項目一覧.xlsx］を保存せずに閉じます。

### HINT!

**変数［ExcelInstance］の中身について**

［Excelの起動］アクションで開いたExcelファイルに対して自動的に生成される変数が、［ExcelInstance］です。Power Automate Desktopでは、複数のExcelファイルを操作する場合、それぞれにExcelインスタンス変数を設定し、識別しています。2つ以上のExcelファイルを起動した場合、変数名の末尾に連番が振られた［ExcelInstance2］［ExcelInstance3］などが作成されます。

## ③ [Excelワークシートから読み取り] アクションを追加する

[Excel ワークシートから最初の空の列や行を取得] アクションが追加された

[Excel] グループの [Excel ワークシートから読み取り] アクションを追加する

**1** [Excel ワークシートから読み取り] を [Excel ワークシートから最初の空の列や行を取得] アクションの下にドラッグ

## ④ Excelの読み取り方法を変更する

[Excel ワークシートから読み取り] ダイアログボックスが表示された

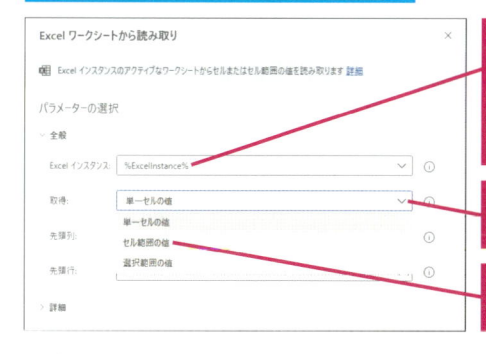

**1** [Excel インスタンス] に [%ExcelInstance%] と表示されていることを確認

**2** [取得] のここをクリック

**3** [セル範囲の値] をクリック

## ⑤ 値が入力されている先頭のセルを指定する

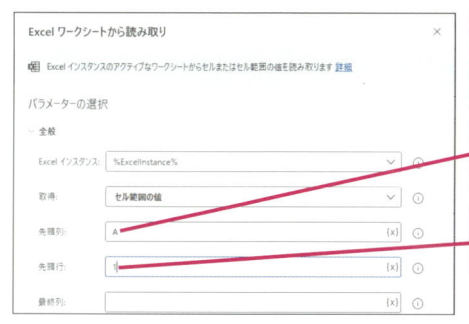

列は「A」、行は「1」から値が読み取られるように設定する

**1** [先頭列] に「A」と入力

**2** [先頭行] に [1] と入力

---

### HINT!

#### 「Excelワークシートから最初の空の列や行を取得」って？

ワークシートの値の読み取りに「E」や「30」など行番号や列番号を直接指定すると、データが更新され行数や列数が変わった場合に、読み取り範囲から外れてしまうデータが出たり、不要な空白部分まで読み取られたりすることがあります。[Excelワークシートから最初の空の列や行を取得] アクションで [最初の空白の行] と [最初の空白の列] を取得することで、変数 [FirstFreeColumn] と変数 [FirstFreeRow] を使ってデータの入力されている範囲を特定できます。詳しくは、次ページのHINT!を参照してください。

◆ FirstFreeColumn

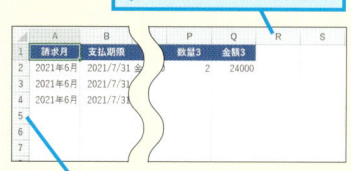

◆ FirstFreeRow

### HINT!

#### データの読み取り範囲の違い

データの読み取り範囲の指定方法は、以下の3つがあります。今回のように空の列や行を取得するアクションと組み合わせて使う場合は、[セル範囲の値] を選択します。

| 指定方法 | 機能 |
| --- | --- |
| 単一セルの値 | 「A1」のように1つのセルの値を読み取る |
| セル範囲の値 | 「セルA1からセルC3まで」のように、指定した範囲内の値を読み取る |
| 選択範囲の値 | ワークシート上で選択状態になっている範囲内の値を読み取る |

次のページに続く

## ⑥ 値が入力されている最終のセルを指定する

値が入力されている最終の
行と列を指定する

**1** ［変数の選択］を使い［最終列］に
「%FirstFreeColumn%」と入力

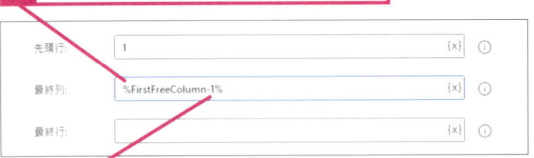

| | |
|---|---|
| 先頭行: | 1 |
| 最終列: | %FirstFreeColumn-1% |
| 最終行: | |

**2** Column と % の間に「-1」を入力し
「%FirstFreeColumn-1%」にする

**3** ［変数の選択］を使い［最終行］に
「%FirstFreeRow%」と入力

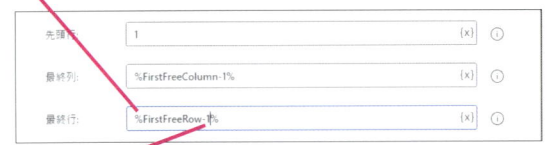

| | |
|---|---|
| 先頭行: | 1 |
| 最終列: | %FirstFreeColumn-1% |
| 最終行: | %FirstFreeRow-% |

**4** Row と % の間に「-1」を入力し
「%FirstFreeRow-1%」にする

## ⑦ 後で列名を指定できるようにする

**1** ［詳細］のここを
クリック

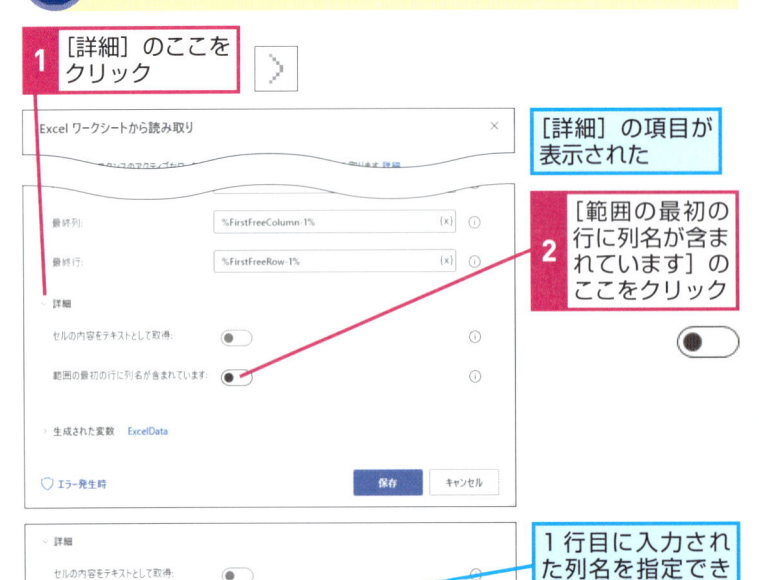

Excel ワークシートから読み取り

［詳細］の項目が
表示された

| | |
|---|---|
| 最終列: | %FirstFreeColumn-1% |
| 最終行: | %FirstFreeRow-1% |

› 詳細

セルの内容をテキストとして取得:

範囲の最初の行に列名が含まれています:

› 生成された変数　ExcelData

♡ エラー発生時　　　　　　　　保存　キャンセル

**2** ［範囲の最初の
行に列名が含ま
れています］の
ここをクリック

› 詳細

セルの内容をテキストとして取得:

範囲の最初の行に列名が含まれています:

› 生成された変数　ExcelData

♡ エラー発生時　　　　　　　　保存　キャンセル

1 行目に入力され
た列名を指定でき
るようになった

**3** ［保存］を
クリック

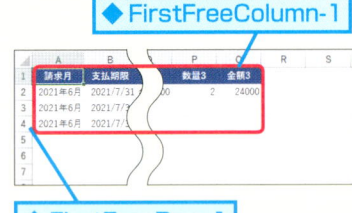
第3章　Excel の作業を自動化しよう

# ⑧ ブックを閉じるアクションを追加する

[Excel ワークシートから読み取り] アクションが追加された

[Excel] カテゴリの [Excel を閉じる] アクションを追加する

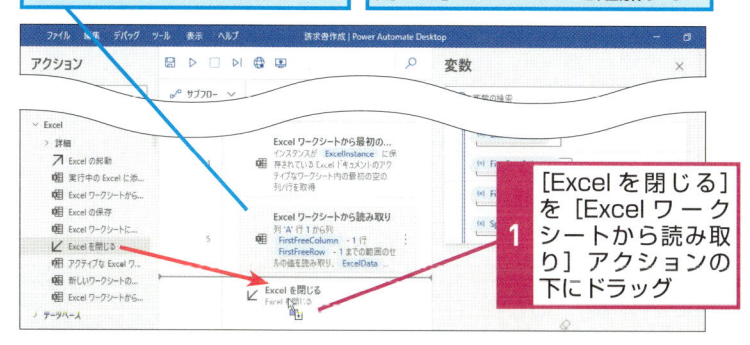

1 [Excel を閉じる] を [Excel ワークシートから読み取り] アクションの下にドラッグ

# ⑨ Excelファイル [請求項目一覧] を閉じる

[Excel を閉じる] ダイアログボックスが表示された

1 [Excel インスタンス] に [%ExcelInstance%] と表示されていることを確認

2 [Excelを閉じる前] に [ドキュメントを保存しない] と表示されていることを確認

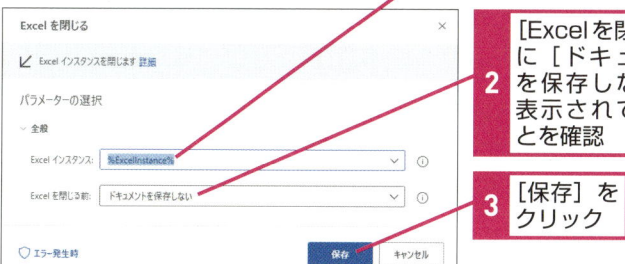

3 [保存] をクリック

# ⑩ フローを一度保存する

このレッスンで [請求項目一覧 .xlsx] の [一覧] シート内の値が入力されているセル範囲を読み取るフローが作成された

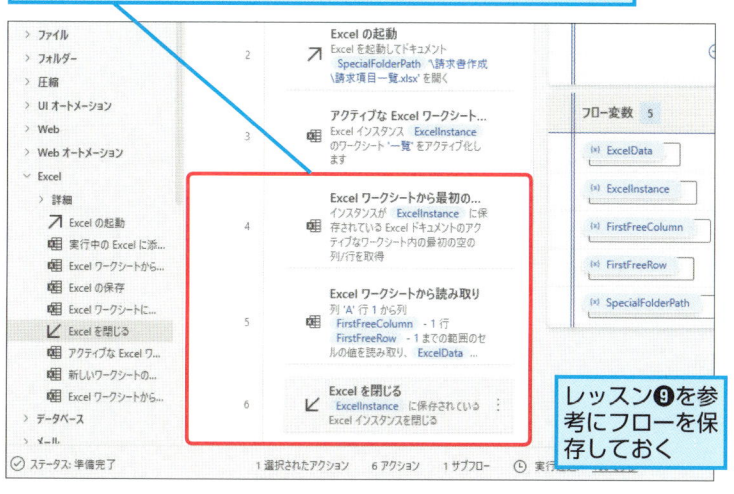

レッスン⑨を参考にフローを保存しておく

## HINT!

### 「範囲の最初の行に列名が含まれています」をオンにする理由

[範囲の最初の行に列名が含まれています] をオンにすることで、Excel ファイルにある最初の列を、データではなく列名として読み込むことができます。列名を取り込んでおくと、データを取り出す際に列名でデータを取り出せるようになります。

## HINT!

### 最終行を取得するアクションは2つある

[Excel] グループの [詳細] にある [Excelワークシートから列における最初の空の行を取得] アクションで、最初の空白行を取得する列を指定することもできます。列ごとに値が入力されている行数が異なる場合は、こちらのアクションを使って最終行を取得することもできます。詳しくはレッスン㊲で解説しています。

## Point

### データの行数や列数が変わっても読み込めるように作る

Excelワークシート内のデータの行数や列数が変わってしまった場合にも対応できるよう、[Excelワークシートから最初の空の列や行を取得] アクションで最初の空白の行と列を取得してから、[Excelワークシートから読み取り] アクションの設定を行う方法を解説しました。値が入力された範囲を読み取る設定にしておくことで、完成後の修正の手間を省くことができます。このレッスンで紹介した内容は、Excelファイルを操作する際に便利です。

# 20

## 繰り返し処理の [Loop] を設定するには

### 繰り返し処理

Excelファイルのデータの行数が変化した場合も対応できるように、[Loop] アクションがデータの行数分だけ繰り返し実行される設定方法を解説します。

### 1 [Loop] アクションを追加する

**前のレッスンに続いて「請求書作成」フローにアクションを追加する**

**1** [ループ] グループの [Loop] を [Excel を閉じる] アクションの下にドラッグ

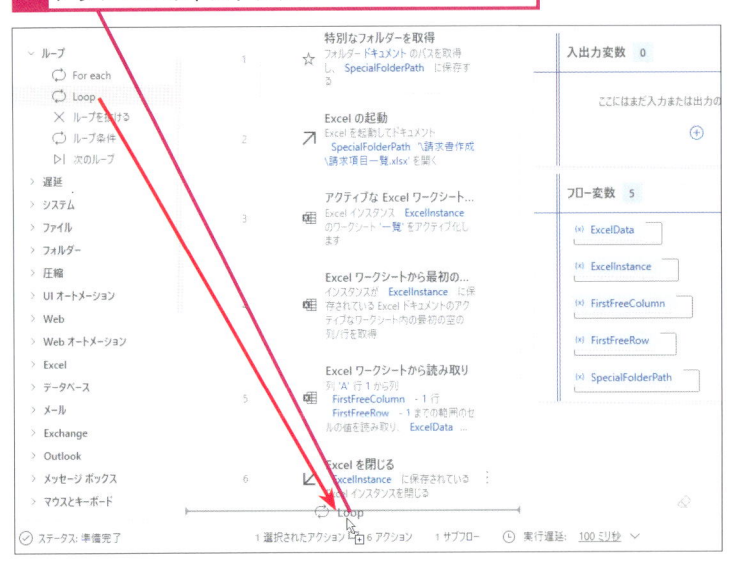

**キーワード**

| | |
|---|---|
| 繰り返し処理 | p.202 |
| フロー変数 | p.203 |
| 変数ビューアー | p.203 |

**HINT!**

**このレッスンで制作する操作**

読み込んだデータを取引先別に転記し、ファイル名を付けて保存するまでの流れを繰り返し行うために [Loop] アクションを設置します。[Loop]アクションは、[End]アクションとの間に挟まれたアクションを設定された回数分繰り返すアクションです。ここではデータの行数分繰り返されるように、変数を使って設定します。

### 2 [開始値] を指定する

**[Loop] ダイアログボックスが表示された**

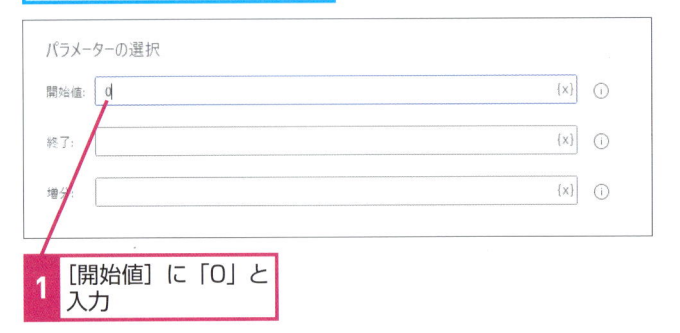

**1** [開始値] に「0」と入力

## ③ 変数を選択する

1 [終了] の [変数を選択] をクリック {x}

パラメーターの選択

| 開始値: | 0 | {x} ⓘ |
| 終了: | | {x} ⓘ |
| 増分: | | {x} ⓘ |

## ④ プロパティを選択する

[フロー変数] の一覧が表示された

1 [ExcelData] のここをクリック ＞

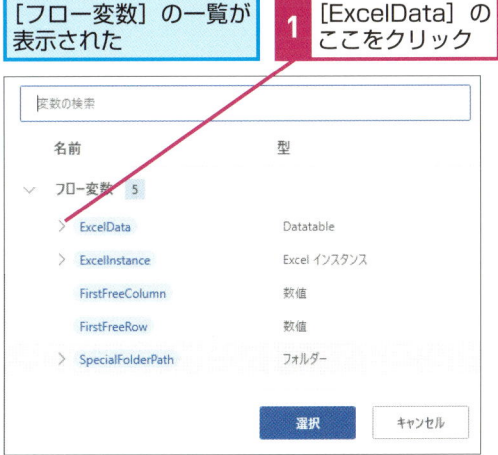

変数の検索

| 名前 | 型 |
| --- | --- |
| ∨ フロー変数 5 | |
| ＞ ExcelData | Datatable |
| ＞ ExcelInstance | Excel インスタンス |
| FirstFreeColumn | 数値 |
| FirstFreeRow | 数値 |
| ＞ SpecialFolderPath | フォルダー |

選択　キャンセル

[ExcelData] のプロパティ一覧が表示された

2 [.RowsCount] をダブルクリック

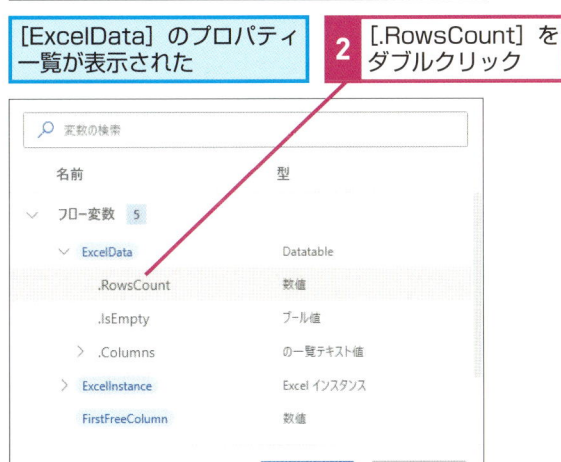

変数の検索

| 名前 | 型 |
| --- | --- |
| ∨ フロー変数 5 | |
| ∨ ExcelData | Datatable |
| .RowsCount | 数値 |
| .IsEmpty | ブール値 |
| ＞ .Columns | の一覧テキスト値 |
| ＞ ExcelInstance | Excel インスタンス |
| FirstFreeColumn | 数値 |

選択　キャンセル

## HINT!

### [開始値] に「0」を入力するのはなぜ？

[Loop] アクションによる繰り返し処理は、前のレッスンで読み込んだExcelデータの行数分行います。Excelでは、先頭の行は1行目ですが、Power Automate Desktopに取り込まれると先頭行は0行目に変わるため、開始値を「0」としています。これは、プログラミングの「配列」という考え方に基づいてPower Automate Desktopが設計されているためです。変数 [ExcelData] に読み込んだデータの確認方法は、次のページのテクニックで解説しています。

先頭行は「0」から開始されている

変数の値

ExcelData （Datatable）

| # | 請求月 | 支払期限 | 取引先名 |
| --- | --- | --- | --- |
| 0 | 2021/06/01 0:00:00 | 2021/07/31 0:00:00 | 金シャチ株式会社 |
| 1 | 2021/06/01 0:00:00 | 2021/07/31 0:00:00 | 株式会社果物大国 |
| 2 | 2021/06/01 0:00:00 | 2021/07/31 0:00:00 | 株式会社飛騨温泉郷 |

次のページに続く

## 5 ［終了］を指定する

［終了］に［%ExcelData.RowsCount%］と
表示された

**1** ← キーまたは → キーを押して「t」と
「%」の間にカーソルを移動

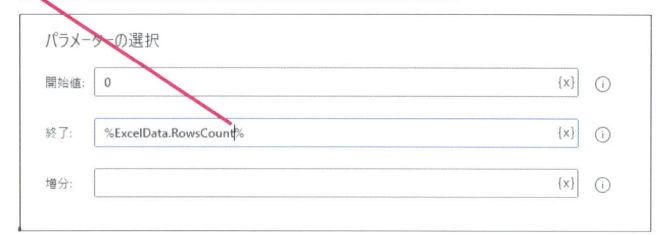

**2** 「-1」と入力

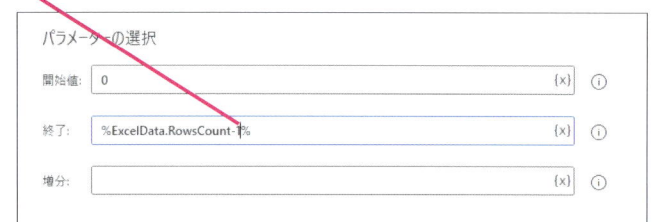

第3章 Excelの作業を自動化しよう

### HINT!

## ［終了］に設定した「ExcelData.RowsCount-1」の意味は？

「ExcelData.RowsCount」は、変数［ExcelData］が生成されると自動で作られる［プロパティ］で、Excelデータの行数が格納されています。今回であれば3行のデータがあるので「3」が格納されています。読み取るExcelデータの行数が変化した場合にも対応できるように、［終了］の値は「ExcelData.RowsCount-1」とします。「-1」と入力するのは、［開始値］を0にしているためです。「-1」と入力しないと、Excelデータの行数より1回多く繰り返してしまいます。変数のプロパティは、［フロー変数］の一覧で変数名の左に表示されている ＞ をクリックすると表示され、ダブルクリックで選択可能です。

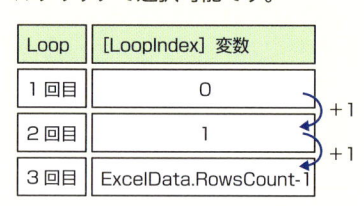

## テクニック ExcelDataの中身を確認する

［実行］をクリックしてフローを実行した後、［変数］ペインの変数［ExcelData］をダブルリックすると、以下のように変数に読み込んだ値を確認できます。

フローを実行しておく

**1** ［ExcelData］をダブルクリック

変数ビューアーが表示された

先頭行は「0」から開始されている

［ExcelData］の値が表示された

## ⑥ [増分] を指定する

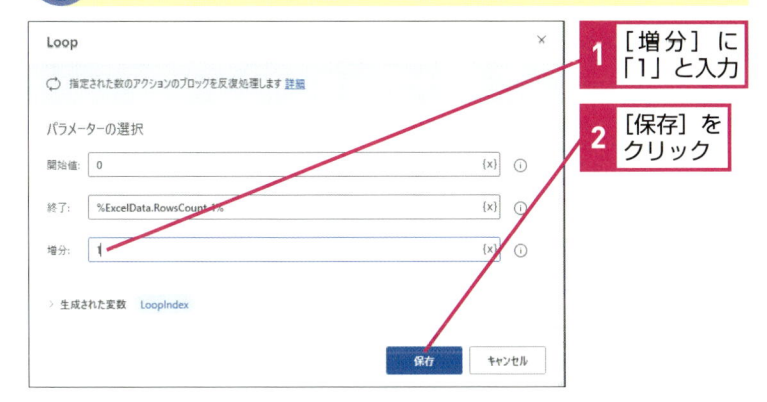

**1** [増分] に「1」と入力

**2** [保存] をクリック

## ⑦ フローを一度保存する

[Loop] アクションが追加された

**1** [保存] をクリック

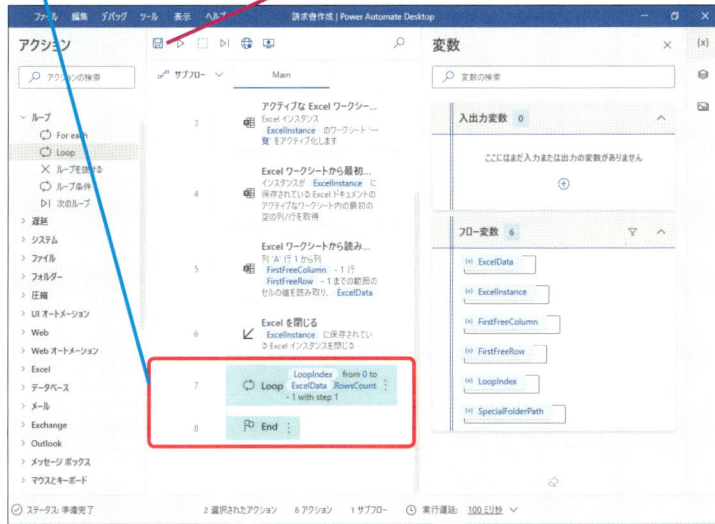

[保存] の画面が表示された

**2** [OK] をクリック

保存 ×

フロー '請求書作成' は正常に保存されました。

OK

### HINT!

**[増分] に「1」を入力するのはなぜ？**

[増分] は、[開始値] をどの刻みで増やしていくかを設定する項目です。増分に「1」を入力した場合、[Loop] アクションの変数 [LoopIndex] は「0、1、2」と1ずつ増えます。今回はExcelデータの行数分を繰り返したいので、1行ずつカウントアップできるように「1」を入力します。

### HINT!

**%と%の間に「-1」を入力するのはなぜ？**

「%ExcelData.RowsCount-1%」のように%の間に「-1」を入力すると演算が実行される仕組みになっています。一方「%ExcelData.RowsCount%-1」と入力した場合は演算は実行されません。今回は演算で変数 [ExcelData.RowsCount] から1引きたいので「%ExcelData.RowsCount-1%」と入力します。

### Point

**[ExcelData] の先頭行は「0」になる**

Power Automate Desktopに取り込まれたExcelデータは、先頭行が「1」ではなく「0」となります。「0」の開始となることを知らないと、先頭行のデータが漏れた状態のフローを作ってしまう恐れがあるので注意しましょう。また、[Loop] アクションの [終了] に使った変数のプロパティは、変数が生成されると自動で作られるものです。データの行数を取り出せるため、知っておくと便利な機能です。

# 21

## Excelの不要な
## データを削除するには

### データ削除

ワークシート上に転記されたデータを削除します。ワークシート内の特定のセル範囲を選択した状態で、[Delete]キーを送信するアクションを配置します。

## 請求書のひな型を開く

### 1 [Excelの起動] アクションを追加する

前のレッスンに続いて「請求書作成」フローにアクションを追加する

ここではレッスン⑳で追加した [Loop] アクションの範囲にアクションを追加する

**1** [Excel] グループの [Excel の起動] を [Loop] と [End] の間にドラッグ

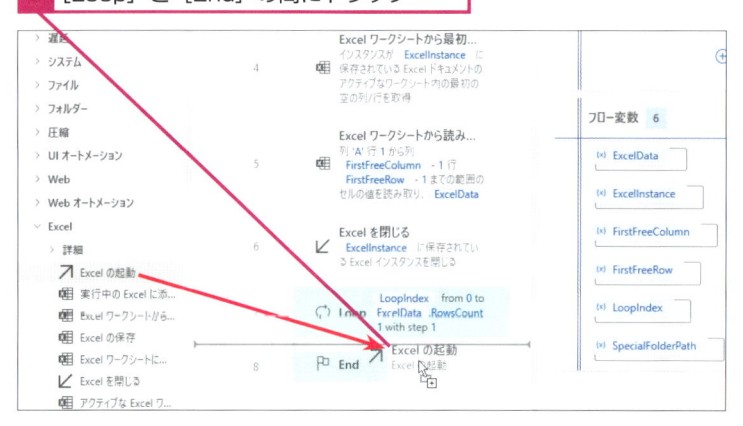

### 2 開くドキュメントの種類を選択する

[Excel の起動] ダイアログボックスが表示された

ここでは、[請求書作成] フォルダー内の Excel ファイル [請求書様式] が起動されるように設定する

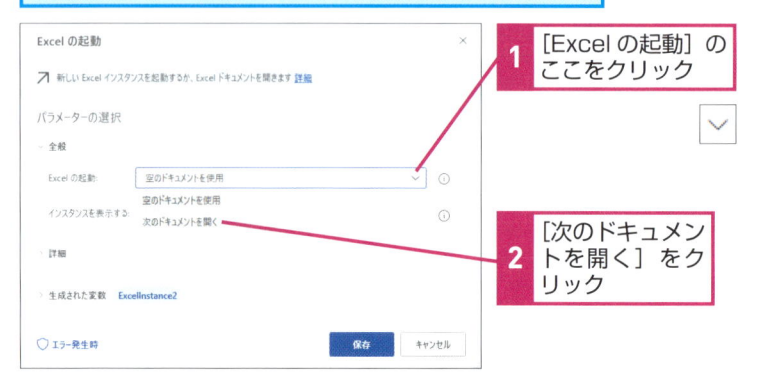

**1** [Excel の起動] のここをクリック

**2** [次のドキュメントを開く] をクリック

## HINT!

### このレッスンで制作する操作

読み込んだデータの転記先となる [請求書様式.xlsx] ファイルを開き、セルA12 〜 D26までの値を [Delete] キーで削除する操作を作成します。本章のフローは、繰り返し処理によって取引先別に請求書を作成するため、請求書に転記された別の取引先のデータが入力されたままにならないようデータの削除を行います。

[請求書様式 .xlsx] のセル A12 から D26 までを選択する

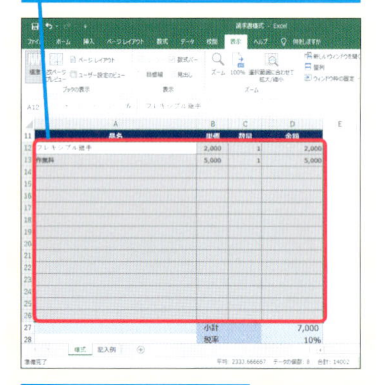

[Delete] キーを押して削除する

## ③ 変数を設定する

**1** [ドキュメントパス] の [変数を選択] を
クリック

{x}

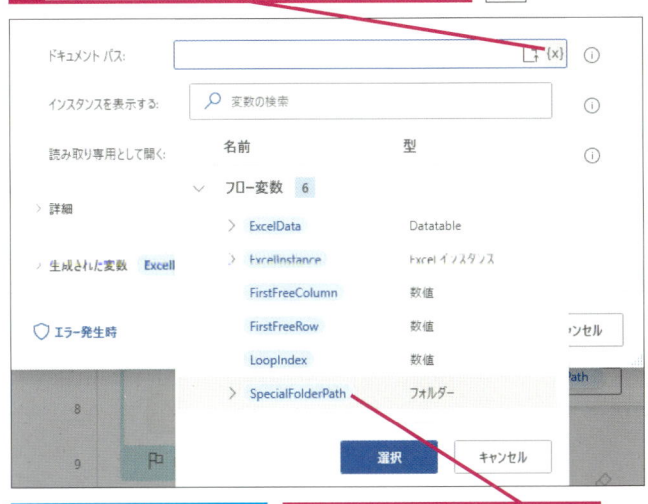

[フロー変数] の一覧が
表示された

**2** [SpecialFolderPath] を
ダブルクリック

## ④ フォルダーとファイル名を入力する

[ドキュメントパス] に [%SpecialFolderPath%] と
入力された

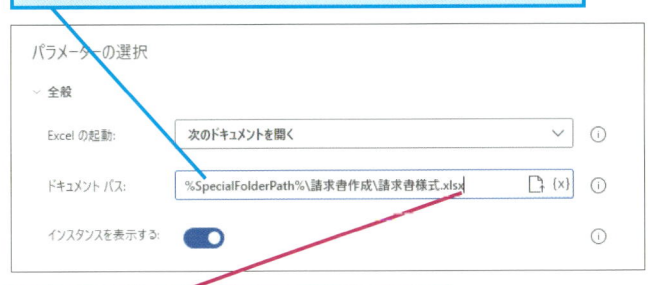

**1** 「%SpecialFolderPath%」の後ろに「\
請求書作成 \ 請求書様式 .xlsx」と入力

**HINT!**

## [ExcelInstance2] って何？

フロー内に [Excelの起動] アクショ
ンがすでに配置されている場合、次
に [Excelの起動] アクションが配
置されると、1つ目のExcelファイル
と区別するために末尾に2がついた
変数 [ExcelInstance2] が自動生成
されます。今回は「請求書様式.xlsx」
が変数 [ExcelInstance2] に格納さ
れます。

変数 [ExcelInstance2] が
生成される

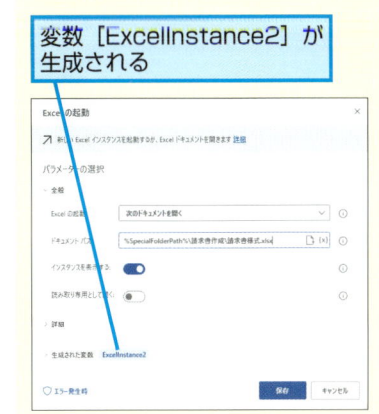

次のページに続く

## ⑤ 設定を保存する

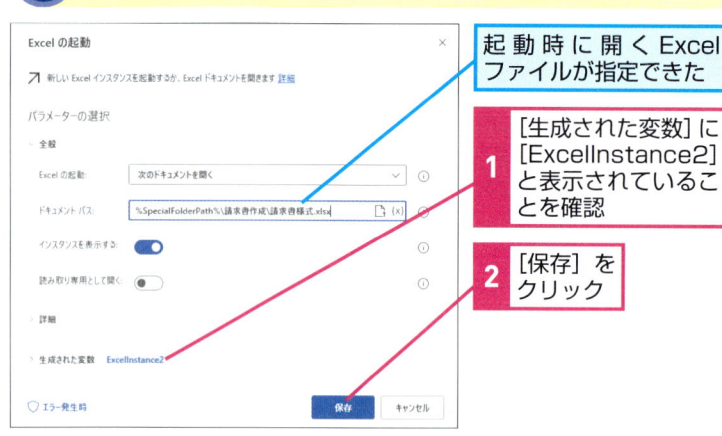

起動時に開くExcel
ファイルが指定できた

**1** [生成された変数]に
[ExcelInstance2]
と表示されているこ
とを確認

**2** [保存]を
クリック

### HINT!

**[ExcelInstance]を
指定したらどうなる？**

[ExcelInstance]に格納されている
のは、[請求項目一覧.xlsx]です。レッ
スン⑲で配置した[Excelを閉じる]
アクションにより、すでに閉じられ
ているため、それ以降のアクション
でこの変数を指定した場合、アク
ションのダイアログボックス設定時
はエラーになりませんが、実行時に
操作対象となるExceファイルが見つ
からずエラーとなります。

## ⑥ シートをアクティブ化するアクションを追加する

[Excelの起動]アクションが
追加された

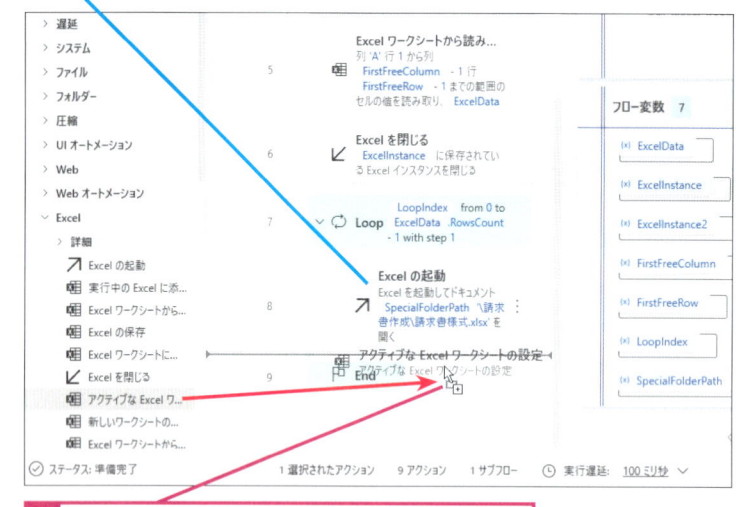

**1** [アクティブなExcelワークシートの設定]を
[Excelの起動]アクションの下にドラッグ

### HINT!

**フローを制作する前に
Excelファイルは
バックアップしておこう**

[Excel]グループのアクションは、
Excelインスタンスで操作対象とな
るファイルを指定して実行します。
そのため、転記元のデータ削除や、
想定外の箇所を書き換えてしまう事
態が発生します。このような事態を
避けるために、Excelファイルのバッ
クアップを取っておくか、フロー制
作はテスト用ファイルを使うことを
おすすめします。

第3章 Excelの作業を自動化しよう

## 7 Excelインスタンスを選択する

[アクティブな Excel ワークシートの設定]
ダイアログボックスが表示された

**1** [Excel インスタンス] の
ここをクリック

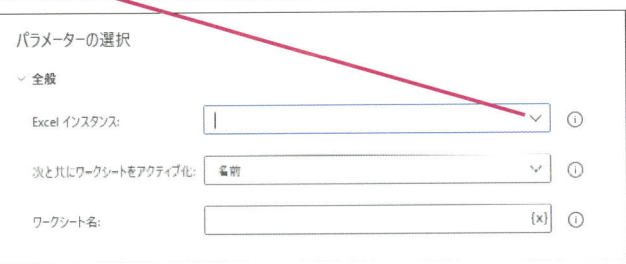

ここでは 2 つ目の Excel インスタンスを
指定する

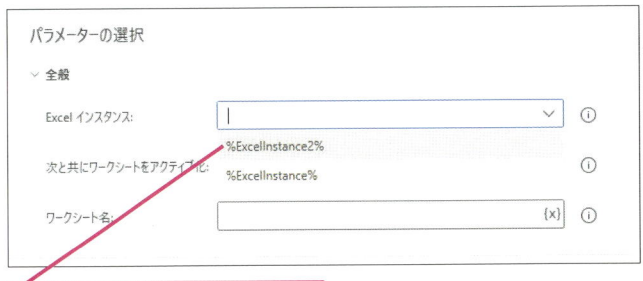

**2** [%ExcelInstance2%]
をクリック

## 8 1枚目のワークシートをアクティブ化する

**1** [次と共にワークシートをアク
ティブ化] に [名前] と表示
されていることを確認

**2** [ワークシートインデックス]
に「様式」と入力

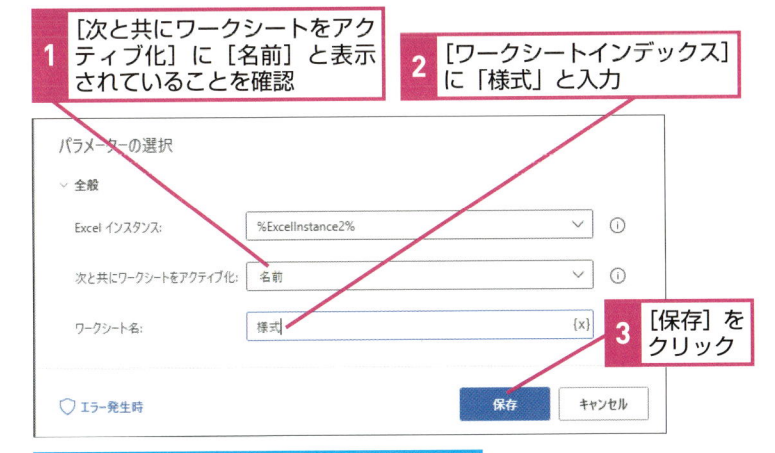

**3** [保存] を
クリック

[アクティブな Excel ワークシートの設定]
アクションが追加される

次のページに続く

---

### HINT!

**ワークシートが1つでもワークシートのアクティブ化は必要？**

Excelファイルにワークシートが1つしかない場合は、[アクティブなExcelワークシートの設定] アクションを追加しなくても、そのワークシートに処理が行われます。しかし、新たにワークシートが追加された場合、処理対象のワークシートが指定されていないため、ファイルを開いたときにアクティブになっているワークシートに対して処理が行われてしまいます。このような事態を避けるため、ワークシートが1つしかない場合も [アクティブなExcelワークシートの設定] アクションでワークシート名を指定しておくことをおすすめします。

21

データ削除

## 不要なデータを削除する

### ① セルを選択するアクションを追加する

[Excel] - [詳細] グループの [Excel ワークシート内のセルを選択] アクションを追加する

**1** [詳細] のここをクリック

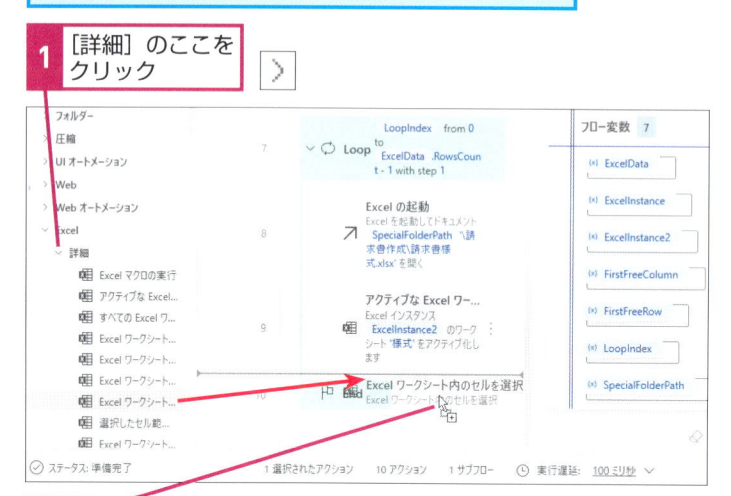

**2** [Excel ワークシート内のセルを選択] を [アクティブな Excel ワークシートの設定] アクションの下にドラッグ

### ② Excelインスタンスを設定する

[Excel ワークシート内のセルを選択] ダイアログボックスが表示された

**1** [Excel インスタンス] のここをクリック

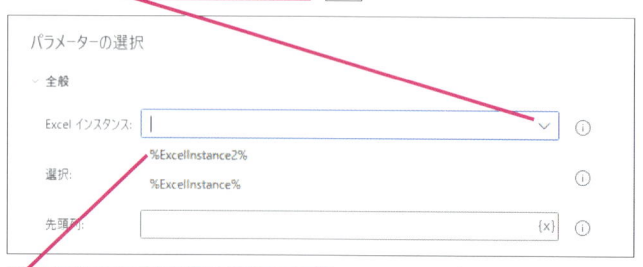

パラメーターの選択

全般

Excel インスタンス: |

選択:　　　%ExcelInstance2%
　　　　　%ExcelInstance%

先頭列:　　　　　　　　　　　　　　{x}

**2** [%ExcelInstance2%] をクリック

---

### セルを選択するアクションはほかにもある

[Excelワークシート内のセルをアクティブ化] アクションは、任意のセル1つをアクティブ化することができます。1つのセルをアクティブ化したいときは [Excelワークシート内のセルをアクティブ化]、今回のように範囲を指定して複数のセルをアクティブ化したいときは [Excelワークシート内のセルを選択] を使用します。

### 削除する範囲がセルA12からセルD26までなのはなぜ？

[請求書項目一覧.xlsx]の「品名2」「品名3」は空欄の場合があるため、レッスン㉕やレッスン㉖で「品名2」や「品名3」が空欄だった場合は、転記をスキップするように設定します。「品名2」と「品名3」の転記がスキップされた場合に、前回転記された取引先の請求項目が残ってしまわないよう、データをすべて削除する処理を行います。

セル A12 ～ D26 の範囲にある値を削除する

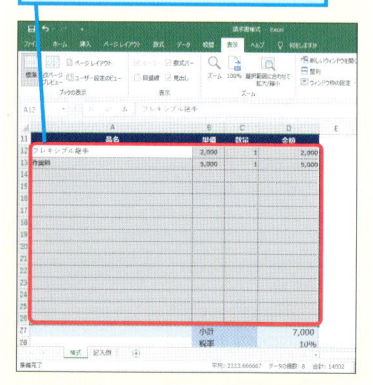

## ③ セルA12からセルD26までの値を削除する

1　[選択] に [絶対位置で指定したセル] と表示されていることを確認

2　[先頭列] に「A」と入力

3　[先頭行] に「12」と入力

4　[最終列] に「D」と入力

5　[最終行] に「26」と入力

6　[保存] をクリック

## ④ 開いているウィンドウをアクティブ化するアクションを追加する

[Excel ワークシート内のセルを選択] アクションが追加された

[UI オートメーション] - [Windows] グループの [ウィンドウにフォーカスする] アクションを追加する

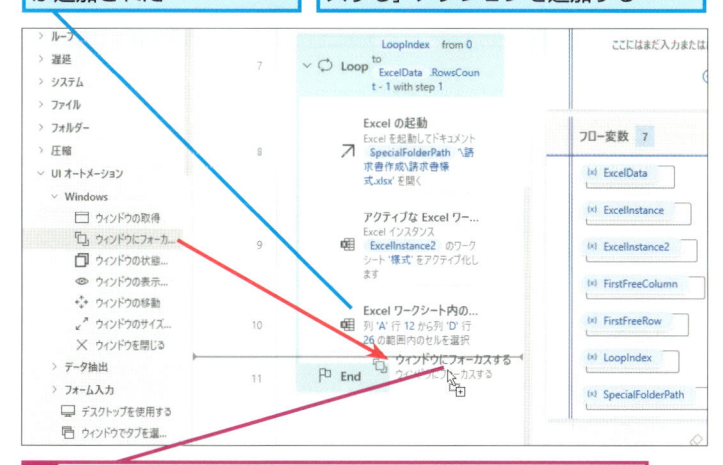

1　[ウィンドウにフォーカスする] を [Excel ワークシート内のセルを選択] アクションの下にドラッグ

## HINT!
### 絶対位置と相対位置の違い

絶対位置とは、列「C」と行「3」のように、毎回変化しない位置のことです。一方、相対位置とは、現在の位置から見た位置のことです。[相対位置で指定したセル] を選んだ場合、現在アクティブなセルから見て、左右上下のうちどの方向に向かって、何個目のセルをアクティブ化するかを設定します。Excel上で検索を行い、該当したセルの右隣りに入力を行いたいときなどに使える指定方法です。

◆絶対位置の例
セル A1

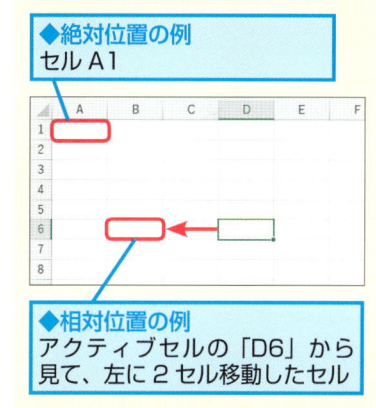

◆相対位置の例
アクティブセルの「D6」から見て、左に2セル移動したセル

## HINT!
### [ウィンドウにフォーカスする] アクションが必要な理由

[ウィンドウにフォーカスする] アクションは、ウィンドウをアクティブ化するためのアクションです。パソコン上のウィンドウはアクティブ状態と非アクティブ状態があり、この後の手順6で行う [キーの送信] アクションはアクティブ状態のウィンドウに対して実行されます。[ExcelInstance2] をアクティブ状態にしておく必要があるため、このアクションを設定します。

次のページに続く

**⑤ [請求書様式] をアクティブ化し最前面に表示する**

**HINT!**

### [ウィンドウのインスタンス] は変数の選択が使えない

[ウィンドウをフォーカスする] アクションの [ウィンドウのインスタンス] は、⌄ を押してもインスタンス候補が表示されません。手順5の操作3のようにインスタンス変数を直接入力することで指定が可能です。

[ウィンドウにフォーカスする] ダイアログボックスが表示された

**1** [ウィンドウの検索モード] のここをクリック

**2** [ウィンドウのインスタンス / ハンドルごと] をクリック

**3** [ウィンドウのインスタンス] に 「%ExcelInstance2%」 と入力

> ここをクリックしても候補は表示されない

**4** [保存] を クリック

---

**⑥ [キーの送信] アクションを追加する**

[ウィンドウにフォーカスする] アクションが追加された

[マウスとキーボード] グループの [キーの送信] アクションを追加する

**1** [キーの送信] を [ウィンドウにフォーカスする] アクションの下にドラッグ

**HINT!**

### [キー送信] って何？

人によるキーボード入力と同じことができるのが [キーの送信] アクションです。今回であれば、キーボード上で Delete キーを押す動作を [キーの送信] アクションによって行います。[キーの送信] アクションでは Ctrl + C キーなどの複数のキーを同時に押す操作も設定可能です。その場合はキーは {} で囲う必要があり、Ctrl + P キーであれば{Control}({P})と記述します。

第3章 Excel の作業を自動化しよう

## 7 Delete キーを指定する

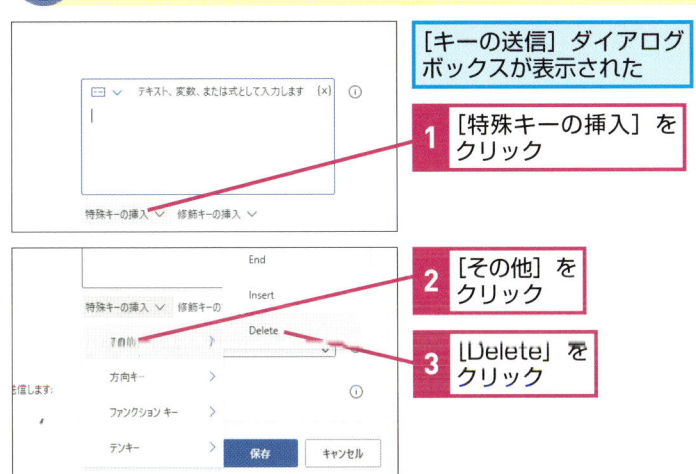

[キーの送信] ダイアログボックスが表示された

**1** [特殊キーの挿入] をクリック

**2** [その他] をクリック

**3** [Delete] をクリック

[送信するテキスト] に [{Delete}] と表示された

**4** [キー入力の間隔の遅延] に「10」と表示されていることを確認

**5** [保存] をクリック

## 8 フローを一度保存する

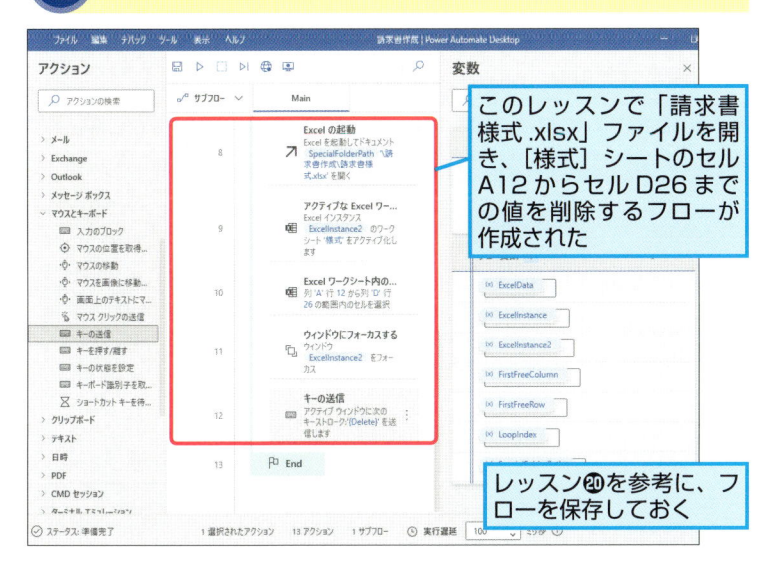

このレッスンで「請求書様式 .xlsx」ファイルを開き、[様式] シートのセル A12 からセル D26 までの値を削除するフローが作成された

レッスン⑳を参考に、フローを保存しておく

レッスン⑳を参考に、フローを保存しておく

---

## HINT!

### [特殊キーの挿入] と [装飾キーの挿入] の違い

特殊キーとは、文字や数字、記号の入力以外の役割を果たすキーのことです。Space キー、Enter キー、Delete キーなどが特殊キーにあたります。装飾キーとはほかのキーと組み合わせて機能を一時的に変更するキーのことです。Shift キーや Ctrl キー、Alt キーなどが装飾キーにあたります。

## Point

### 操作したいウィンドウやワークシートをアクティブ化する

Excelファイルを操作する場合は、操作するワークシートのアクティブ化が必要です。操作対象となるワークシートのアクティブ化を怠ると、別のワークシートのデータを書き換えて保存するといったミスが起きてしまうので注意しましょう。また、キー操作をする際は必ず直前に [ウィンドウをフォーカスする] アクションの配置が必要です。人の場合、あまり意識することなく操作対象のワークシートやウィンドウを選択していますが、Power Automate Desktopでは重要な設定になります。

# 22

## 読み取ったデータを
## 別のExcelに転記するには

### 別ファイルへの転記①

変数［ExcelData］の行と列を指定し、転記していく方法を解説します。この方法はアプリケーションやWebシステムへの転記作業に応用することができます。

---

## ① 書き込みを行うアクションを追加する

前のレッスンに続いて「請求書作成」フローにアクションを追加する

ここではレッスン㉑で追加した［キーの送信］アクションの下にアクションを追加する

**1** ［Excel］グループの［Excel ワークシートに書き込み］を［キーの送信］アクションの下にドラッグ

## ② セルに「住所」列の値を転記する

［Excel ワークシートに書き込み］ダイアログボックスが表示された

**1** ［Excel インスタンス］のここをクリックして［%ExcelInstance2%］を選択

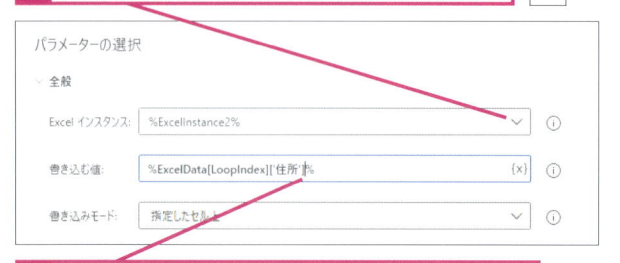

**2** ［変数の選択］を使い［書き込む値］に「%ExcelData[LoopIndex]['住所']%」と設定

---

### HINT!

**このレッスンで制作する操作**

レッスン⑲で変数［ExcelData］に格納した［請求項目一覧.xlsx］のデータのうち、「住所」「取引先名」「担当者名」「支払期限」を［請求書様式.xlsx］に転記する操作を作ります。

### HINT!

**［書き込む値］に入力した文字列の意味は？**

「%ExcelData[LoopIndex]['住所']%」は、変数［ExcelData］の［LoopIndex］行目の［住所］列のデータを書き込むという意味です。変数［LoopIndex］はレッスン⑳で［開始値］を「0」に設定しています。そのため、繰り返しの1回目は［ExcelData］の［0］行目の［住所］列に格納されている「〒999-5555 山形県山形市麺屋町2-1」を書き込みます。変数［LoopIndex］は繰り返しごとに1ずつ増加していくため、繰り返し2回目は変数［ExcelData］の［1］行目の［住所］列に格納されている「〒555-3333 宮城県仙台市新町1-1」を書き込みます。

---

第3章 Excel の作業を自動化しよう

## ③ 転記先のセルを指定する

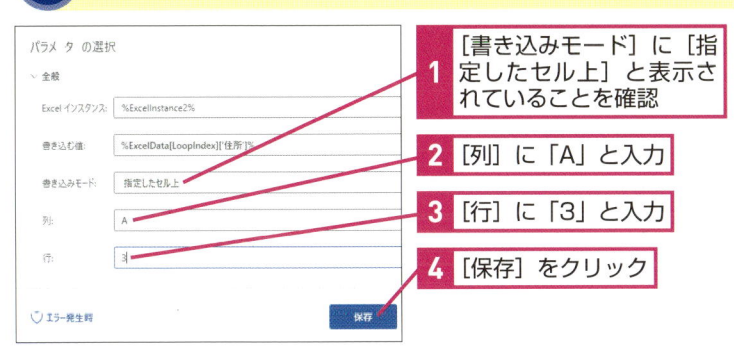

**1** [書き込みモード] に [指定したセル上] と表示されていることを確認

**2** [列] に「A」と入力

**3** [行] に「3」と入力

**4** [保存] をクリック

## ④ 2つ目の書き込みを行うアクションを追加する

**1** [Excel ワークシートに書き込み] を手順 1 で追加した [Excel ワークシートに書き込み] アクションの下にドラッグ

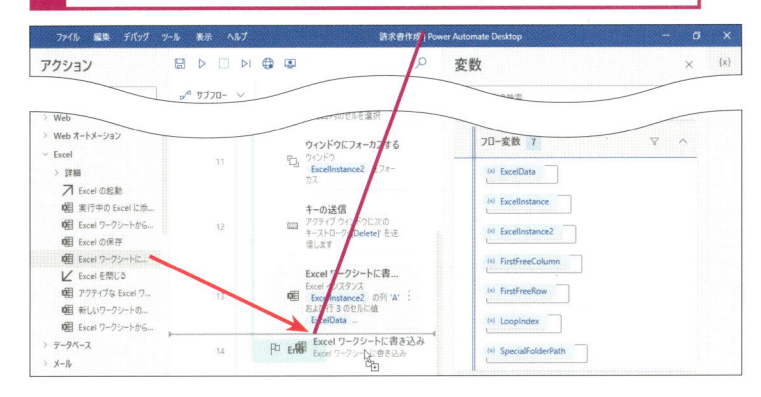

## ⑤ セルA4に「取引先名」列の値を転記する

**1** [Excel インスタンス] の✓をクリックして [%ExcelInstance2%] を選択

**2** [変数の選択] を使い [書き込む値] に「%ExcelData[LoopIndex]['取引先名']%」と設定

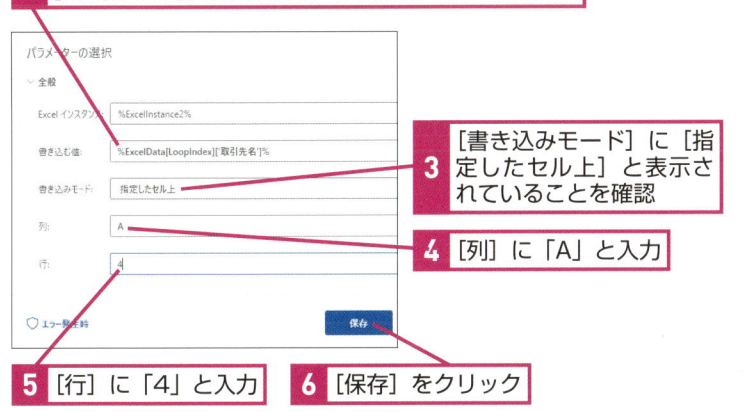

**3** [書き込みモード] に [指定したセル上] と表示されていることを確認

**4** [列] に「A」と入力

**5** [行] に「4」と入力

**6** [保存] をクリック

### HINT!
**[書き込む値] を確認したい場合はメッセージボックスが便利**

「%ExcelData[LoopIndex]['住 所']%」で書き込まれる値を確認したい場合はメッセージボックスが便利です。[メッセージボックス] グループから [メッセージを表示] アクションを選択し、[Loop] アクションの中に配置してください。ダイアログボックス内の [表示するメッセージ] に「%ExcelData[LoopIndex]['住所']%」のように、確認したい値を入力しアクションを保存します。フローを実行すると、メッセージボックスに取り出された値が表示され確認することができます。

メッセージボックスに書き込まれる値が表示される

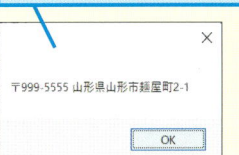

〒999-5555 山形県山形市麩屋町2-1

次のページに続く

## 6 書き込みを行うアクションを追加する

**1** [Excel ワークシートに書き込み] を手順4で追加した [Excel ワークシートに書き込み] アクションの下にドラッグ

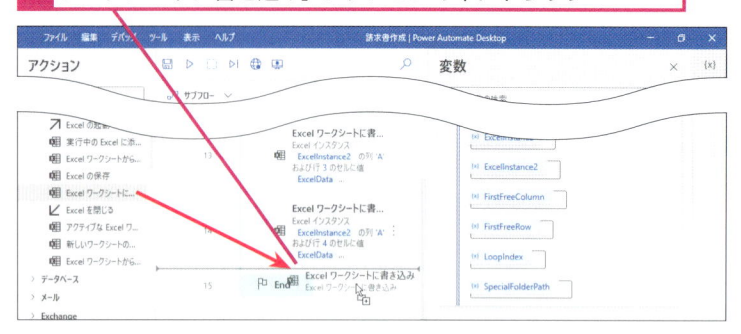

## 7 セルA5に「担当者名」列の値を転記する

**1** [Excel インスタンス] の☑をクリックして [%ExcelInstance2%] を選択

**2** [変数の選択] を使い [書き込む値] に「%ExcelData [LoopIndex]['担当者名']%　様」と設定

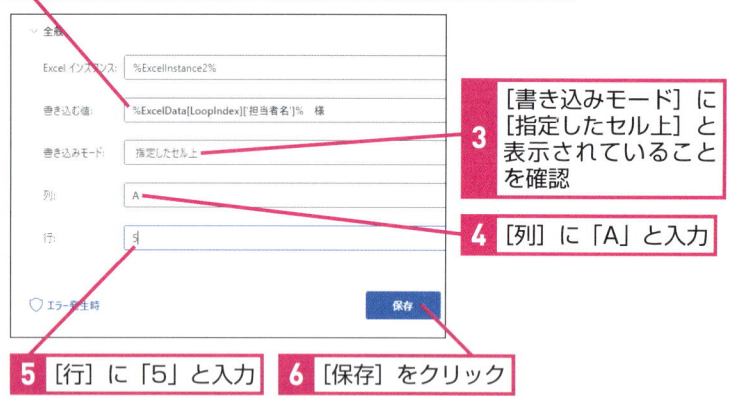

**3** [書き込みモード] に [指定したセル上] と表示されていることを確認

**4** [列] に「A」と入力

**5** [行] に「5」と入力

**6** [保存] をクリック

## 8 書き込みを行うアクションを追加する

**1** [Excel ワークシートに書き込み] を手順6で追加した [Excel ワークシートに書き込み] アクションの下までドラッグ

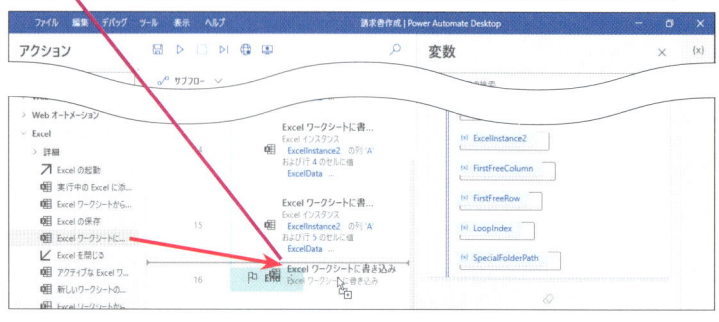

---

### HINT!

**変数の後に「様」など任意の文字を書き足せる**

[Excelワークシートに書き込み] アクションの [書き込む値] では、変数やテキスト、数字を組み合わせることができます。「%ExcelData [LoopIndex]['担当者名']%　様」と入力すると、フロー実行時にExcelワークシートに、「木村 太郎　様」などと書き込まれるようになります。

### HINT!

**[書き込む値] に入力した文字列の意味は？**

「%ExcelData[LoopIndex]['担当者名']%」は、変数 [ExcelData] の [LoopIndex] 行目の [担当者名] 列のデータを書き込むという意味です。[LoopIndex]はレッスン⑳で[開始値] を「0」に設定しています。そのため、繰り返しの1回目は [ExcelData] の [0] 行目の [担当者名] 列に格納されている「木村 太郎」を書き込みます。

### HINT!

**コピー＆ペーストを利用する**

手順7や手順8で [書き込む値] に「%ExcelData[LoopIndex][列名]%」を入力する際は、手順5で [書き込む値] に入力した「%ExcelData [LoopIndex]['取引先名']%」をコピー＆ペーストし、列名を書き換える方法がおすすめです。変数名や[] 「'」（シングルコーテーション）などの記号は1つ1つ正確に入力し、正確に入力できたら、それをできる限りコピーして使い回すようにするとスペルミスが減ります。

第3章 Excel の作業を自動化しよう

## テクニック　アクションはショートカットキーでコピーできる

特定のアクションを複数回使用する場合は
コピーで複製すると、ダイアログボックス内
の設定の手間を省けます。複数アクションを
まとめてコピーする場合は、Ctrl キーを押
しながらコピーしたいアクションを選択した
後、Ctrl + C キーを押してコピーし、Ctrl +
V キーで貼り付けます。

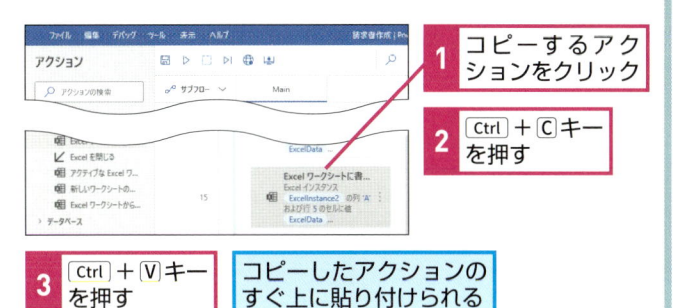

1 コピーするアク
ションをクリック

2 Ctrl + C キー
を押す

3 Ctrl + V キー
を押す

コピーしたアクションの
すぐ上に貼り付けられる

## ⑨ セルC10に「支払期限」列の値を転記する

**1** [Excel インスタンス] の⊡をクリックして
[%ExcelInstance2%] を選択

**2** [変数の選択] を使い [書き込む値] に「%ExcelData
[LoopIndex][' 支払期限 ']%」と設定

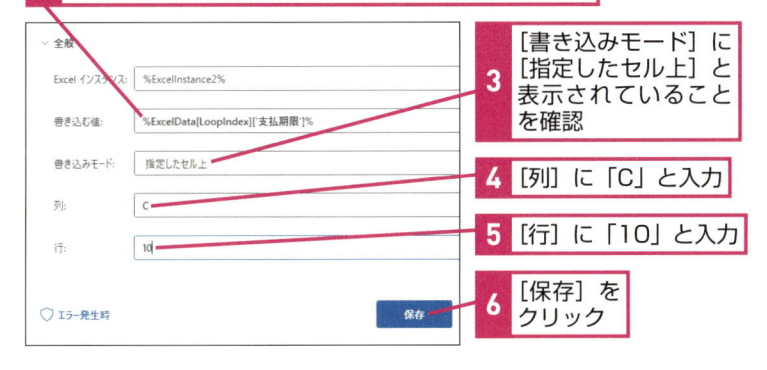

**3** [書き込みモード] に
[指定したセル上] と
表示されていること
を確認

**4** [列] に「C」と入力

**5** [行] に「10」と入力

**6** [保存] を
クリック

## ⑩ フローを一度保存する

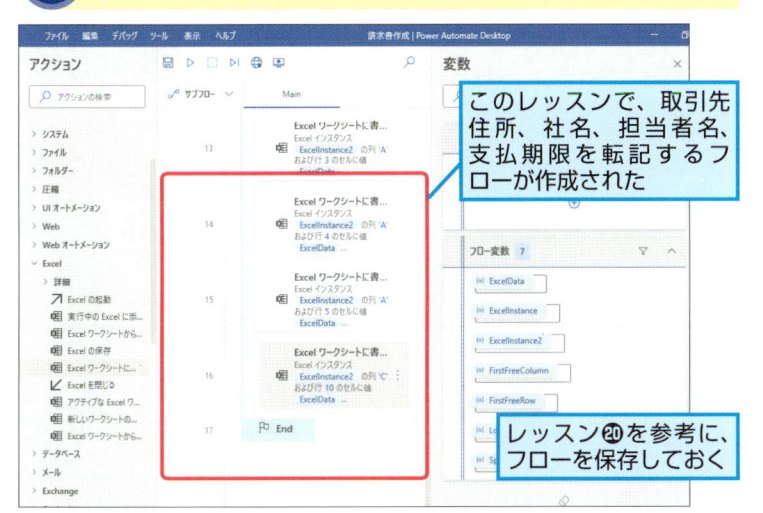

このレッスンで、取引先
住所、社名、担当者名、
支払期限を転記するフ
ローが作成された

レッスン⑳を参考に、
フローを保存しておく

### HINT!

**コピー後の設定に要注意!**

コピーでアクションを追加する場合
は、ダイアログボックス内の書き換
えが必要になる箇所を確認したうえ
で挿入しましょう。今回ではあれば、
以下の箇所の書き換えが必要です。
書き換えを忘れてしまうと、同じ内
容が同じ場所に繰り返し書きまれて
しまいます。

[書き込む値] [列] [行] の
3か所を変更する

パラメーターの選択

Excel インスタンス: %ExcelInstance2%

書き込む値: %ExcelData[LoopIndex][住所]%

書き込みモード: 指定したセル上

列: A

行: H

### Point

**[ExcelDate] の行と列の
指定方法を理解しよう**

Excelワークシートから読み取り変数
[ExcelData] に格納したデータは、
行と列を指定することで自由に取り
出すことができます。指定する場合
は変数名の後に [行数] [列名] を書
き、両端を 「%」 で囲みましょう。
この指定方法は、Excelデータを社内
アプリケーションやWebシステムに
転記する際にも使えます。

# 23 品名や単価などを転記するには

別ファイルへの転記②

続いて［品名］［単価］［数量］［金額］を［請求書様式.xlsx］に転記するアクションを配置します。使用するアクションや設定の方法はレッスン㉒と同様です。

第3章　Excelの作業を自動化しよう

## ❶ 書き込みを行うアクションを追加する

前のレッスンに続いて「請求書作成」フローにアクションを追加する

ここではレッスン㉒で追加した［Excel ワークシートに書き込み］アクションの下にアクションを追加する

**1** ［Excel］グループの［Excel ワークシートに書き込み］を［Excel ワークシートに書き込み］アクションの下にドラッグ

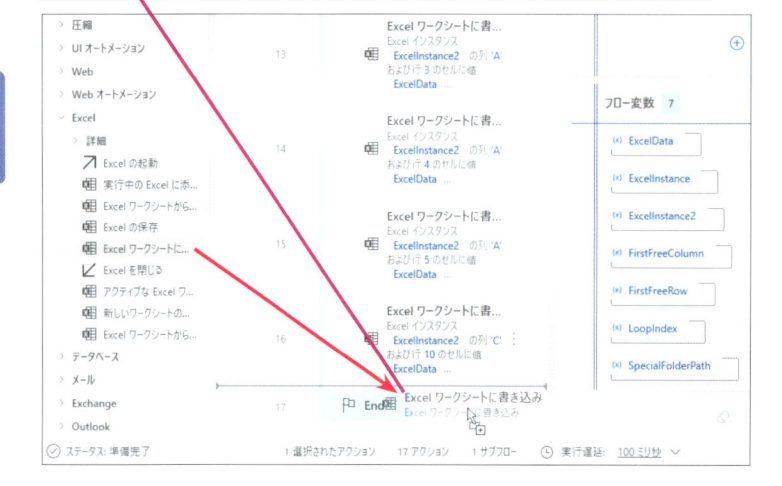

## ❷ セルに「品名1」列の値を転記する

［Excel ワークシートに書き込み］ダイアログボックスが表示された

**1** ［Excel インスタンス］のここをクリックして［%ExcelInstance2%］を選択

**2** ［変数の選択］を使い［書き込む値］に「%ExcelData[LoopIndex]['品名1']%」と設定

### キーワード

| | |
|---|---|
| CSV | p.200 |
| アクション | p.201 |
| マクロ | p.203 |

### HINT!

**このレッスンで制作する操作**

レッスン⓭で変数［ExcelData］に格納した［請求項目一覧.xlsx］のデータのうち、「品名1」「単価1」「数量1」「金額1」を［請求書様式.xlsx］に転記していきます。

### HINT!

**項目名がないExcelを読み取る場合は？**

最初の列に項目名がないExcelを読み取った場合、列名は自動的に［Column連番］となります。データの行列を指定する場合は「%ExcelData[LoopIndex][4]%」などと記入します。

列名がない場合は行と同じように0から連番の番号が割り当てられる

5列目を読み取るには「%ExcelData[LoopIndex][4]%」と指定する

## ③ 転記先のセルを指定する

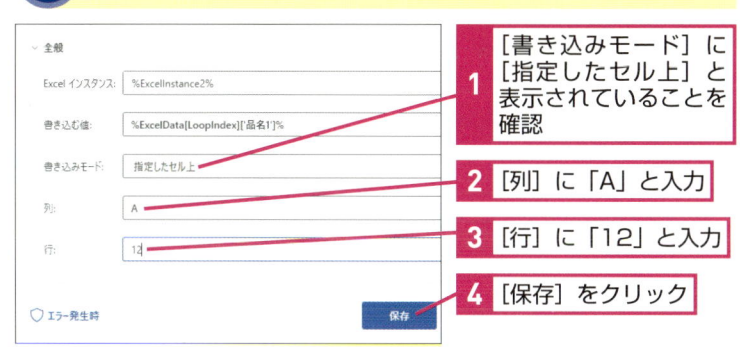

1 [書き込みモード] に [指定したセル上] と表示されていることを確認

2 [列] に「A」と入力

3 [行] に「12」と入力

4 [保存] をクリック

## ④ 書き込みを行うアクションを追加する

1 [Excel ワークシートに書き込み] を手順1で追加した [Excel ワークシートに書き込み] アクションの下にドラッグ

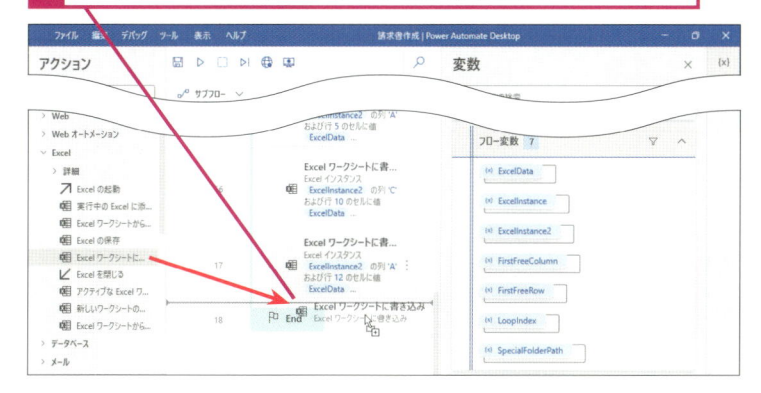

## ⑤ セルB12に「単価1」の値を転記する

1 [Excel インスタンス] の☑をクリックして [%ExcelInstance2%] を選択

2 [変数の選択] を使い [書き込む値] に「%ExcelData[LoopIndex]['単価1']%」と設定

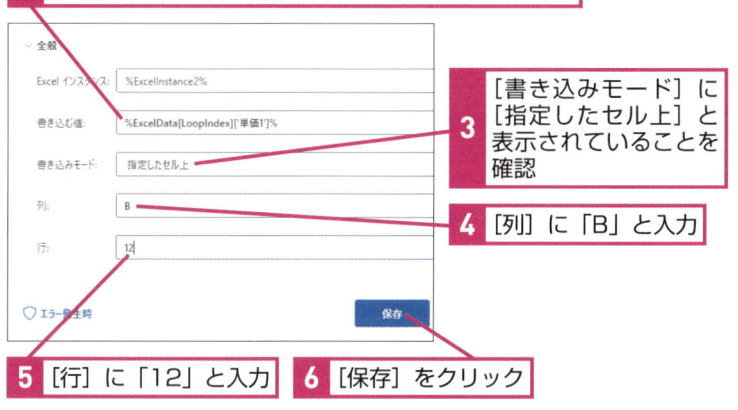

3 [書き込みモード] に [指定したセル上] と表示されていることを確認

4 [列] に「B」と入力

5 [行] に「12」と入力

6 [保存] をクリック

### 列名は列番号でも指定できる

列名は、アルファベットと列番号、どちらでも指定ができます。Excelでは、A列は1、B列は2、C列は3といった形で連番が振られており、この番号を[Excelワークシートに書き込み]アクションの[列]で使うことができます。

### Excelのマクロは実行できる？

[Excel] グループの [詳細] の中にある [Excelマクロの実行] アクションで行うことができます。ダイアログボックスでマクロを実行したいExcelインスタンスとマクロの名前を設定します。Excelマクロの中には最後に完了メッセージが表示されOKを押さないと処理が終了しないものがあります。[Excelマクロの実行] アクションはメッセージが閉じられ処理が終了するまで待機し続けてしまうので、次のアクションに進めなくなってしまいます。2021年6月の時点ではこのようなタイプのExcelマクロをPower Automate Desktopで実行することはできません。

次のページに続く

## 6 書き込みを行うアクションを追加する

**1** [Excel ワークシートに書き込み] を手順4で追加した [Excel ワークシートに書き込み] アクションの下にドラッグ

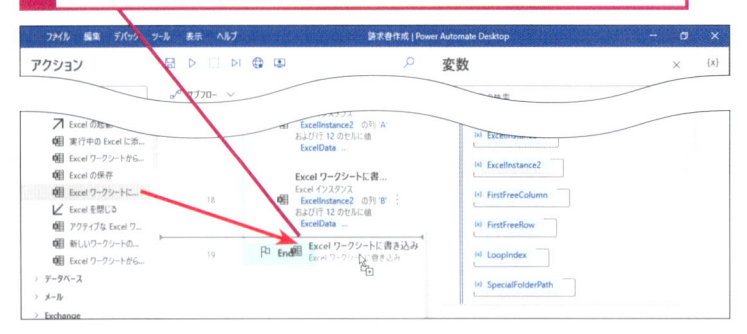

## 7 セルC12に「数量1」の値を転記する

**1** [Excel インスタンス] の ▽ をクリックして [%ExcelInstance2%] を選択

**2** [変数の選択] を使い [書き込む値] に「%ExcelData[LoopIndex]['数量1']%」と設定

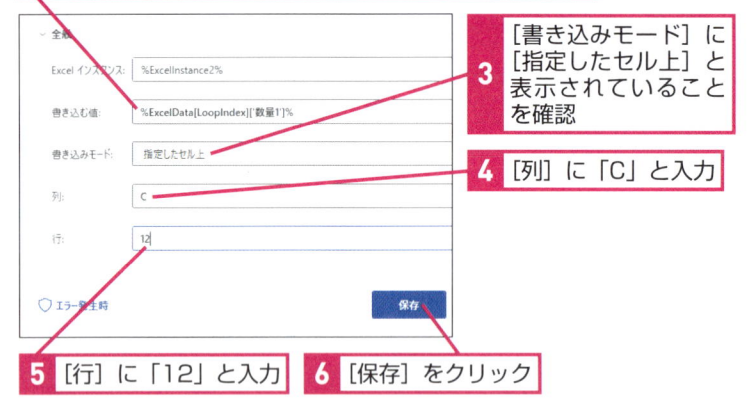

**3** [書き込みモード] に [指定したセル上] と表示されていることを確認

**4** [列] に「C」と入力

**5** [行] に「12」と入力

**6** [保存] をクリック

## 8 書き込みを行うアクションを追加する

**1** [Excel ワークシートに書き込み] を手順6で追加した [Excel ワークシートに書き込み] アクションの下にドラッグ

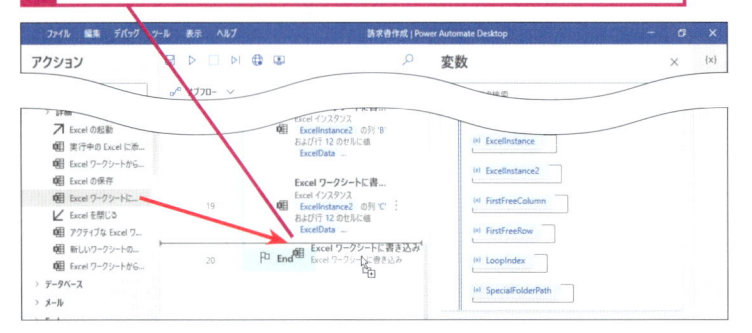

## HINT!

### フロー内に「コメント」を入れられる!

フローが長くなったり、同じようなアクションが続いたりした場合、どのような処理をしているのか分かりにくくなってきます。そのような場合は [フローコントロール] グループの [コメント] アクションを使って、説明を入れることができます。[コメント] アクションはコメントを記入することだけを目的としたアクションなので、配置しても処理は何も実行されません。

**[コメント]アクションを使うと、処理の説明を挿入できる**

## HINT!

### CSVファイルも操作できる

[Excel] グループのアクションで、CSV形式のファイルを操作することも可能です。[Excelの保存]アクションの保存モードで [名前を付けてドキュメントを保存]を選択するとファイル形式の選択ができ、Excelブック形式に変換し保存することもできます。

第3章 Excel の作業を自動化しよう

## ⑨ セルD12に「金額1」の値を転記する

**1** [Excel インスタンス]の✓をクリックして [%ExcelInstance2%]を選択

**2** [変数の選択]を使い[書き込む値]に「%ExcelData [LoopIndex][' 金額1']%」と設定

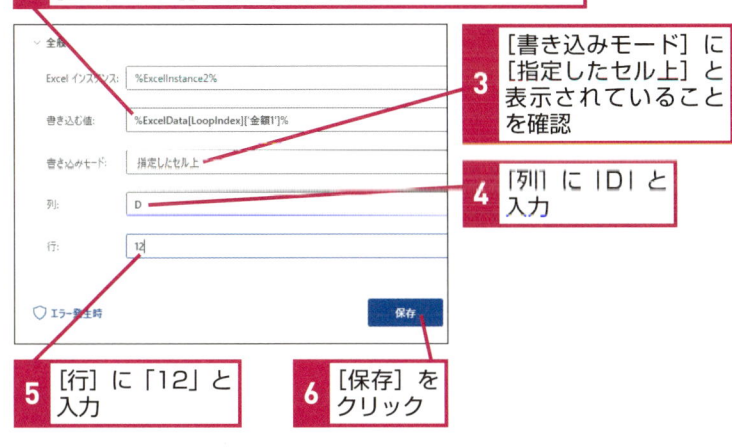

**3** [書き込みモード]に [指定したセル上]と表示されていることを確認

**4** [列]に「D」と入力

**5** [行]に「12」と入力

**6** [保存]をクリック

## ⑩ フローを一度保存する

このレッスンで、「請求項目一覧 .xlsx」から読み取った「品名1」「単価1」「数量1」「金額1」を「請求書様式 .xlsx」に転記するフローが作成された

**1** [保存]をクリック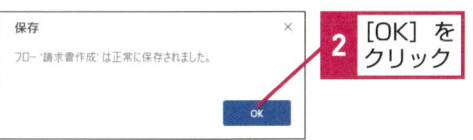

**2** [OK]をクリック

**23**
別ファイルへの転記②

---

## HINT!

### 印刷する方法は？

Excelワークシートを印刷するアクションはありませんが、Ctrl + P キーなどのショートカットキーを[キーの送信]アクションを使って送信し、印刷を行うことができます。プリンターの選択は[システム]グループの[既定のプリンターを設定]アクションでできます。このアクションはパソコンの既定のプリンターを変更してしまうので、フローの最後に[既定のプリンターを設定]アクションを再度配置し、通常使うプリンターを既定のプリンターに戻しておくようにしてください。

## Point

### アクションのかたまりごとにコメントを入れておくとよい

今回のように、同じアクションが続きフローが長くなってくると、どのような作業をしているのか分かりにくくなってきます。HINT!で紹介した[フローコントロール]グループの[コメント]アクションを使い、処理内容や説明を適宜入れておくとよいでしょう。完成後に修正が必要になった場合、どのアクションを直す必要があるか探しやすくなります。

# 名前を付けて
# Excelを保存するには

名前を付けて保存

本レッスンでは、ファイル名に使う現在の日付の取得方法と、名前を付けてファイルを保存する場合のファイルパスの作成方法を解説します。

## ① 現在の日時を取得するアクションを追加する

前のレッスンに続いて「請求書作成」フローにアクションを追加する

ここではレッスン㉓で追加した[Excel ワークシートに書き込み]アクションの下にアクションを追加する

**1** [日時]のここをクリック

**2** [現在の日時を取得します]をフローの先頭にドラッグ

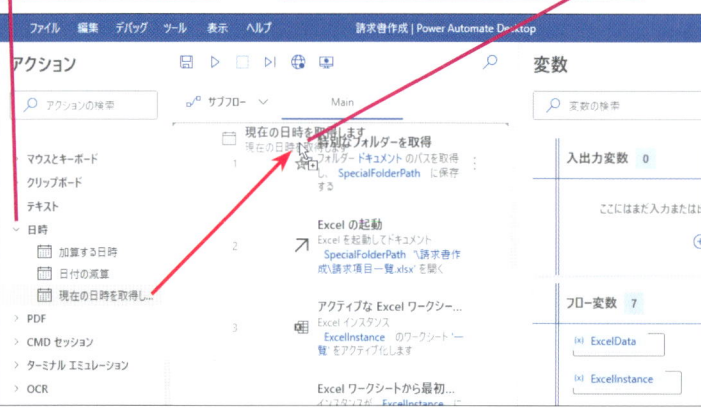

### キーワード

### HINT!

**このレッスンで制作する操作**

[請求書様式.xlsx]に取引先名と現在の日付を付けて保存する操作を制作します。日付の取得には[現在の日付を取得します]アクションを使用し、ファイル名は変数を組み合わせて作成します。

請求書別に取引先名と日付を付けてファイルを保存する操作を作成する

## ② 今日の日付を取得する

[現在の日時を取得します]ダイアログボックスが表示された

**1** [取得]のここをクリック

**2** [現在の日付のみ]をクリック

**3** [タイムゾーン]に[システムタイムゾーン]と表示されていることを確認

**4** [生成された変数]に[CurrentDateTime]と表示されていることを確認

**5** [保存]をクリック

### HINT!

**[現在の日付を取得します]アクションって何?**

現在の日時を取得し、変数[CurrentDateTime]に格納するアクションです。例えば、2021年7月20日の5時50分にこのアクションが実行されると、変数[CurrentDateTime]には2021/07/20 5:50:00が格納されます。変数のデータの型は、日付として扱われるDatetime型となります。

第3章 Excel の作業を自動化しよう

## ③ Excelを閉じるアクションを追加する

[現在の日時を取得します]
アクションが追加された

[Excel] グループの [Excel を閉じる]
アクションを追加する

**1** [Excel] のここをクリック

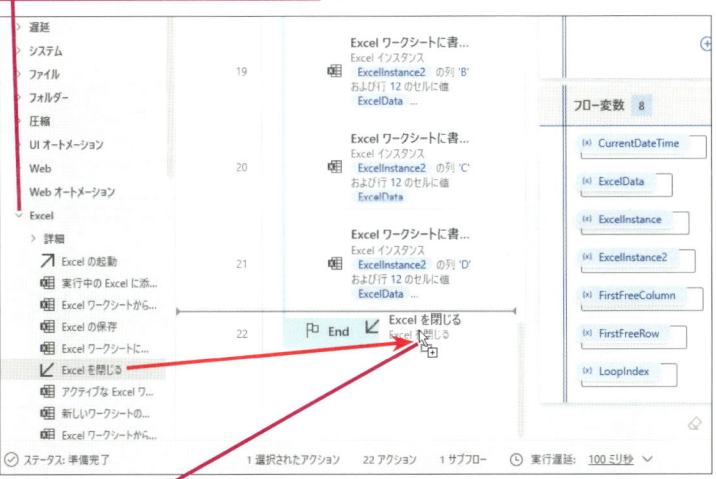

**2** [Excel を閉じる] を [End] アクションの上にドラッグ

## ④ ファイルの閉じ方を選択する

[Excel を閉じる] ダイアログボックスが表示された

**1** [Excel インスタンス]の▽をクリックして[%ExcelInstance2%]を選択

**2** [Excel を閉じる前] のここをクリック

全般

Excel インスタンス: %ExcelInstance2%

Excel を閉じる前: ドキュメントを保存しない

ドキュメントを保存しない
ドキュメントを保存

エラー発生時　名前を付けてドキュメントを保存　　　ンセル

**3** [名前を付けてドキュメントを保存] をクリック

次のページに続く

---

## HINT!

### ドキュメント形式を変更できる

[Excelを閉じる] アクションで [名前を付けてドキュメントを保存] を選択した場合、[ドキュメント形式] を選択することができます。20種類の形式から選ぶことができ、Excelマクロ有効ブック形式、CSV形式、テキスト形式などがあります。

## HINT!

### [日時] グループのそのほかのアクション

[日時] グループには、ほかに2つのアクションがあります。3か月後、3日前、3時間前など、日時の加算や減算ができる [加算する日時] アクションと、指定された2つの日時の時間差を日、時間、分、秒単位で計算できる [日時の減算] アクションがあります。これらを組み合わせることで、月末日や月初日を算出することもできます。

## ⑤ フロー変数を表示する

**1** ［ドキュメントの形式］に［既定（拡張機能から）］と表示されていることを確認

**2** ［変数の選択］をクリック

## ⑥ 変数を選択する

［フロー変数］の一覧が表示された

**1** ［SpecialFolderPath］をダブルクリック

## ⑦ フォルダー名を入力する

［%SpecialFolderPath%］と表示された

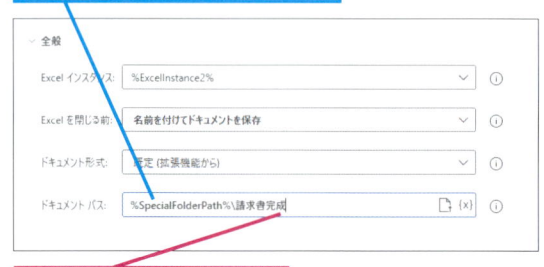

**2** 「\ 請求書完成」と入力

## HINT!

### 変数［CurrentDateTime］から取り出せる値

変数［CurrentDateTime］には変数のプロパティがあり、年、月、日などを取り出すことができます。変数［CurrentDateTime］には、ファイル名に使用できない、「/」（スラッシュ）や「:」（コロン）が含まれており、そのまま使用することができません。しかし、プロパティを使えば「/」や「:」コロンを含めない状態でファイル名に日付を入れることができます。

| プロパティ名 | 説明 | 2021/07/13 5:50:00 の場合の例 |
|---|---|---|
| CurrentDateTime.Year | 年 | 2021 |
| CurrentDateTime.Month | 月 | 7 |
| CurrentDateTime.Day | 日 | 13 |
| CurrentDateTime.DayOfWeek | 曜日 | Tuesday |

第3章 Excel の作業を自動化しよう

## ⑧ ファイル名に取引先名と日付を付ける

表示されたパスの後ろにカーソルが
表示された状態で次の操作を進める

**1** 「請求書完成」の後に「\% ExcelData[LoopIndex]['
取引先名 ']%_」を入力

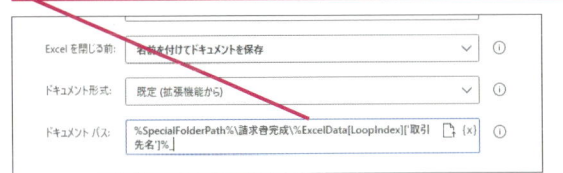

**2** レッスン⑳の手順4を参考に、
[CurrentDateTime] のプロ
パティを表示

このプロパティ
を使う

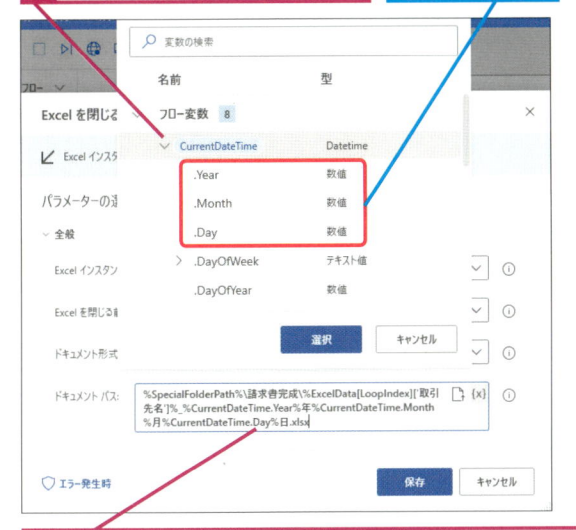

**3** 変数のプロパティを使い、「%CurrentDateTime.Year% 年 %
CurrentDateTime.Month% 月 %CurrentDateTime.Day%
日 .xlsx」と入力

## ⑨ フローを一度保存する

[Excel を閉じる] アク
ションが追加された

**1** [保存] を
クリック

[保存] の画面で [OK] を
クリックする

---

24

名前を付けて保存

### HINT!

**ファイルパスが正しく設定されたかを確認しよう**

変数を組み合わせてファイルパスを作成する場合、有効なパスが作れているかを確認するには [メッセージボックス] グループの [メッセージを表示]アクションが便利です。[メッセージを表示] アクションの [表示するメッセージ] に以下のように確認したいファイルパスを貼り付け、フローを実行しましょう。フローを実行すると、メッセージボックスにファイルパスを表示できます。間違ったファイルパスのままExcelを保存するアクションを実行すると、思わぬところにファイルが保存されてしまうことがあるので気を付けましょう。

[表示するメッセージ] に確認し
たいファイルパスを貼り付ける

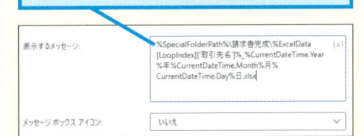

フローを実行するとメッセージ
ボックスにファイルパスが表示
される

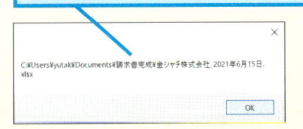

### Point

**1度実行すればよいアクションはLoop処理の中に配置しない**

[現在の日付を取得します] アクションをLoop処理の中に配置してしまうと、繰り返しのたびに日付の取得が実行されてしまい、無駄な動きが生じます。1度実行されればよいアクションは、Loop処理の前に配置するようにしてください。

# 25

## 条件分岐で空欄の場合は処理をスキップするには

### 条件分岐①

「品名2」にデータが入力されている場合にのみ転記を行い、データが空である場合は転記をスキップする条件分岐を配置します。

## ① [If] アクションを追加する

前のレッスンに続いて「請求書作成」フローにアクションを追加する

ここでは、レッスン㉓で追加した [Excel ワークシートに書き込み] アクションの下（22 行目）にアクションを追加する

**1** [条件] グループの [If] を [Excel ワークシートに書き込み] アクションの下にドラッグ

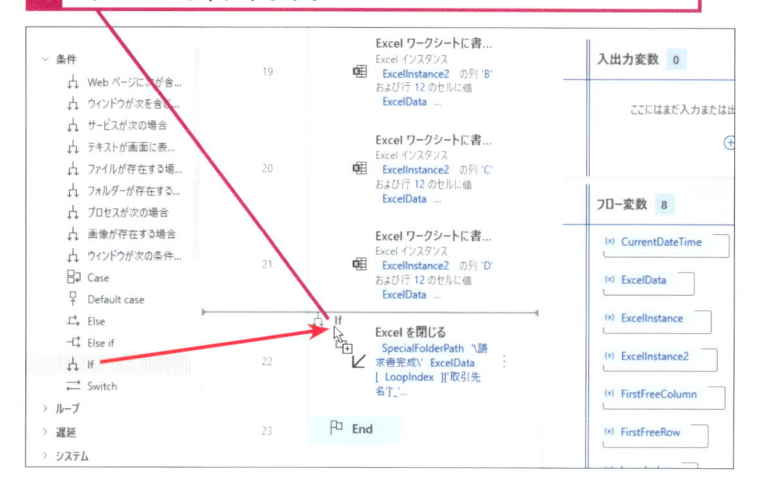

### キーワード

| | |
|---|---|
| 条件分岐 | p.202 |
| 比較演算子 | p.203 |
| フローデザイナー | p.203 |

### HINT!

**このレッスンで制作する操作**

[請求項目一覧.xlsx] の「株式会社果物大国」は、「品名2」のデータが空欄になっています。ここでは、「品名2」が空欄だった場合に転記の操作をスキップし、空欄ではなかった場合に転記を行う操作を作成します。

### HINT!

**空欄を条件に設定する場合の注意点**

Excelワークシート上では空欄に見えても、スペースやカンマが入っているとPower Automate Desktopの条件分岐アクションで「空でない」と判定されてしまいます。ワークシート上のデータを目視で確認するだけでなく、セルの中身を確認し、何も入っていない空欄状態となっているか確認するようにしてください。

## ② 条件を設定する

[If] ダイアログボックスが表示された

**1** [変数の選択] を使い [最初のオペランド] に「%ExcelData[LoopIndex]['品名2']%」と設定

パラメーターの選択

| | | |
|---|---|---|
| 最初のオペランド: | %ExcelData[LoopIndex]['品名2']% | {x} |
| 演算子: | と等しい (=) | |
| 2 番目のオペランド: | | {x} |

| 演算子: | と等しい (=) | |
|---|---|---|
| | 以下である (<=) | |
| 2 番目のオペランド: | 次を含む | |
| | 次を含まない | |
| | 空である | |
| | 空でない | |
| | 先頭 | |
| | 先頭が次でない | |
| | 末尾 | |

**2** [演算子] のここをクリック

**3** [空でない] をクリック

## ③ 設定を保存する

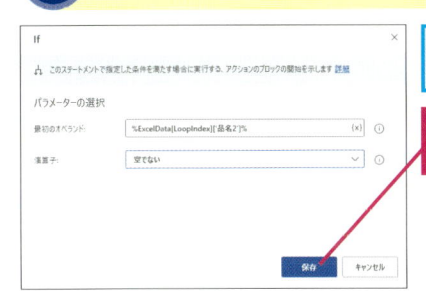

[最初のオペランド] と [演算子] が設定できた

**1** [保存] をクリック

## ④ アクションをコピーする

[If] アクションが追加された

レッスン㉓で追加した 18〜21 行目の[Excel ワークシートに書き込み]アクションをコピーする

**1** 18 行目の [Excel ワークシートに書き込み] をクリック

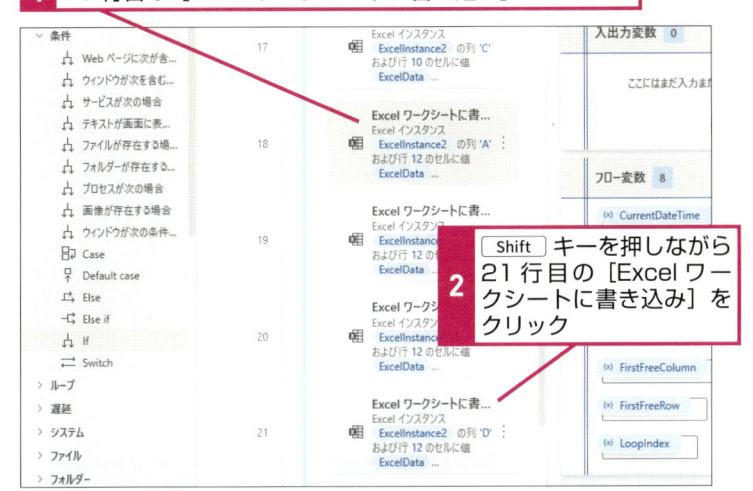

**2** Shift キーを押しながら 21 行目の [Excel ワークシートに書き込み] をクリック

18〜21 行目の [Excel ワークシートに書き込み] が選択できた

**3** Ctrl + C キーを押す

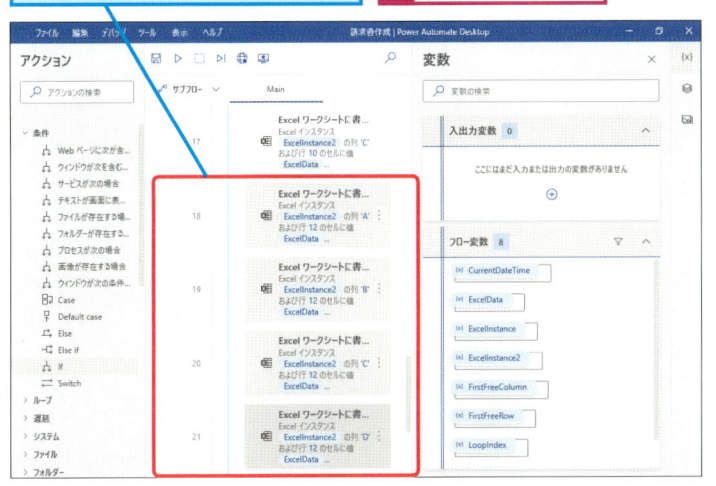

### HINT!

## [If] アクションで設定した条件

ここでは「%ExcelData[LoopIndex]['品名2']%」がもし「空でない」なら、[If]と[End]に挟まれているアクションを実行するように設定しています。変数 [LoopIndex] の [開始値] は「0」なので、繰り返し1回目は0行目の「品名2」をチェックします。「品名2」にはデータが含まれているため、「空でない」という条件と一致したと判断し、[If] と [End] に挟まれているアクションを実行します。変数 [LoopIndex] の値が1となる繰り返し2回目は、1行目の「品名2」をチェックします。「品名2」にはデータが含まれていないため「空でない」という条件に一致しなかったと判断し、[If] と [End] に挟まれているアクションは実行せず、[End] の次のアクションに移動します。

データがあるため「空でない」という条件に一致

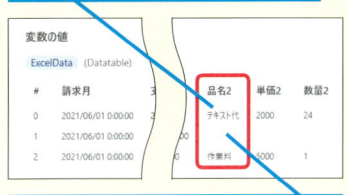

データがないため、「空でない」という条件に一致しない

次のページに続く

## ⑤ アクションを貼り付ける

**1** `Ctrl` ＋ `V` キーを押す

22 ～ 25 行目の ［Excel ワークシートに書き込み］ アクションが貼り付けられた

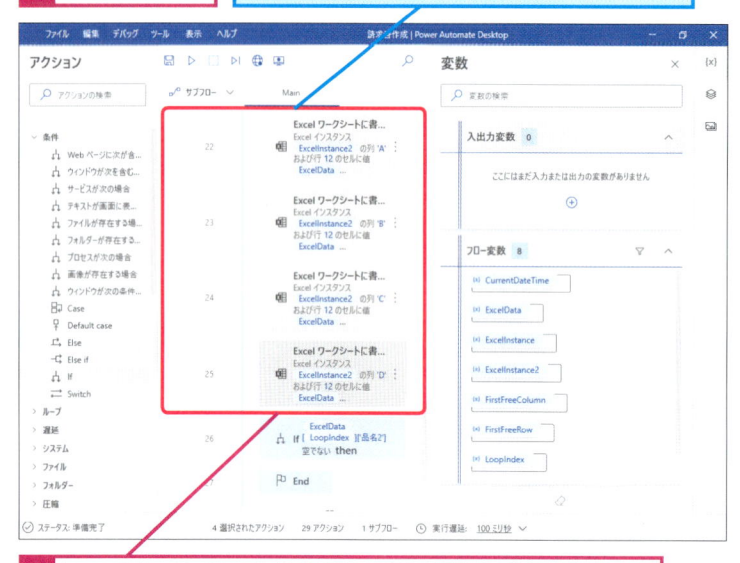

**2** `Shift` キーを押しながら 22 ～ 25 行目の ［Excel ワークシートから読み取り］ をクリック

## ⑥ ［If］ アクションの間に移動する

22 ～ 25 行目の ［Excel ワークシートに書き込み］ が選択された状態のまま、［If］ アクションの間に移動する

**1** ［If］ と ［End］ の間にドラッグ

**HINT!**

### コピーを活用しフロー制作のスピードアップ

フローデザイナーは複数のウィンドウで開くことができるため、アクションのコピーや貼り付けが、フローデザイナー間で相互にできます。すでに別のフローで同じようなアクションの固まりを制作している場合は、コピーして貼り付けると制作の手間が省けます。ダイアログボックスの設定はコピー元のフローと同じになるので、忘れずに修正するようにしてください。

**HINT!**

### ［End］ アクションをクリックした状態で貼り付けても間に入る

アクションの貼り付けは選択したアクションの上部に挿入されるため、［End］ アクションをクリックした状態で `Ctrl` ＋ `V` キーを押して貼り付けを行うと、［If］ アクションと ［End］ アクションの間に貼り付けを行うことができます。

## 7 アクションの位置が移動した

選択した［Excel ワークシートに書き込み］アクションが［If］
アクションの間に移動できた

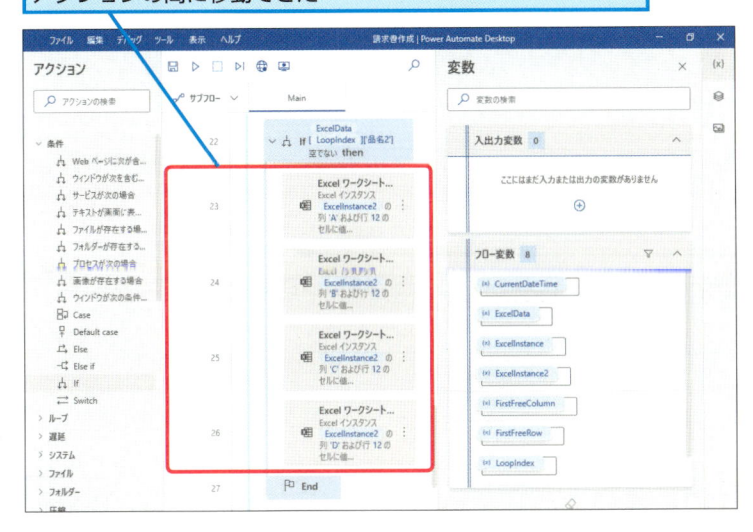

## 8 23行目のアクションを編集する

23 行目の［Excel ワークシート
に書き込み］アクションの［書
き込む値］と［行］を編集する

**1** 23 行目の［Excel ワーク
シートに書き込み］をダブ
ルクリック

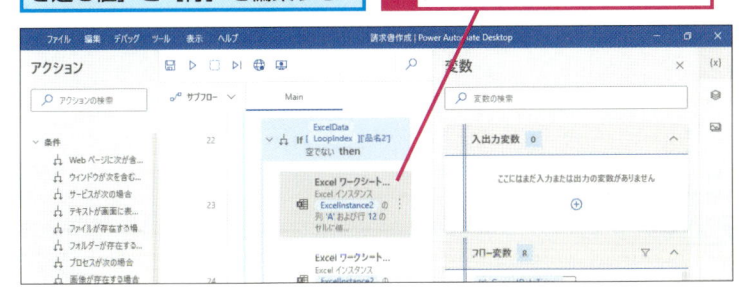

## 9 ［Excelワークシートに書き込み］の設定を変更する

［Excel ワークシートに書き込み］ダイアログボックスが表示された

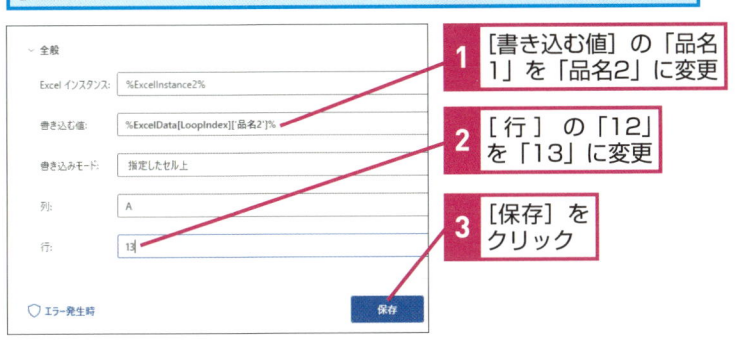

**1** ［書き込む値］の「品名
1」を「品名2」に変更

**2** ［行］の「12」
を「13」に変更

**3** ［保存］を
クリック

## HINT!

### ここで編集する「品名1」「品名2」の違いは？

レッスン㉓で［品名1］［単価1］［数量1］［金額1］の列を転記したので、次は［品名2］［単価2］［数量2］［金額2］を入力するために、列名と書き込む行の修正を行っています。

［品名2］［単価2］［数量2］
［金額2］の値を入力する

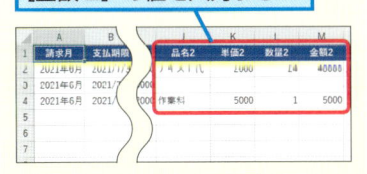

## HINT!

### 列名は正確に入力しよう

変数［ExcelData］の列名は、半角と全角が区別され、文字と文字の間に不要なスペースが入っている場合もエラーになります。また列名を囲う「'」（シングルコーテーション）は、半角での入力が必要です。Power Automate Desktop上では全角と半角の見分けが付きにくいので注意しましょう。

次のページに続く

**24行目のアクションの編集をする**

| 24行目の［Excel ワークシートに書き込み］アクションの［書き込む値］と［行］を編集する | **1** 24行目の［Excel ワークシートに書き込み］をダブルクリック |
| --- | --- |

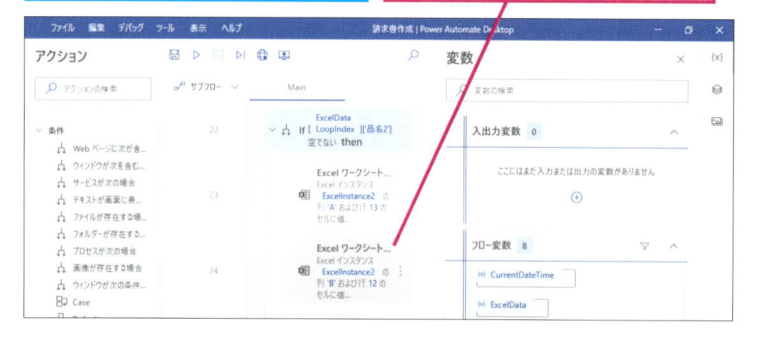

 **[Excelワークシートに書き込み] の設定を変更する**

| ［Excel ワークシートに書き込み］ダイアログボックスが表示された | **1** ［書き込む値］の「単価1」を「単価2」に変更 |
| --- | --- |

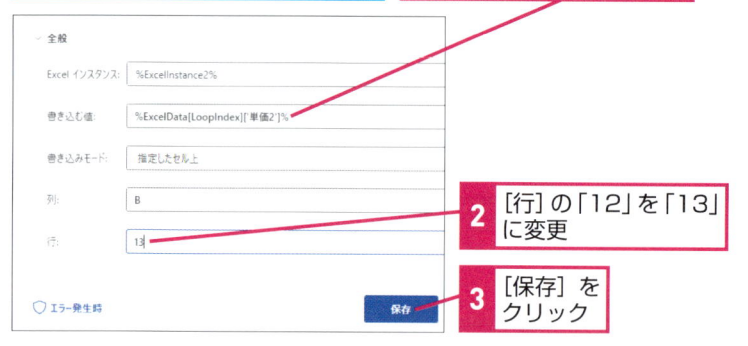

**2** ［行］の「12」を「13」に変更

**3** ［保存］をクリック

**25行目のアクションの編集を開始する**

| 25行目の［Excel ワークシートに書き込み］アクションの［書き込む値］と［行］を編集する | **1** 25行目の［Excel ワークシートに書き込み］をダブルクリック |
| --- | --- |

## HINT!

### アクションは右クリックしても編集できる

アクション上で右クリックすると表示されるメニューの［編集］からも、ダイアログボックスを開いて設定を行うことができます。アクションがないワークスペース上で右クリックした場合は、［編集］は表示されません。

**1** 編集したいアクションを右クリック

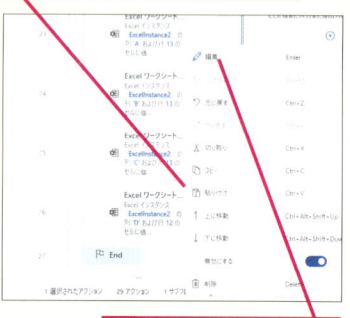

**2** ［編集］をクリック

アクションの設定画面が表示される

第3章 Excel の作業を自動化しよう

## 13 [Excelワークシートに書き込み] の設定を変更する

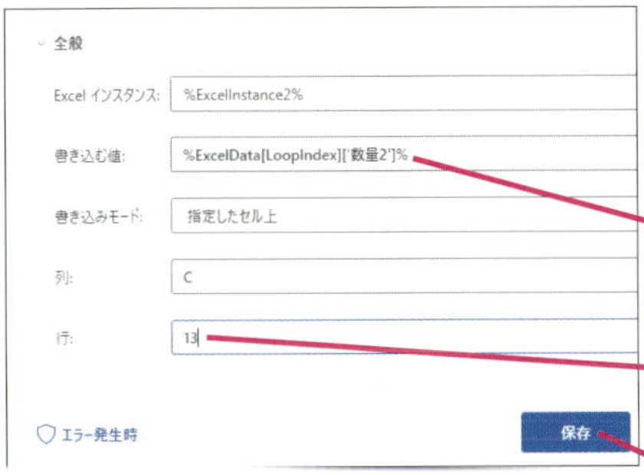


[Excel ワークシートに書き込み] ダイアログボックスが表示された

1 [書き込む値] の「数量1」を「数量2」に変更

2 [行] の「12」を「13」に変更

3 [保存] をクリック

## 14 26行目のアクションの編集をする

26 行目の [Excel ワークシートに書き込み] アクションの [書き込む値] と [行] を編集する

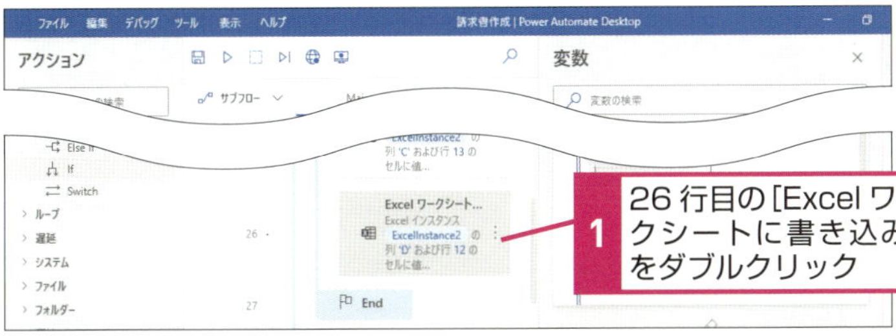


1 26 行目の [Excel ワークシートに書き込み] をダブルクリック

## 15 [Excelワークシートに書き込み] の設定を変更する

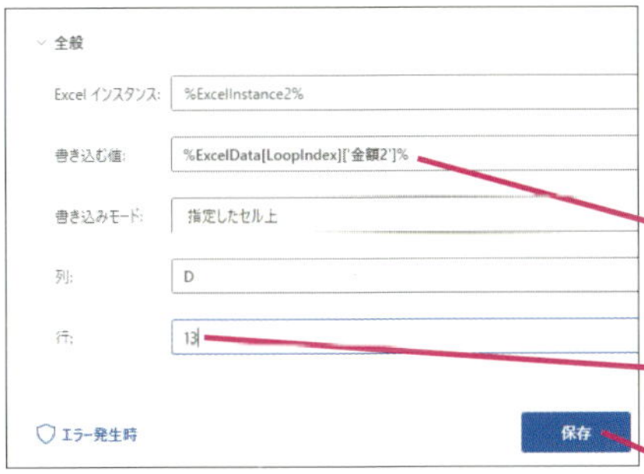


[Excel ワークシートに書き込み] ダイアログボックスが表示された

1 [書き込む値] の「金額 1」を「金額 2」に変更

2 [行] の「12」を「13」に変更

3 [保存] をクリック

## 16 フローを一度保存する

このレッスンで「品名 2」の最初の列が空欄ではなかった場合に、処理が実行されるフローが作成された

1 画面左上の [保存] をクリック

[保存] の画面で [OK] をクリックしておく

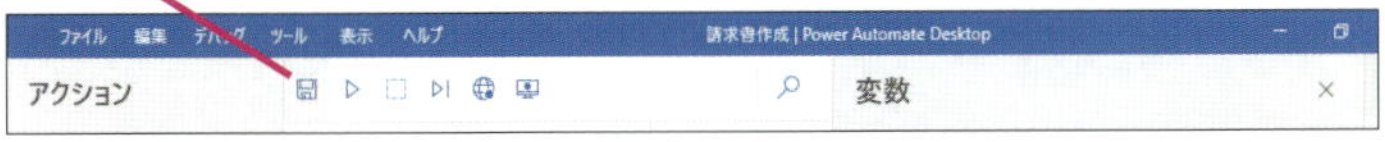


### HINT!

### Ctrl + Z キーで元に戻せる

ExcelやWordと同様に [元に戻す] の機能がPower Automate Desktopにもあります。フローデザイナー上部の [編集] をクリックして [元に戻す] を選択するか、ワークスペース上でショートカットキーの Ctrl + Z キーを押すと、直前に行った操作を元に戻すことができます。

1 [編集] をクリック

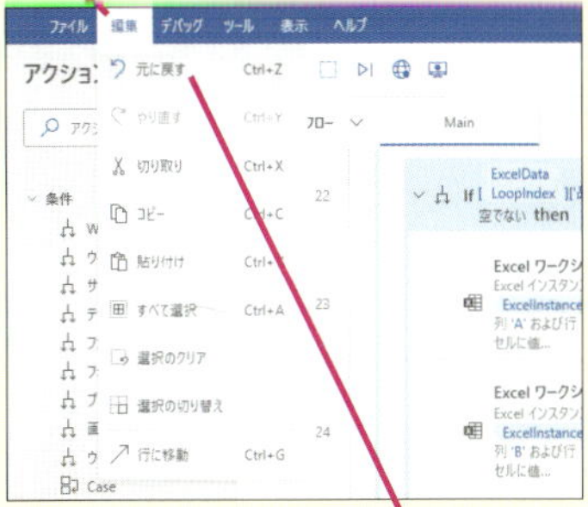


2 [元に戻す] をクリック

### Point

### さまざまな条件が設定できる

[If] アクションを使って、空欄でなければデータを転記し、空欄であれば転記をスキップする操作を作る方法を解説しました。[If] アクションには「空でない」「空である」以外に「次を含む」「次を含まない」「と等しい(=)」「と等しくない(<>)」「より大きい(>)」「より小さい(<)」など、さまざまな判定方法が準備されています。数字だけでなく、特定のテキストが含まれているか、特定のテキストから始まっているかなどの判定を行うこともでき、さまざまな条件判定に活用することができます。

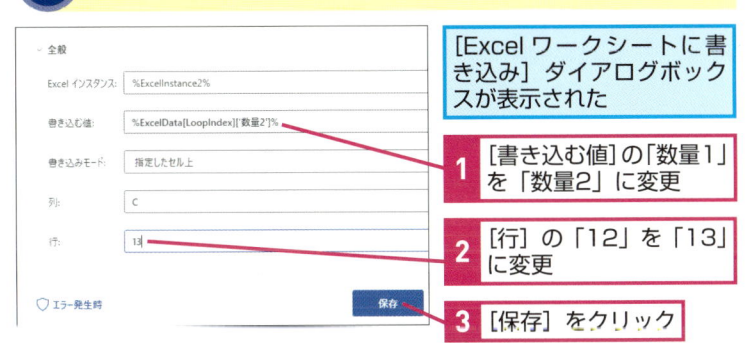

# 26

## 「品名3」が空欄の場合は処理をスキップするには

### 条件分岐②

「品名2」と同じように「品名3」が空欄でない場合のみ転記を行い、空欄だった場合は転記をスキップする条件分岐を配置します。

## ❶ 2つ目の［If］アクションを追加する

前のレッスンに続いて「請求書作成」フローにアクションを追加する

ここでは、レッスン㉕で追加した［If］アクションの下（28行目）にアクションを追加する

**1** ［条件］グループの［If］を［End］アクションの下までドラッグ

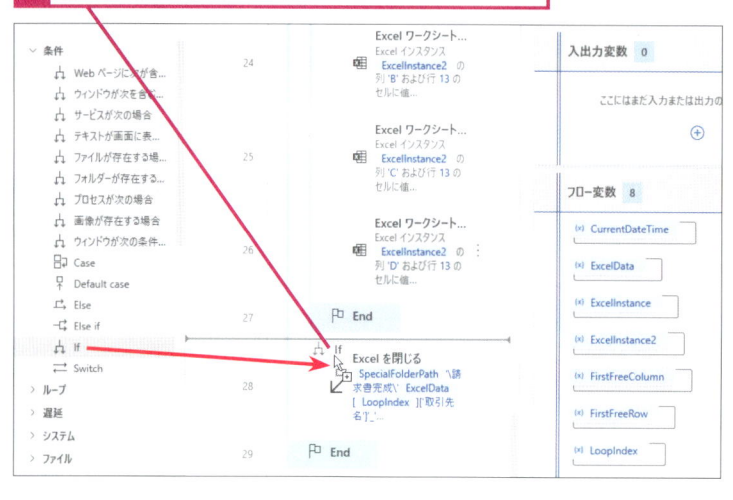

## ❷ 条件を設定する

［If］ダイアログボックスが表示された

**1** ［変数の選択］を使い［最初のオペランド］に「%ExcelData[LoopIndex]['品名3']%」と設定 {x}

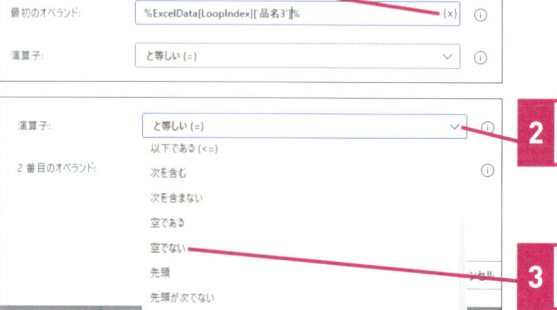

**2** ［演算子］のここをクリック

**3** ［空でない］をクリック

---

### HINT!

**このレッスンで制作する操作**

［請求項目一覧.xlsx］には、「品名3」のデータが空欄の場合があります。［請求項目一覧.xlsx］の「品名3」のデータが空欄だった場合は［請求書様式.xlsx］への転記をスキップし、空欄ではなかった場合のみに転記を行う操作を制作します。

### HINT!

**［If］アクションで転記をスキップするメリットは？**

不要な転記作業をスキップさせるのは、フローの実行時間を短縮するためです。Power Automate Desktopを実行する専用のパソコンを準備する場合はフローの実行時間を気にする必要はあまりありませんが、人が普段使用しているパソコンでPower Automate Desktopを実行させる場合はお昼休み中やちょっとした離席中に処理が完了できるフローにしておくと使い勝手がよいでしょう。

第3章 Excelの作業を自動化しよう

## ③ 設定を保存する

[最初のオペランド] と [演算子] が設定できた

**1** [保存] をクリック

## ④ アクションをコピーする

レッスン㉕を参考に、23 〜 26 行目の [Excel ワークシートに書き込み] アクションをコピー＆ペーストする

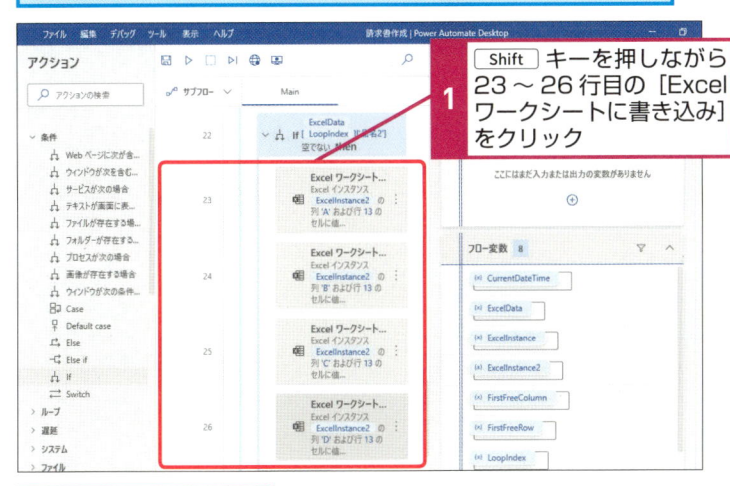

**1** Shift キーを押しながら 23 〜 26 行目の [Excel ワークシートに書き込み] をクリック

**2** Ctrl + C キーを押す

## ⑤ アクションを貼り付ける

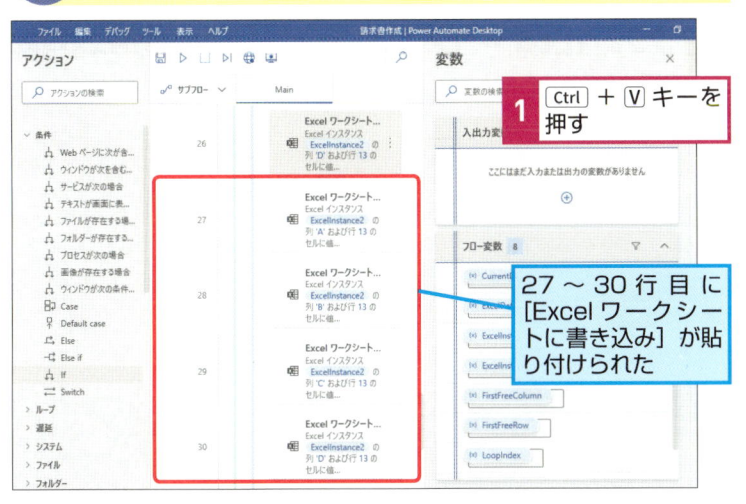

**1** Ctrl + V キーを押す

27 〜 30 行目に [Excel ワークシートに書き込み] が貼り付けられた

**HINT!**

### 2つ目の [If] アクションで何を設定するの？

レッスン㉕と同様に、「%ExcelData[LoopIndex]['品名3']%」がもし「空でない」なら、[If] と [End] に挟まれているアクションを実行する設定を行います。繰り返し1回目は0行目の「品名3」をチェックします。「品名3」にはデータが含まれているため、「空でない」という条件と一致したと判断し、[If] と [End] に挟まれているアクションを実行します。繰り返し2回目は、1行目の「品名3」をチェックします。「品名3」にはデータが含まれていないため条件に一致しなかったと判断し、[If] と [End] に挟まれているアクションは実行せず、[End] の次のアクションに移動します。

**HINT!**

### [If] アクションと [Else If] アクションの組み合わせにしないのはなぜ？

第2章のレッスン⑮のような [If] アクションと [Else If] アクションの組み合わせでは、[品名2] が「空でない」という条件に一致すると判断された場合、[Else If] アクションをスキップしてしまいます。[品名3] の「空でない」という条件判定がされなくなってしまうため、[品名2] [品名3] それぞれで [If] アクションを配置する必要があります。

**26**
条件分岐②

次のページに続く

## ⑥ 2つ目の［If］アクションの間に移動する

27 ～ 30 行目の［Excel ワークシートに書き込み］を［If］
アクションの間に移動する

**1** Shift キーを押しながら 27 ～ 30 行目の
［Excel ワークシートに書き込み］をクリック

**2** ［If］と［End］の
間にドラッグ

## ⑦ アクションの位置が移動した

選択した［Excel ワークシートに書き込み］アクションが［If］
アクションの間に移動できた

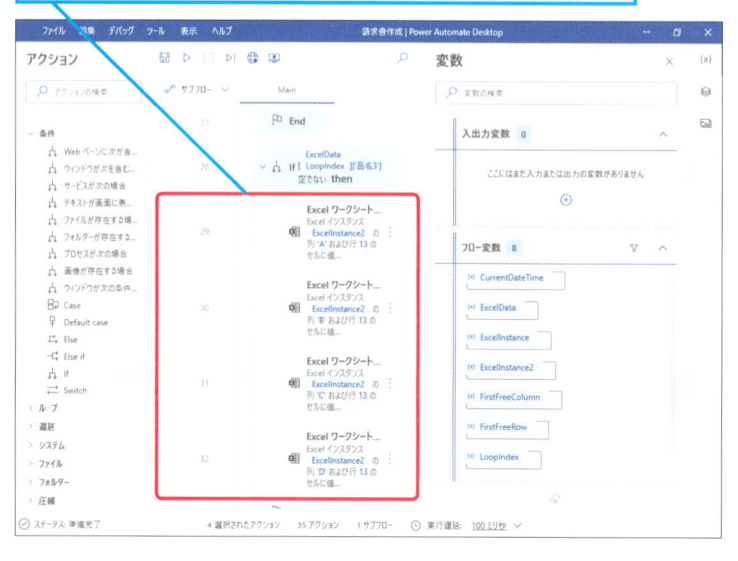

### HINT!

## 「より大きい」「以上である」の違い

［If］アクションの演算子の選択肢には、「より大きい(>)」「以上である(>=)」があります。「より大きい(>)」とした場合、対象となる数字は含みません。「以上である(>=)」とした場合は、対象とする数字も含みます。演算子の設定を間違えると、条件判定から漏れてしまう値が出るなどのトラブルが起こるため注意してください。

### HINT!

## アクションは最大いくつまで配置できる？

アクション数の制限はありませんが、アクションが増えれば増えるほどデータ量が増えてアクションの読み込みに時間がかかるようになってきます。アクション数が増える場合は、第1章レッスン❻で紹介した［サブフロー］タブを使うことをおすすめします。

## ⑧ 29行目のアクションの編集をする

29 行目の［Excel ワークシートに書き込み］アクションの［書き込む値］と［行］を編集する

**1** 29 行目の［Excel ワークシートに書き込み］をダブルクリック

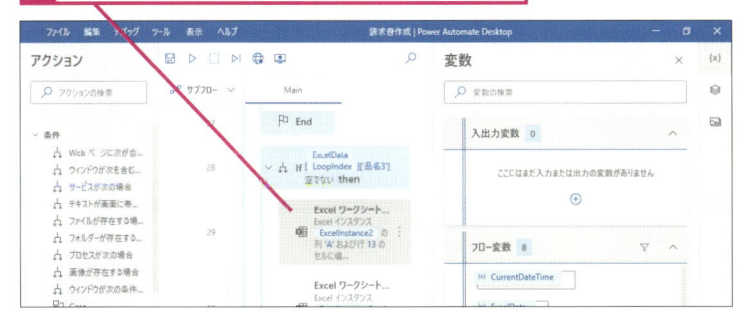

## ⑨ ［Excelワークシートに書き込み］の設定を変更する

［Excel ワークシートに書き込み］ダイアログボックスが表示された

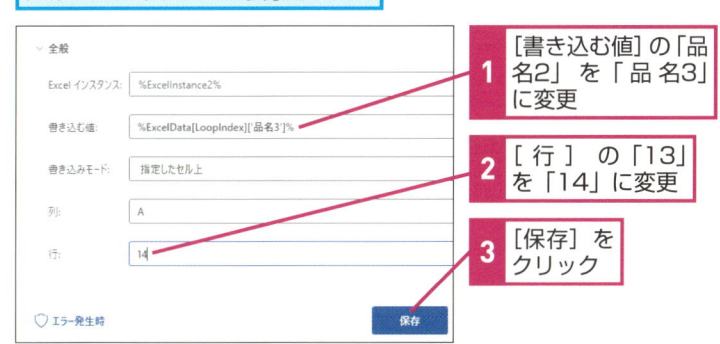

**1** ［書き込む値］の「品名2」を「品名3」に変更

**2** ［行］の「13」を「14」に変更

**3** ［保存］をクリック

## ⑩ 30行目のアクションの編集をする

30 行目の［Excel ワークシートに書き込み］アクションの［書き込む値］と［行］を編集する

**1** 30 行目の［Excel ワークシートに書き込み］をダブルクリック

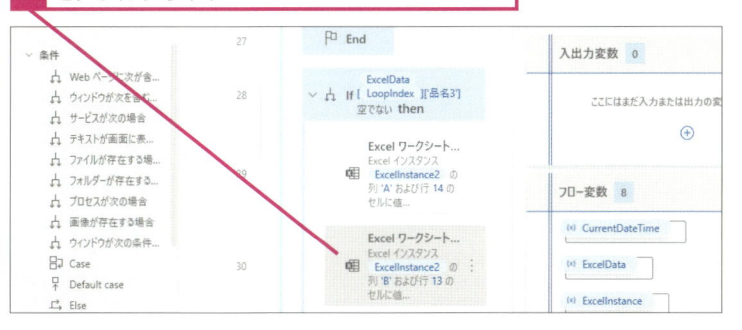

true

---

### HINT!

**ここで編集する「品名2」と「品名3」の違いは？**

レッスン㉕で［品名2］［単価2］［数量2］［金額2］を転記したので、次は［品名3］［単価3］［数量3］［金額3］を入力するため、列目の修正を行っています。

［品名 3］［単価 3］［数量 3］［金額 3］の値を入力する

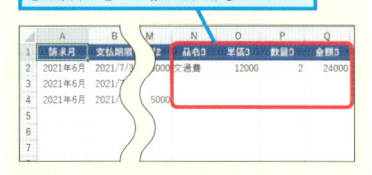

### HINT!

**［End］アクションを誤って削除した場合**

［フローコントロール］グループの中に［End］アクションがあります。間違って［End］アクションを削除した場合は、配置し直してください。また［End］アクションは［If］アクションや［Loop］アクションと一対にして配置する必要があり、対になるアクションがない状態になると「endステートメントに対応するステートメントが見つかりません」とエラーメッセージが表示されます。

次のページに続く

## ⑪ [Excelワークシートに書き込み] の設定を変更する

[Excel ワークシートに書き込み] ダイアログボックスが表示された

**1** [書き込む値] の「単価2」を「単価3」に変更

**2** [行] の「13」を「14」に変更

**3** [保存] をクリック

## ⑫ 31行目のアクションの編集を開始する

31 行目の [Excel ワークシートに書き込み] アクションの [書き込む値] と [行] を編集する

**1** 31 行目の [Excel ワークシートに書き込み] をダブルクリック

## ⑬ [Excelワークシートに書き込み] の設定を変更する

[Excel ワークシートに書き込み] ダイアログボックスが表示された

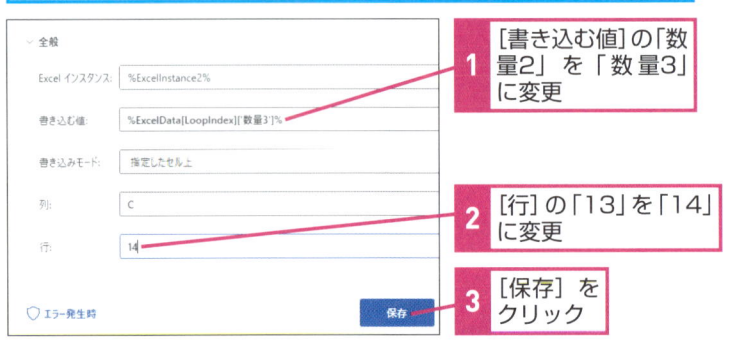

**1** [書き込む値] の「数量2」を「数量3」に変更

**2** [行] の「13」を「14」に変更

**3** [保存] をクリック

**HINT!**

### Excelのマクロと使い分けよう

Excelには「マクロ」という処理を自動化するための機能があります。Power Automate Desktopで も Excelの操作を自動化することができますが、Excelのマクロのほうが処理スピードも速く、さまざまな操作が可能です。すでにExcelのマクロが準備されている場合は [Excelマクロの実行] アクションを使い、Power Automate Desktopと併用することをおすすめします。ExcelマクロとPower Automata Desktopをうまく組み合わせ最適な自動化を構築することが大切です。

**HINT!**

### 作成された請求書のファイルが見つからない!

フロー実行後に、作成された請求書がドキュメントフォルダー内の請求書完成フォルダーにない場合はレッスン24の手順7で行ったドキュメントパスが正しく設定できていない可能性があります。119ページのHINT!を参考にドキュメントパスを確認してみましょう。またドキュメントフォルダー内を「請求書」などのキーワードで検索し、間違って保存されてしまったファイルがあれば削除しておきましょう。

## ⑭ 32行目のアクションの編集を開始する

32行目の［Excel ワークシートに書き込み］アクションの
［書き込む値］と［行］を編集する

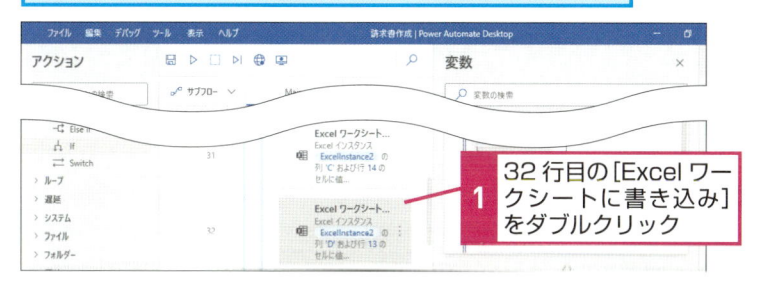

**1** 32行目の［Excel ワークシートに書き込み］をダブルクリック

## ⑮ ［Excelワークシートに書き込み］の設定を変更する

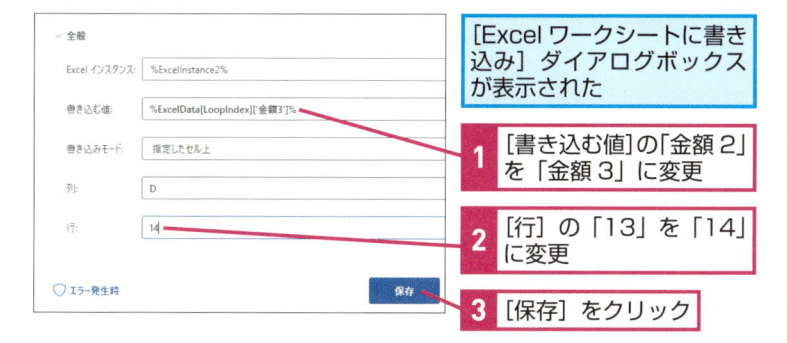

［Excel ワークシートに書き込み］ダイアログボックスが表示された

**1** ［書き込む値］の「金額2」を「金額3」に変更

**2** ［行］の「13」を「14」に変更

**3** ［保存］をクリック

## ⑯ フローを実行する

このレッスンで「品名3」の最初の列が空欄ではなかった場合に、処理が実行されるフローが作成された

レッスン㉕を参考に、フローを保存する

**1** ［実行］をクリック

Excel が自動で操作され、レッスン㉔の手順6で指定した［請求書完成］フォルダーに請求書が作成される

## HINT!

### フローがうまく実行できないときは

エラーになる場合は、本章の各レッスンの最後に設定したアクションごとにブレークポイントをいれて再度実行してください。エラーが出た場合はエラー原因となっている箇所を特定することが大切です。また、繰り返し処理や条件分岐を行うフローをテストする場合は、［Loop］アクションや［If］アクションの次のアクションにブレークポイントを付けてテストを行うよいでしょう。条件に一致した場合は、ブレークポイントのアクションでいったん停止するため、条件に一致した場合の変数の現在値が確認しやすいです。

## Point

### 完成させたフローを確認する

本レッスンで「請求書作成」のフローは完成です。ブレークポイントや、アクションごとに実行することができる［次のアクションを実行する］ボタンを使って、変数の現在値を確認しながらレッスン通りの判定ができているか確認してみましょう。条件判定がうまくできていない場合は［If］アクションのダイアログボックス内の設定に間違えがないか、フローを実行したときに条件分岐に使っている変数［ExcelData］の「品名2」「品名3」の現在値がどうなっているか確認してみてください。

# この章のまとめ

## ●シンプルなフローづくりを心掛けよう

第3章では請求書作成業務を題材にしたExcelワークシートの操作に加え、第2章で解説した変数、繰り返し処理 [Loop]、条件分岐 [If] を取り入れたフローの制作方法を紹介しました。フォルダーパスを取得したうえでファイルパスを指定する、現在の日付を取得し、変数のプロパティを活用してファイル名を作成するなど、実際のフロー制作で必要なテクニックもふんだんに盛り込んでいます。フローを制作するうえで一番大切なことは、シンプルなフローを作ることです。変数 [ExcelData] の行の指定には変数 [LoopIndex] など繰り返し処理に関係する変数を使い、繰り返しのたびに行番号が自動で繰り上がっていく仕組みにしておくことや、[CurrentDateTime] から年や月だけを取り出せる変数のプロパティを活用することでアクション数を最小限にすることができます。フローは制作して終わりではなく、日々使われて、安定的に稼働することが大切です。完成後の維持管理のしやすさも意識したフロー作りを心掛けてください。

### Excel の操作を自動化しよう

本章の内容を習得できれば Excel への転記作業が効率化できる

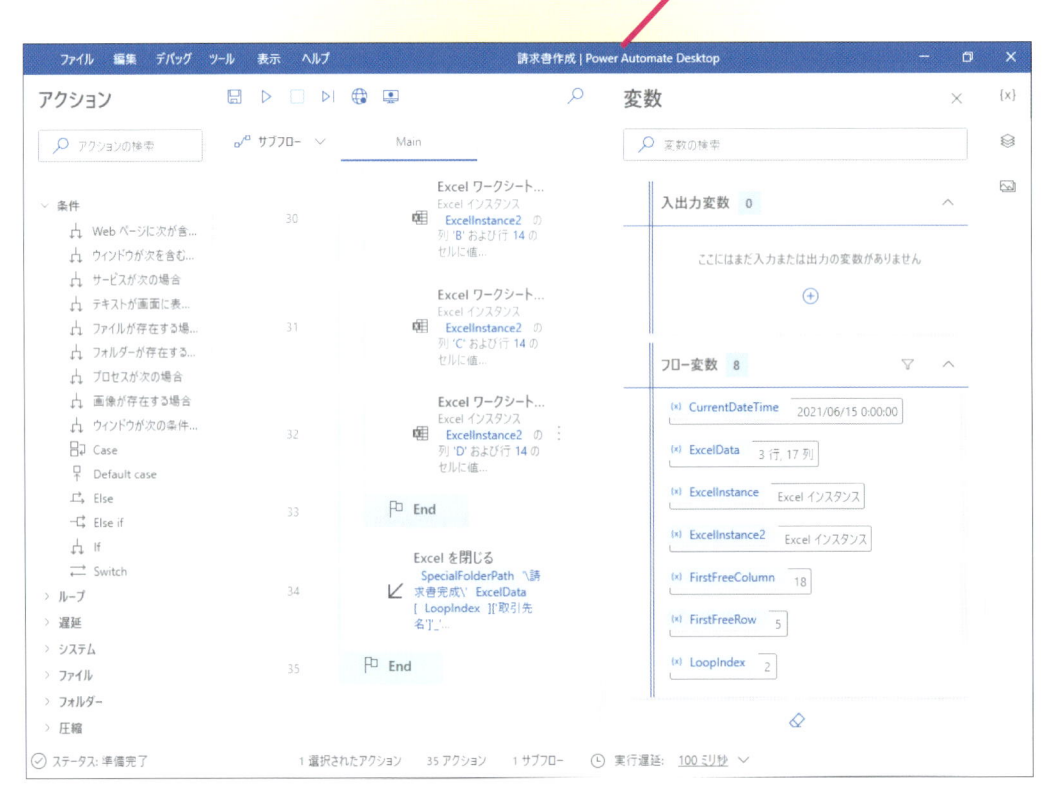

# 第4章

## Webフォームへの入力を自動化しよう

この章では、Power Automate DesktopでWebページを操作する方法を解説します。Webページの操作はレコーダーを活用することで簡単に行えます。さらに第3章で学んだExcel操作と組み合わせることで、Excelファイルの情報をWebページへ転記できます。

●この章の内容

# Webページに売上データを登録しよう

## Webフォームへの自動入力

第4章では「売上登録」業務のフローを制作します。ここでは制作するフローの概要や、Webページを操作するうえでの注意点について解説します。

## ■ 本章で制作する「売上登録」業務フローの概要

本章では、得意先からの売上履歴が記録されている［売上一覧.xlsx］のデータをWebページに登録します。Webページは「Power Automate Desktop練習サイト」を使用します。Webページを立ち上げ、ログインした後、売上入力画面にて「得意先名称」「売上日」「金額」を入力する作業を［売上一覧.xlsx］のデータ行数分繰り返し行います。

## ●本章で自動化する業務

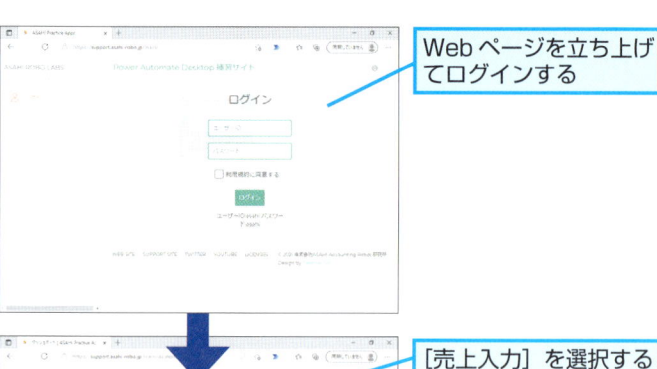

Webページを立ち上げてログインする

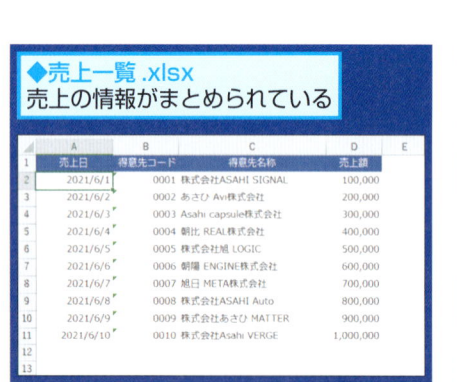

◆売上一覧.xlsx
売上の情報がまとめられている

［売上入力］を選択する

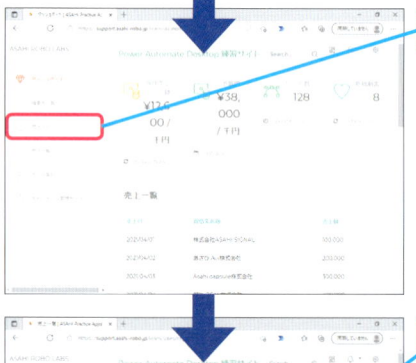

売上一覧のデータを一括で入力する

## 作業の流れとフローのポイント

以下の図は、本章で制作するフローの全体像です。Webレコーダーを使って、Webアプリケーションにログインし、売上入力画面で「得意先名称」「売上日」「金額」を入力後、［データ登録］ボタンを押す操作を記録します。繰り返し処理は［For each］アクションを使います。［For each］アクションはExcelワークシートのデータを、行数分繰り返して入力したい場合に非常に便利なアクションです。詳しくは、レッスン㉚で解説します。また、Webページの入力欄に合わせ、売上日の日付を「年」「月」「日」に分割する処理も行います。

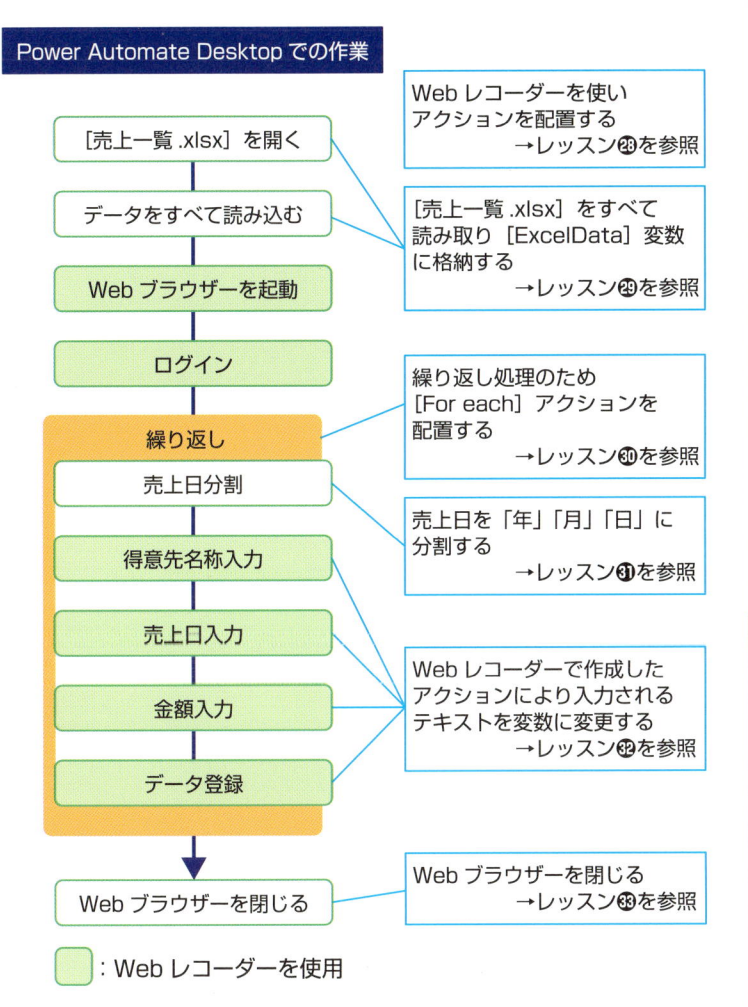

Power Automate Desktop での作業

```
[売上一覧.xlsx] を開く ──── Web レコーダーを使い
                            アクションを配置する
                                →レッスン㉘を参照

データをすべて読み込む ──── [売上一覧.xlsx] をすべて
                            読み取り [ExcelData] 変数
                            に格納する
Web ブラウザーを起動             →レッスン㉙を参照

ログイン

繰り返し ──────────────── 繰り返し処理のため
                            [For each] アクションを
  売上日分割                 配置する
                                →レッスン㉚を参照

  得意先名称入力 ──────── 売上日を「年」「月」「日」に
                            分割する
                                →レッスン㉛を参照
  売上口入力

  金額入力 ──────────── Web レコーダーで作成した
                            アクションにより入力される
                            テキストを変数に変更する
  データ登録                      →レッスン㉜を参照


Web ブラウザーを閉じる ──── Web ブラウザーを閉じる
                                →レッスン㉝を参照
```

□ : Web レコーダーを使用

→レッスン㉘を参照
→レッスン㉙を参照
→レッスン㉚を参照
→レッスン㉛を参照
→レッスン㉜を参照
→レッスン㉝を参照

---

## HINT!

### Web上の情報にも著作権がある

Webページ上で公開されている情報は、インターネットに接続されている環境であれば誰でも閲覧することができます。誰でも閲覧できるからといって、自由に使用していいわけではありません。Webページ上の情報にも著作権があり、利用規約などで転載や商用利用を禁止している場合があります。Power Automate Desktopを使うとWebページ上のテキストや画像の抽出を行うことができますが、著作権や利用規約に注意が必要です。

## Point

### 実務ですぐに役立つフローが作れる

本章で制作するフローは社内Webシステムへのデータ入力業務を意識して作っているため、実務ですぐに役立つでしょう。Webレコーダーを使い、システム操作を行うアクションを素早く作成する、読み込んだExcelデータを使って繰り返し入力を行う、ドロップダウンリストなどWebページの入力方式に合わせてExcelデータを加工するなど、実際の業務シーンでよく行われる処理が習得できるようになっています。

# Webページの
# 操作を記録するには
## Webレコーダー

［Webレコーダー］は、Webブラウザー上の操作を記録してフローを作成する機能です。アクションを組み合わせるよりも簡単にフローを作成できます。

## 1 ［Webレコーダー］を起動する

レッスン❺を参考に、「Web 一括登録」という名前の新しいフローを作成し、フローデザイナーを表示しておく

**1** ［Web レコーダー］をクリック

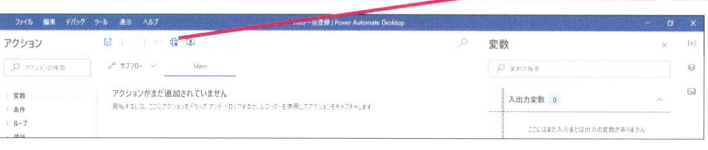

### キーワード

| | |
|---|---|
| UI要素 | p.201 |
| Webレコーダー | p.201 |
| アクション | p.201 |

### HINT!

#### このレッスンで制作する操作

このレッスンでは、［Webレコーダー］を使ってフローを作成する方法を解説します。使い方は非常に簡単で、［Webレコーダー］を起動した状態で操作したいWebページを開き、記録したい作業を行うだけです。記録したアクションは、後のレッスンで編集します。ここでは、練習サイトにログインし、売上入力画面を開き、フォームに売上データを入力する操作を制作していきます。

## 2 Webブラウザーを選択する

［使用する Web ブラウザーインスタンスを指定］ダイアログボックスが表示された

ここでは Microsoft Edge を使用する

**1** ［Microsoft Edge］をクリック

**2** ［次へ］をクリック

## 3 ［Webレコーダー］とMicrosoft Edgeが起動した

［Web レコーダー］と Web ブラウザーを左右に並べて表示する

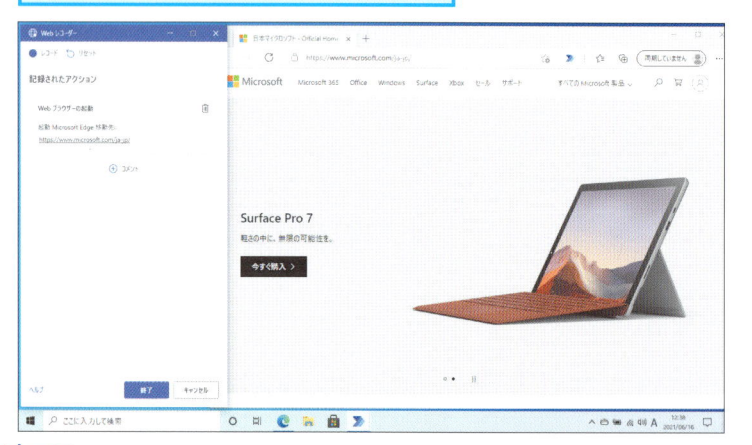

## ④ 操作するWebページを表示する

ここでは ASAHI Accounting Robot 研究所の
練習用サイトを表示する

**1** 右記の Web ページ
にアクセス

▼ASAHI Accounting Robot 研究所の練習用サイト
https://support.asahi-robo.jp/learn/

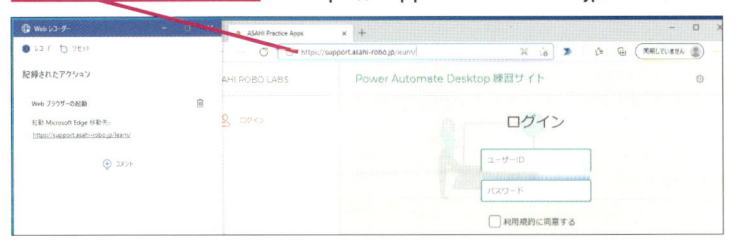

## ⑤ レコーディングを開始する

**1** [レコード] を
クリック

Web レコーダーが
開始される

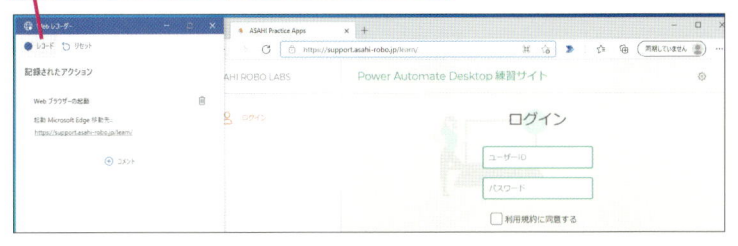

## ⑥ IDとパスワードを入力する

**1** [ユーザー ID] に
「asahi」と入力

レコーディング箇所
が赤枠で表示される

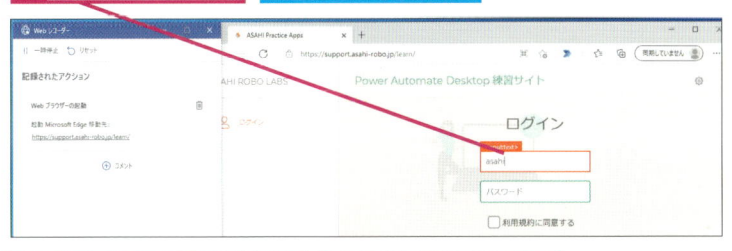

[記録されたアクション] に
操作が記録された

**2** [パスワード] に
「asahi」と入力

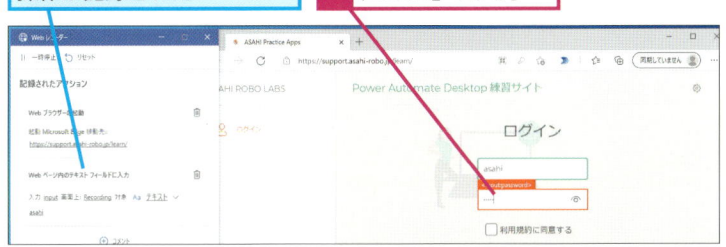

### 赤枠が表示されないときは
### レコードをやり直そう

Webページに赤枠が表示されていない場合は、操作が記録されていない可能性があります。[レコード] をクリックしないと記録は開始されず、赤枠が表示されませんので、確実にクリックするようにしましょう。レコードを一時的に止めたいときは[一時停止] を、最初からやり直すときは [リセット] をクリックします。

**1** [一時停止] を
クリック

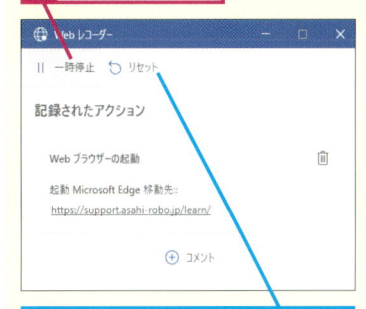

最初からやり直すときは[リセット] をクリックする

### 赤枠の上に表示される
### 文字列の意味は

[UI要素] (レッスン❽を参照) の種類を表します。Webサイトにもよりますが、文字を入力するテキストフィールドの場合は [<input:text>]、ボタンの場合は [<button>]、リンクは [<a>] と表示されます。

次のページに続く

## ⑦ 練習サイトにログインする

| 利用規約に同意して<br>ログインする | **1** [利用規約に同意する] を<br>クリック |
| --- | --- |

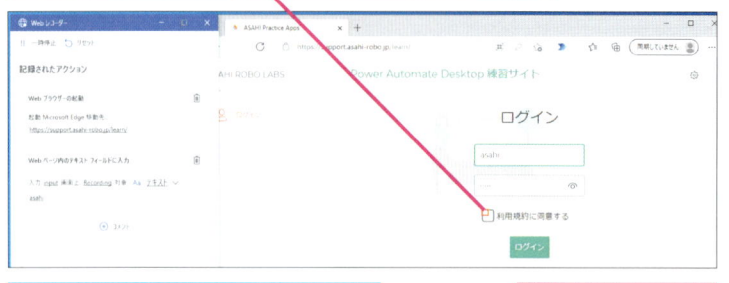

| [利用規約に同意する] のチェック<br>ボックスにチェックマークが付いた | **2** [ログイン] を<br>クリック |
| --- | --- |

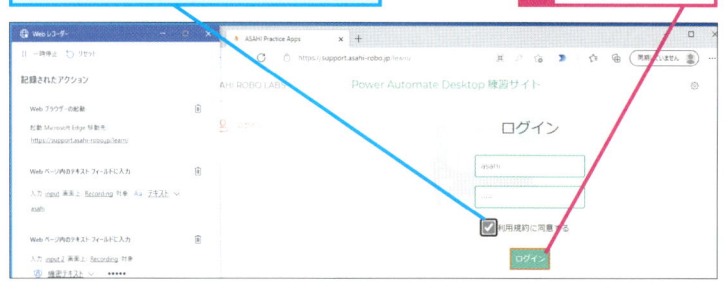

## ⑧ ページを移動する

| [ダッシュボード]<br>画面が表示された | **1** [売上入力] を<br>クリック |
| --- | --- |

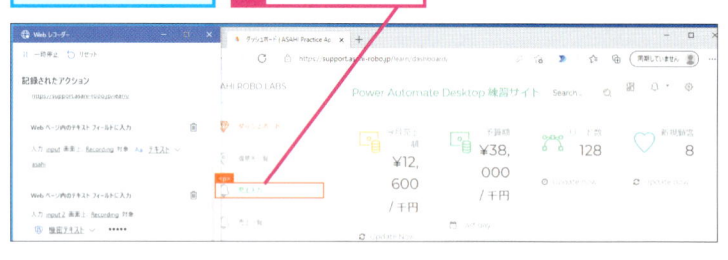

## ⑨ 取引先の名称を入力する

| [売上入力] 画面が<br>表示された | **1** [得意先名称] に「株式会社 ASAHI<br>SIGNAL」と入力 |
| --- | --- |

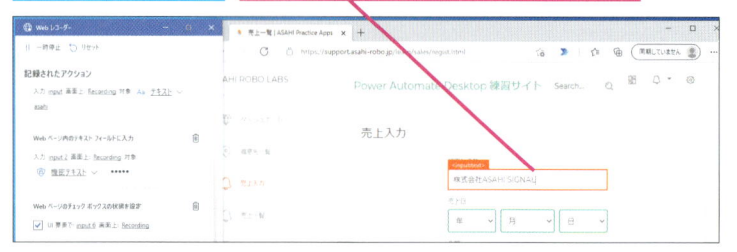

左余白：
第4章
Webフォームへの入力を自動化しよう

### HINT!

#### [記録されたアクション] を確認しながら操作しよう

1つの操作が終わるたびに [Webレコーダー] ウィンドウの [記録されたアクション] にアクションが増えていきます。操作したのに記録されていない場合は、操作の対象が赤枠で囲まれていることを確認しながら、もう一度ゆっくり操作してみてください。

操作が正しく記録されていれば [記録されたアクション] に表示される

[Web ページのチェックボックスの状態を設定] にチェックマークが付いているかも確認する

### ⚠ 間違った場合は？

不要な操作が記録された場合は、[Webレコーダー] でアクションの右側にある [削除]  をクリックしてアクションを削除しましょう。

## ⑩ 年を選択する

[売上日]の年月日を
メニューから選択する

ここでは[売上日]を「2021年6月1日」
に設定する

**1** [年]のここを
クリック

**2** [2021]を
クリック

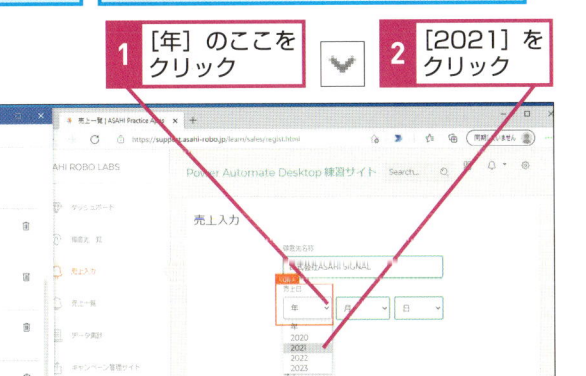

## ⑪ 月を選択する

**1** [月]のここを
クリック

**2** [6]をク
リック

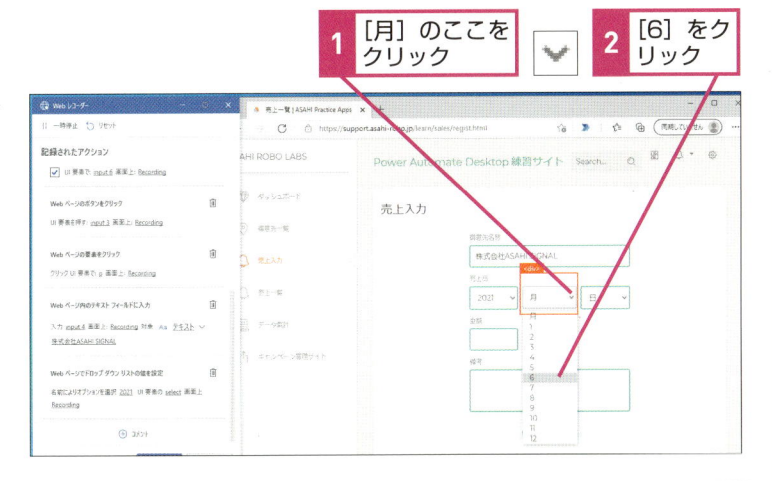

## ⑫ 日を選択する

**1** [日]のここを
クリック

**2** [1]をク
リック

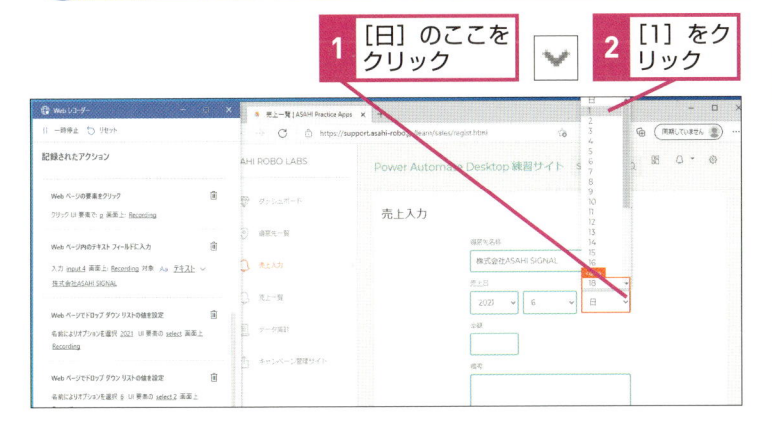

次のページに続く

## HINT!

### [Webレコーダー]の
### サイズは変更できる

[Webレコーダー]ウィンドウのサイ
ズはドラッグすることで変更可能で
す。画面を広げることで操作した記
録が確認しやすくなります。また、
Webページの操作画面と重なって操
作しづらいときは、ウィンドウのサ
イズや位置を変更するようにしてく
ださい。

## HINT!

### Webページの表示倍率に
### 注意しよう

Webページの表示倍率によって画面
レイアウトが異なり、Webページの
サイドメニューが表示されないこと
があります。メニューを表示させる
ためにクリックが必要になったり、
メニューが表示されない場合もある
ので、画面倍率は100%にしてWeb
レコーダーを使うようにしましょう。
Microsoft Edgeの場合は、右上の[設
定など]…から設定を表示して[ズー
ム]から表示倍率の変更が可能です。

**1** [設定など]を
クリック

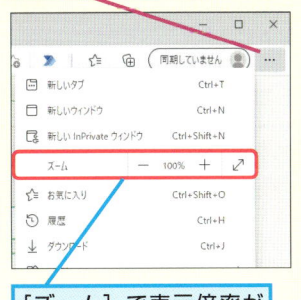

[ズーム]で表示倍率が
変更できる

## ⑬ 金額を入力する

**1** [金額] に「100000」と入力

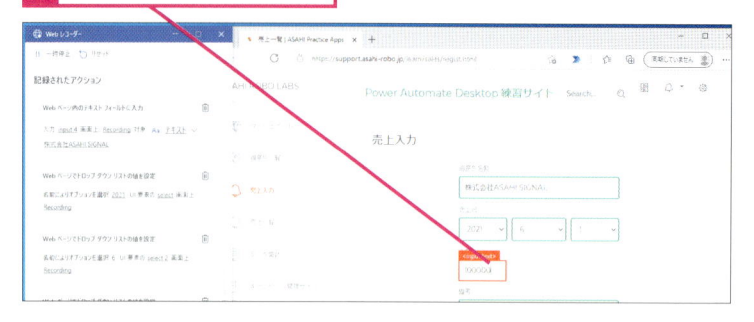

## ⑭ [データ登録] ボタンをクリックする

入力したデータを登録する

**1** [データ登録] をクリック

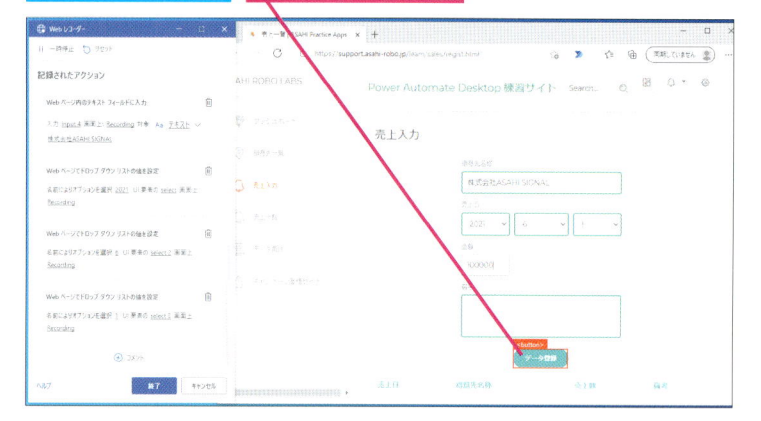

## ⑮ 売上が登録された

入力した売上が登録され、入力欄が空になった

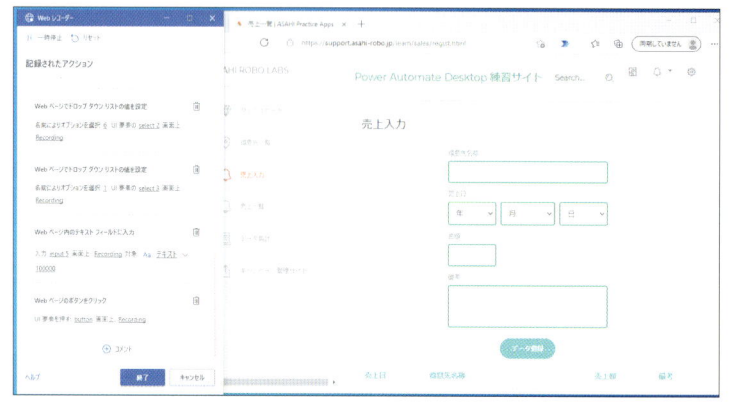

## HINT!

### 正しく記録されているか確認しよう

手順18まで設定できたら、Webページを閉じたうえで、フローを実行しましょう。Webレコーダーは人が行った操作をすべて記録しているため、誤操作や操作のやり直しなどにより本来フローに必要のないアクションが追加されている可能性があります。必要な操作が抜けていたり、余分な操作が入っていたりしないか確認してください。もし途中でエラーになる箇所があれば、はじめから記録し直すか、エラーになった部分の操作だけをレコーダーで記録し直し、アクションを入れ替えましょう。

フローを実行するとWebブラウザーが起動し、記録した操作が実行される

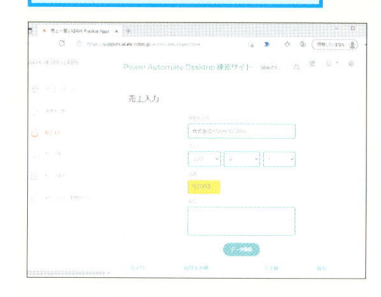

## HINT!

### 記録したUI要素は画像付きで確認できる

「TextBox」などUI要素の名前だけでは、何を操作したのか分からない場合があります。その場合は [UI要素ペイン] を開き、UI要素の画像を確認するようにしてください（46ページHINT!を参照）。画面右側の [UI要素] をクリックすると [UI要素ペイン] が開き、確認したいUI要素をクリックすると画像で表示されます。

## ⑯ Webレコーダーを終了する

[Webレコーダー]の［記録されたアクション]に行った操作が記録された

**1** [Webレコーダー]の［終了]をクリック

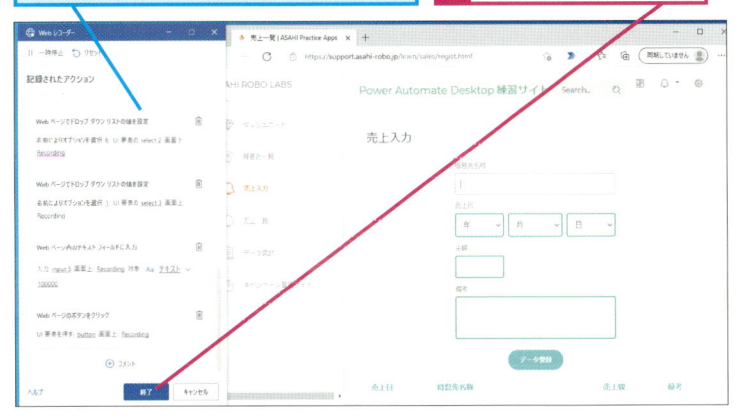

## ⑰ フローデザイナーが表示された

Webレコーダーが終了し、フローデザイナーの画面に戻った

[Webレコーダー]で記録された操作がアクションとして追加された

HINT!を参考に、1行目と14行目の［コメント]を削除する

## ⑱ フローを一度保存する

**1** [保存]を クリック

[保存]の画面で［OK]をクリックする

Microsoft Edge を閉じる

---

28

Webレコーダー

### 不要な［コメント]は削除しておこう

[Webレコーダー]で操作を記録して作成したアクションブロックの先頭と末尾には、[Webレコーダー]で記録したことを示す［コメント]が配置されます。アクションの実行には影響がありませんので、目的のアクションが配置されたら削除しておきましょう。

**1** 1行目の［コメント]を右クリック

**2** [削除]をクリック

[コメント]が削除される

### **Point**

### 1つずつの操作を確認しながら使おう

操作が早すぎて記録できないことや、記録に失敗する場合もあるため、Webレコーダーで操作を記録する際は、操作ごとに［Webレコーダー]ウィンドウにアクションが作成されたことを確認するようにしましょう。アクションが作成されなかった場合は、その操作をもう一度行ってアクションが作成されるようにしてください。また間違った操作が記録された場合は［削除]をクリックして、都度不要なアクションを削除することも必要です。「TextBox」など、UI要素の名前だけではどこを操作しているのか分からない場合は、HINT!を参考に［UI要素ペイン]で画像を確認してみてください。

Webページを操作するアクションを、[アクションペイン]から選択して配置することもできます。[アクションペイン]からアクションを選択して配置する場合は、自分で[UI要素]や入力する[テキスト]を指定する

必要があります。Webブラウザーを操作するアクションを1〜2個配置したい場合は、Webレコーダーを立ち上げるよりも素早くアクションを配置できます。

ここでは練習用サイトのユーザーIDを入力する操作を制作する

**1** [Webオートメーション]のここをクリック

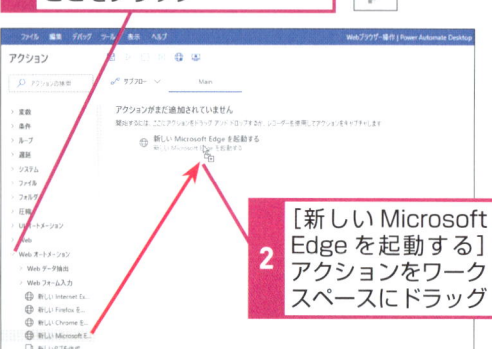

**2** [新しいMicrosoft Edgeを起動する]アクションをワークスペースにドラッグ

[新しいMicrosoft Edgeを起動]ダイアログボックスが表示された

**3** [初期URL]に137ページの「Power Automate Desktop練習サイト」のURLを入力

**4** [保存]をクリック

**5** [Webフォーム入力]のここをクリック

**6** [Webページ内のテキストフィールドに入力する]をワークスペースにドラッグ

**7** [Webブラウザーインスタンス]に「%Browser%」と表示されていることを確認

**8** [UI要素]のここをクリック

**9** [UI要素の追加]をクリック

[追跡セッション]ウィンドウが表示された

Microsoft Edgeを起動し、練習用サイトを表示しておく

**10** [Ctrl]キーを押しながら、[ユーザーID]をクリック

[追跡セッション]ウィンドウに選択したUI要素が追加された

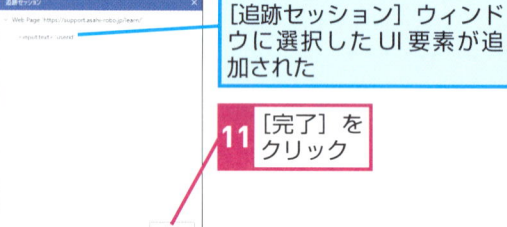

**11** [完了]をクリック

**12** 「asahi」と入力

**13** [保存]をクリック

フローを実行する

## テクニック　[新しいMicrosoft Edgeを起動する]アクションでエラーが出ることも

2021年6月時点では、アクションを正しく設定していても［新しいMicrosoft Edgeを起動する］アクションなど、Webブラウザー起動時に以下のエラーメッセージが表示される場合があります。これはPower

Automate Desktopやパソコン、Webブラウザーなどシステム側の問題で起こる現象で、一定の確率でWebブラウザーの操作ができないことがあります。エラーが出た場合は以下の手順を行ってみてください。

［エラーメッセージ］
エラー：アクション'新しいMicrosoft Edgeを起動する'が失敗しました。
エラーの詳細：アクション'LaunchEdge'の実行中に問題が発生しました。Microsoft Edgeを制御することができませんでした(内部エラーまたは通信エラー )。

### 拡張機能を削除する

**1** Microsoft Edge
を起動

**2** ［設定など］
をクリック

**3** ［拡張機能］をクリック

**4** ［削除］を
クリック

**5** ［削除］を
クリック

**6** ［閉じる］をクリック

レッスン❹を参考に拡張機能を再インストールして、有効化しておく

**7** Microsoft Edge
を起動

**8** ［設定など］
をクリック

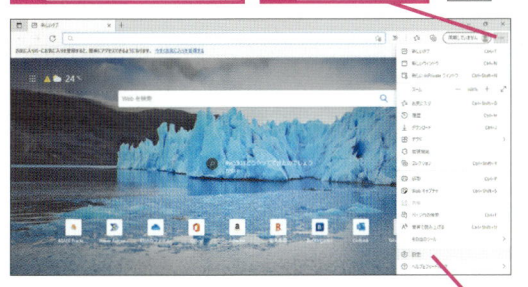

**9** ［設定］をクリック

**10** ［プライバシー、検索、サービス］を
クリック

**11** ［クリアするデータを選択］を
クリック

［閲覧データをクリア］画面が
表示された

**12** ［Cookie およびその他のサイトデータ］
と［キャッシュされた画像とファイル］に
チェックマークが付いていることを確認

**13** ［今すぐクリア］を
クリック

Web ブラウザーを再起動する

# Excelから売上を読み取るには

### Excelワークシートから読み取り

データが更新されデータの行数が変わっても対応できる方法で、Excelファイル［売上一覧.xlsx］からWebページに入力するための売上データを読み取ります。

## ① 練習用ファイルを保存する

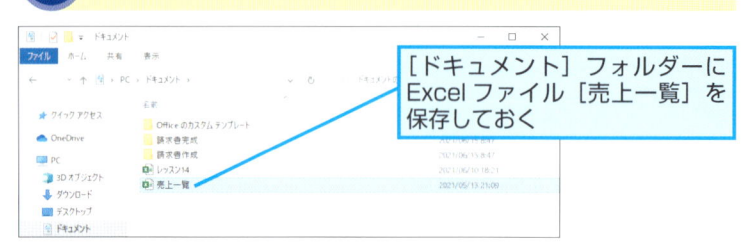

［ドキュメント］フォルダーにExcelファイル［売上一覧］を保存しておく

 **レッスンで使う練習用ファイル**
売上一覧.xlsx

### HINT!

**このレッスンで制作する操作**

Webページに入力する売上データは、Excelファイル［売上一覧.xlsx］から読み取ります。Excelファイルを開いた後、データが入力されている行と列数を［Excelワークシートから空の列や行を取得］アクションを使って確認したうえで、ワークシートのデータをすべて読み取ります。なお、［コメント］アクションが入っている場合は、141ページのHINT!を参考に削除してください。

## ② フォルダーのパスを取得する

前のレッスンで作成した［Web 一括登録］フローの1行目にアクションを追加する

| 1 | ［フォルダー］のここをクリック |
|---|---|
| 2 | ［特別なフォルダーを取得］を1行目にドラッグ |

### ⚠ 間違った場合は？

アクションの追加位置を間違えた場合は、ダイアログボックスの右上にある［閉じる］または［キャンセル］をクリックして、操作をもう一度やり直しましょう。

## ③ ［ドキュメント］フォルダーのパスを取得する

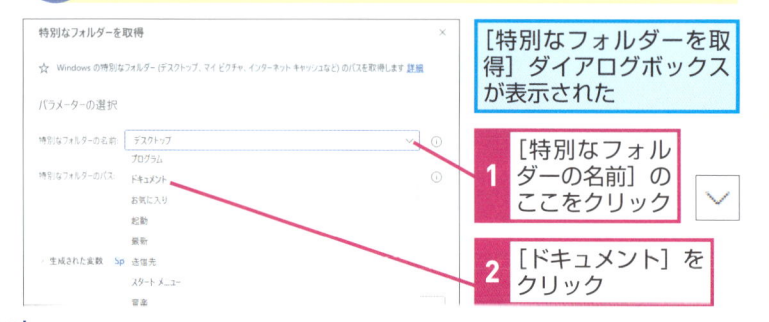

［特別なフォルダーを取得］ダイアログボックスが表示された

| 1 | ［特別なフォルダーの名前］のここをクリック |
|---|---|
| 2 | ［ドキュメント］をクリック |

第4章　Webフォームへの入力を自動化しよう

## ④ ［特殊なフォルダーを取得］の設定を保存する

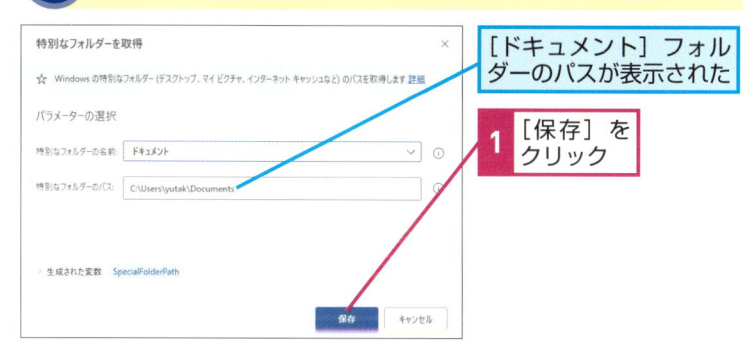

[ドキュメント] フォルダーのパスが表示された

1 [保存]をクリック

## ⑤ ［Excelの起動］アクションを追加する

[特殊なフォルダーを取得] アクションが追加された

[Excel] グループの［Excelの起動］アクションを追加する

1 ［Excel］のここをクリック

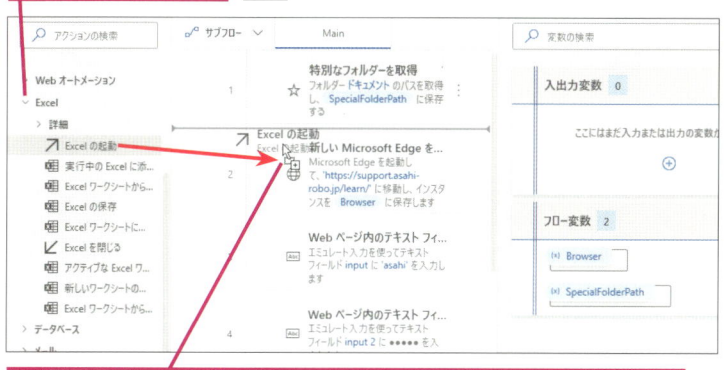

2 ［Excelの起動］を［特殊なフォルダーを取得］アクションの下にドラッグ

## ⑥ 開くドキュメントの種類を選択する

[Excelの起動] ダイアログボックスが表示された

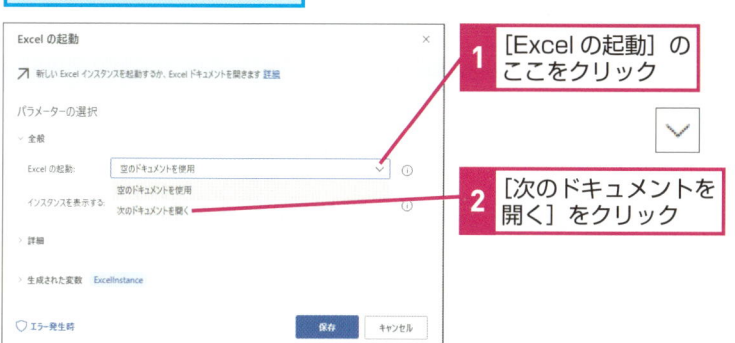

1 ［Excelの起動］のここをクリック

2 ［次のドキュメントを開く］をクリック

次のページに続く

---

### HINT!

#### ［SpecialFolderPath］に格納される値

[特殊なフォルダーを取得] アクションでは、特別なフォルダーパスを取得し、変数 [SpecialFolderPath] に格納することができます。取得できるフォルダーは「デスクトップ」「マイピクチャ」「ドキュメント」などのユーザーフォルダーやシステムフォルダーがあります。今回は [特別なフォルダーの名前] で「ドキュメント」を選択しているので、「C:\Users\ログインユーザー名\ドキュメント」が格納されています。

### HINT!

#### ［ファイルの選択］でExcelファイルを指定することもできる

[Excelの起動] アクションのダイアログボックス内の [ファイルの選択] 📄をクリックすると、開きたいファイルを選択でき、ドキュメントパスが「C:\Users\sakurako.Umino\Documents\売上一覧.xlsx」などと入力されます。しかし、この方法は現在のユーザー名が入ってしまうため、フローをコピーした際、ドキュメントパスのユーザー名が違うことでエラーとなってしまいます。本レッスンのように、[特別なフォルダーを取得] アクションで変数 [SpecialFolderPath] を取得したうえでドキュメントパスを作る方法であれば、フローをコピーしてもエラーが起きません。

直接ファイルを指定するとドキュメントパスにユーザー名が含まれる

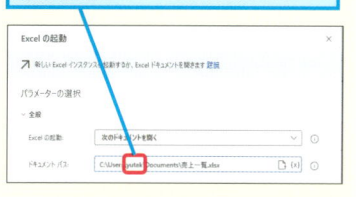

## ⑦ 開くExcelファイルを指定する

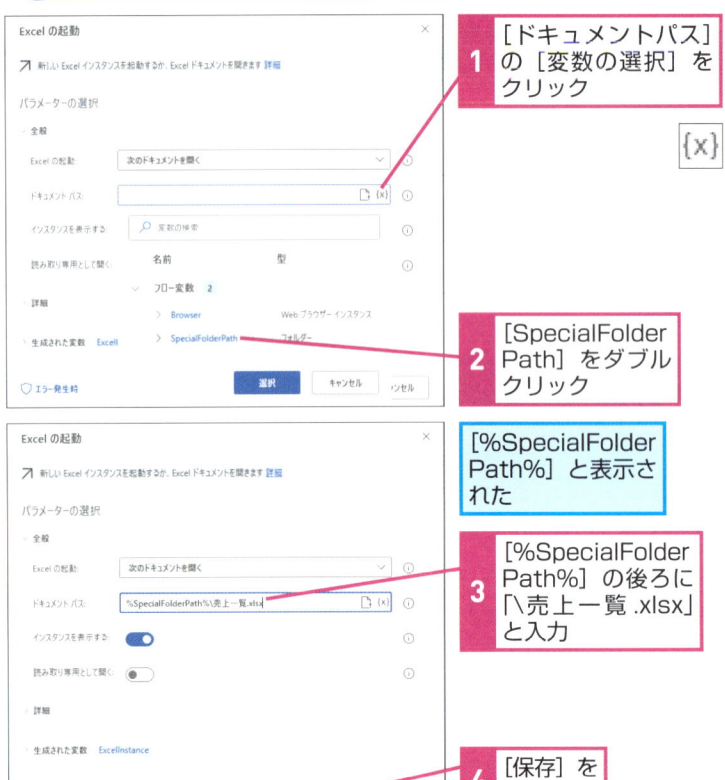

1 [ドキュメントパス] の [変数の選択] を クリック

2 [SpecialFolder Path] をダブル クリック

[%SpecialFolder Path%] と表示さ れた

3 [%SpecialFolder Path%] の後ろに 「\売上一覧 .xlsx」 と入力

4 [保存] を クリック

## ⑧ 空の列や行を取得するアクションを追加する

[Excel の起動] アク ションが追加された

[Excel] グループの [Excel ワークシートか ら空の列や行を取得] アクションを追加する

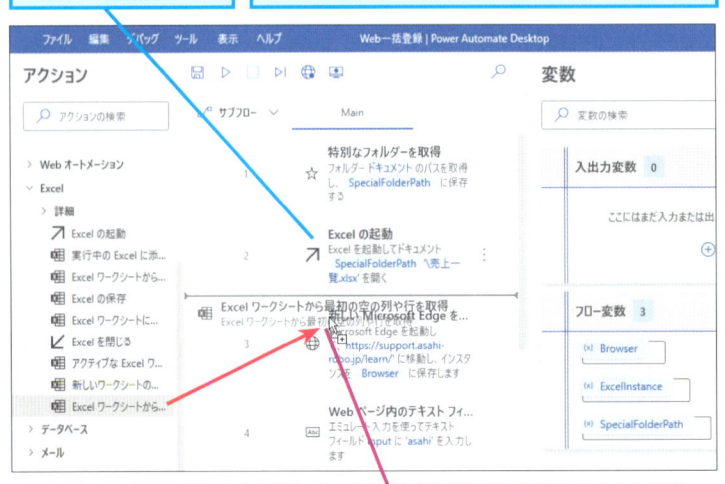

1 [Excel ワークシートから空の列や行を取得] を [Excel の起動] アクションの下にドラッグ

---

## HINT!

### 「FirstFreeColumn」と 「FirstFreeRow」に 格納される値

[Excelワークシートから最初の空の 列や行を取得] アクションでは、空 の列数を変数 [FirstFreeColumn] に格納し、変数 [FirstFreeRow] に は空の行数が格納されます。Excel のデータが入っている範囲が変更に なる場合でも、このアクションを使 うことで、常に最初の空白の行や列 を取得することができます。今回の 場合は、変数 [FirstFreeColumn] に「5」、変数 [FirstFreeRow] に「12」 が格納されています。

◆ [FirstFreeColumn]

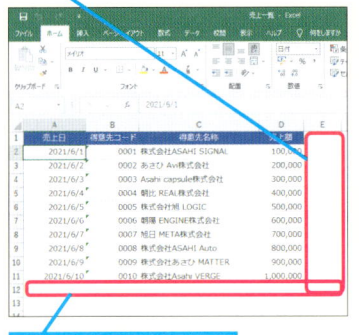

◆ [FirstFreeRow]

## ⑨ 設定を保存する

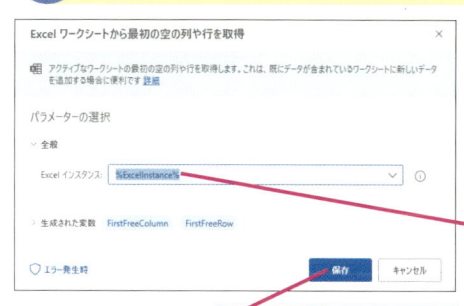

[Excel ワークシートから空の列や行を取得] ダイアログボックスが表示された

**1** [Excel インスタンス] に [%ExcelInstance%] と表示されていることを確認

**2** [保存] をクリック

## ⑩ 値を読み取るアクションを追加する

[Excel] グループの [Excel ワークシートから読み取り] アクションを追加する

**1** [Excel ワークシートから読み取り] を [Excel ワークシートから最初の空の列や行を取得]アクションの下にドラッグ

## ⑪ 読み取り範囲を変更する

[Excel ワークシートから読み取り] ダイアログボックスが表示された

**1** [Excel インスタンス] に [%ExcelInstance%] と表示されていることを確認

**2** [取得] のここをクリック

**3** [セル範囲の値] をクリック

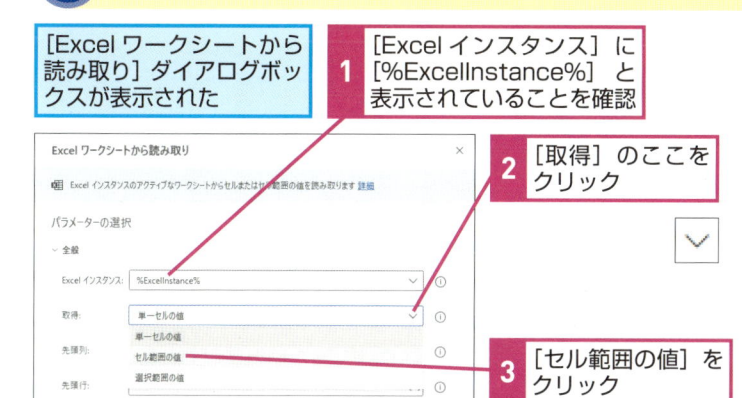

---

## HINT!

### 値が入力されている範囲を読み取る

最初の空白列と空白行を取得することで、その1つ手前の列や行までをデータの存在する範囲と特定できることは、第3章のレッスン⑲で解説しました。今回は、最初の空白列がE列、空白行は12行目となるため、変数 [FirstFreeColumn] には「5」、[FirstFreeRow] には「12」が格納されています。読み取り範囲は、空白列もしくは空白行の1つ前までを指定する必要があるため、最終列は「FirstFreeColumn-1」、最終行は「FirstFreeRow-1」を入力します。

ここでは E 列が空のため、変数「FirstFreeRow」には「5」が格納されている

ここでは 12 行目が空のため、変数「FirstFreeColumn」には「12」が格納されている

次のページに続く

## ⓬ 読み取る範囲を指定する

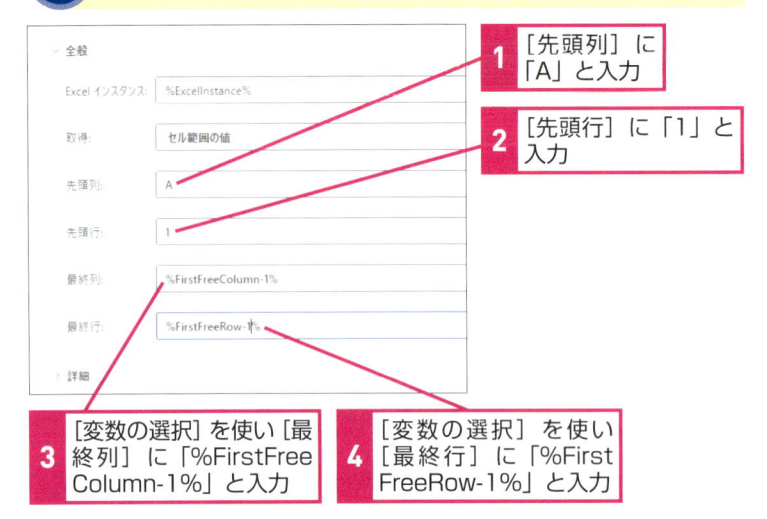

| | | |
|---|---|---|
| 全般 | | |
| Excel インスタンス: | %ExcelInstance% | |
| 取得: | セル範囲の値 | |
| 先頭列: | A | |
| 先頭行: | 1 | |
| 最終列: | %FirstFreeColumn-1% | |
| 最終行: | %FirstFreeRow-1% | |
| 詳細 | | |

**1** ［先頭列］に「A」と入力

**2** ［先頭行］に「1」と入力

**3** ［変数の選択］を使い［最終列］に「%FirstFreeColumn-1%」と入力

**4** ［変数の選択］を使い［最終行］に「%FirstFreeRow-1%」と入力

## ⓭ 1行目を列名と見なすように設定する

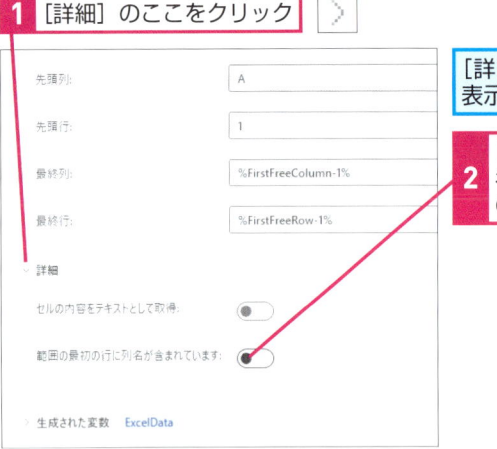

**1** ［詳細］のここをクリック

| | |
|---|---|
| 先頭列: | A |
| 先頭行: | 1 |
| 最終列: | %FirstFreeColumn-1% |
| 最終行: | %FirstFreeRow-1% |
| 詳細 | |
| セルの内容をテキストとして取得: | ○ |
| 範囲の最初の行に列名が含まれています: | ○ |
| 生成された変数 ExcelData | |

［詳細］の項目が表示された

**2** ［範囲の最初の行に列名が含まれています］のここをクリック

## ⓮ 設定を保存する

Excel ワークシートから読み取り ×

Excel インスタンスのアクティブなワークシートからセルまたはセル範囲の値を読み取ります 詳細

| | |
|---|---|
| 詳細 | |
| セルの内容をテキストとして取得: | ○ |
| 範囲の最初の行に列名が含まれています: | ● |
| 生成された変数 ExcelData | |

エラー発生時　　　　　　　　　　　保存　キャンセル

［範囲の最初の行に列名が含まれています］がオンになった

**1** ［保存］をクリック

---

## HINT!

### ［範囲の最初の行に列名が含まれています］をオンにする理由

［範囲の最初の行に列名が含まれています］をオンにすることで、最初の1行目は列名として読み取られます。今回のケースでは、1行目の「売上日」「得意先コード」「得意先名称」「売上額」が列名になり、変数［ExcelData］の行と列を指定して取り出す際に、これらの列名を使用することができるようになります。

売上一覧.xlsxは1行目に項目名が記載されている

### ⚠ 間違った場合は？

手順13で誤って［範囲の最初の行に列名が含まれています］をダブルクリックすると、設定がオフになってしまいます。その場合は、もう一度クリックしてオンにしましょう。

## HINT!

### 変数［ExcelData］に格納される値

変数［ExcelData］には、［売上一覧.xlsx］から読み取った値が格納されます。読み取られたデータを確認したい場合は、手順17まで設定してから［新しいMicrosoft Edgeを起動する］アクションにブレークポイント（レッスン❾を参照）を付けて、フローを実行後、［変数ペイン］の［ExcelData］をダブルクリックしてください。変数ビューアーが表示され、変数［ExcelData］に格納されたデータを確認することができます。

## 15 ブックを閉じるアクションを追加する

**1** ［Excel を閉じる］を［Excel ワークシートから読み取り］の
下にドラッグ

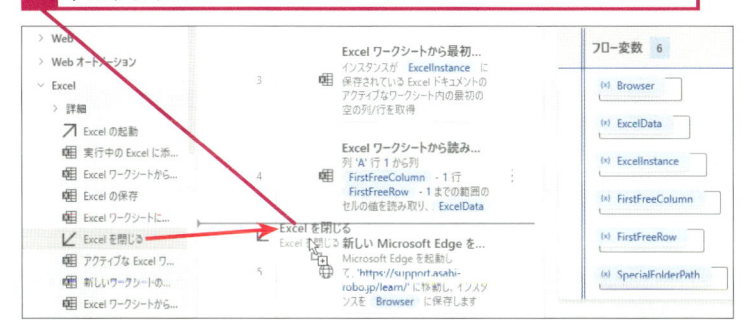

## HINT!
### 読み取るだけならドキュメントの保存は必要ない！

Excelワークシートの内容を変更した場合はドキュメントの保存が必要ですが、データの読み取りだけであれば保存の必要はありません。この点は人が作業を行うときと同じです。

## 16 Excelファイルの終了方法を指定する

［Excel を閉じる］ダイアログボックスが
表示された

**1** ［Excel インスタンス］に［%ExcelInstance%］と
表示されていることを確認

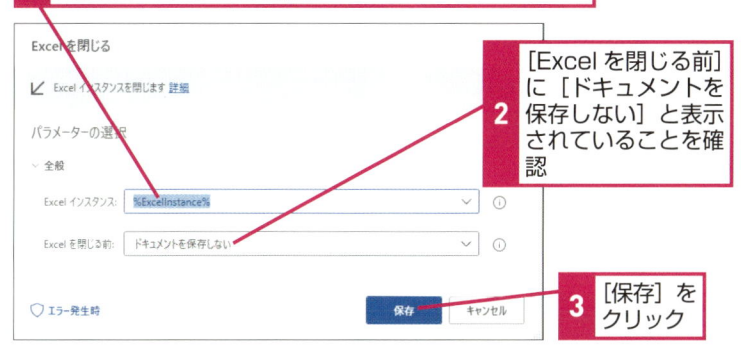

**2** ［Excel を閉じる前］に［ドキュメントを保存しない］と表示されていることを確認

**3** ［保存］を
クリック

## 17 フローを一度保存する

このレッスンで、Excel ファイル［売上一覧］の値が入力されている
セル範囲を読み取るフローが作成された

**1** ［保存］を
クリック

## Point
### Excelからデータを読み取る定番の組み合わせ

本レッスンで設定した5つのアクションは、Excelワークシートからデータを読み取る際の王道の組み合わせパターンです。何も見なくても、この5つのアクションが配置できることを目指してください。また、ある程度アクションのまとまりができたら、ブレークポイントを付けて実行し、目的の操作ができているか確認しながらフロー制作ができるようになりましょう。

# 30

## フォームへの入力が繰り返し行われるようにするには

### For each

［売上一覧.xlsx］から読み取ったデータがフォームに入力されるようにします。また、この操作をデータテーブルの項目数分繰り返す方法について解説します。

第4章 Webフォームへの入力を自動化しよう

### 1 ［For each］アクションを追加する

前のレッスンで作成した「Web 一括登録」フローの12 行目に続きのアクションを追加する

［ループ］グループの［For each］アクションを追加する

**1** ［ループ］のここをクリック

**2** ［For each］を［Web ページのリンクをクリック］アクションの下にドラッグ

### 2 変数を選択する

［For each］ダイアログボックスが表示された

**1** ［変数を選択］を使い［反復処理を行う値］に「%ExcelData%」と入力

**2** ［保存］をクリック

12 〜 13 行目に［For each］アクションが追加される

変数［CurrentItem］が作成される

---

**HINT!**

**このレッスンで制作する操作**

前のレッスンでExcelから読み取った売上データを売上入力画面に入力し、登録する操作を［ループ］グループの［For each］アクションを使って繰り返し行えるようにします。

**HINT!**

**［反復処理を行う値］に「ExcelData」を設定した理由**

変数［ExcelData］に格納されたデータの行数分、繰り返し売上入力画面にデータを入力していくためです。同じ繰り返し処理を行うアクションである［Loop］アクションはあらかじめ繰り返し回数を設定する必要があるのに対し、［For each］アクションは繰り返し回数が分からない場合でも使用できる便利なアクションです。

このデータが変数［ExcelData］に格納されている

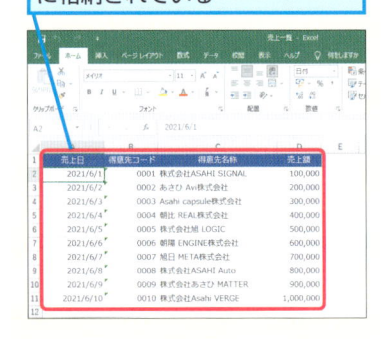

## ③ アクションを選択する

14～19行目のアクションを［For each］と［End］の間に移動する

**1** 14行目の［Web ページ内のテキストフィールドに入力する］アクションをクリック

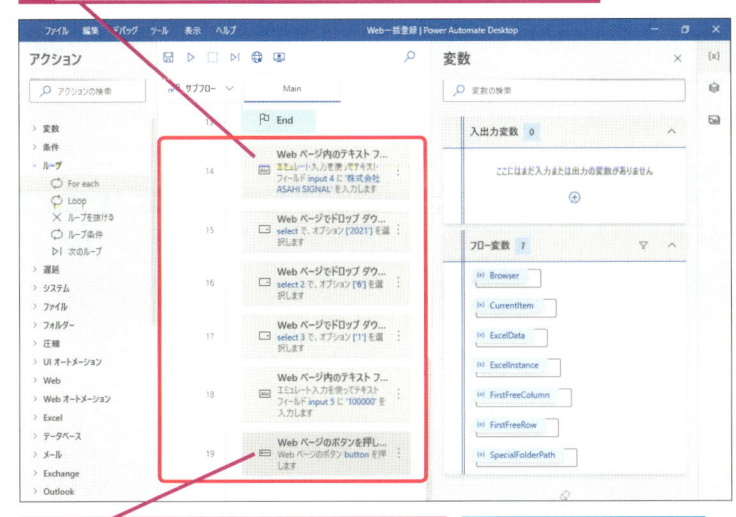

**2** Shift キーを押しながら19行目のアクションをクリック

14～19行目のアクションが選択された

## ④ アクションを移動する

14～19行目のアクションが選択された状態のまま、［For each］アクションの間に移動する

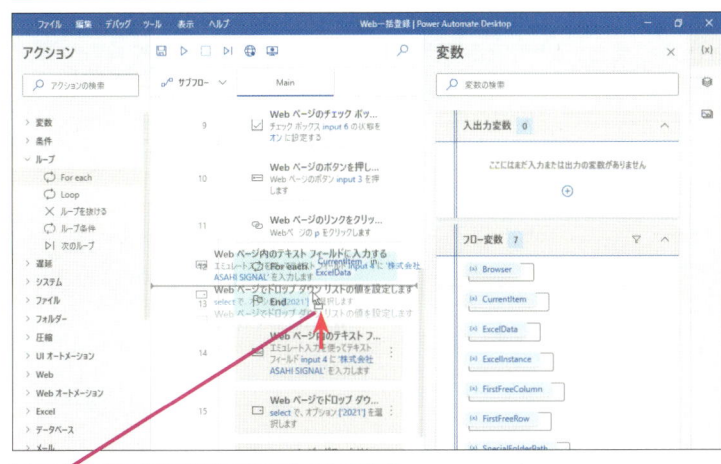

**1** ［For each］と［End］の間までドラッグ

14～19行目のアクションが移動する

レッスン㉙を参考に、フローを保存する

## HINT!

### ［For each］アクションと変数［CurrentItem］とは？

［For each］アクションは、取り込まれた［ExcelData］を1行ごとに順番に抜き取りながら、繰り返し処理を行っていくアクションです。抜き取ったデータは、変数［CurrentItem］に格納されます。変数［CurrentItem］に格納されているのは、［For each］アクションにより現在抜き取られているデータです。繰り返しは［ExcelData］の行数分だけ行われ、データの最終行を変数［CurrentItem］に格納後、［For each］アクションは繰り返し処理を終了します。

### ◆1回目の変数［CurrentItem］

### ◆2回目の変数［CurrentItem］

### ⚠ 間違った場合は？

手順4でアクションの移動位置を間違えた場合は、Ctrl + Z キーを押して、操作を元に戻しましょう。

## Point

### Excelデータの転記にとても便利な［For each］アクション

［For each］アクションは、繰り返しごとに［ExcelData］を1行ずつ抜き取り、変数［CurrentItem］に格納します。繰り返しは［ExcelData］の行数だけ行うので、［Loop］アクションのように［開始値］や［終了値］を設定する必要もありません。ExcelデータをWebシステムやアプリケーションに繰り返し入力する際、非常に便利なアクションです。

30

For each

# 31

## 売上日の値を年、月、日に分けて取得するには

### サブテキストの取得

変数［CurrentItem］に格納されているデータから、「売上日」を取り出して「年」「月」「日」に分割した後、売上入力画面に入力するフローを作ります。

## ① ［サブテキストの取得］アクションを追加する

前のレッスンで作成した「Web一括登録」フローに続きのアクションを追加する

［テキスト］グループの［サブテキストの取得］アクションを追加する

1 ［テキスト］のここをクリック

> 

2 ［サブテキストの取得］を［For each］の下にドラッグ

## ② ［売上日］の［年］の値の取得を開始する

［サブテキストの取得］ダイアログボックスが表示された

1 ［変数の選択］を使い［元のテキスト］に「%CurrentItem['売上日']%」と入力

## ③ ［開始インデックス］を指定する

1 ［開始インデックス］のここをクリック

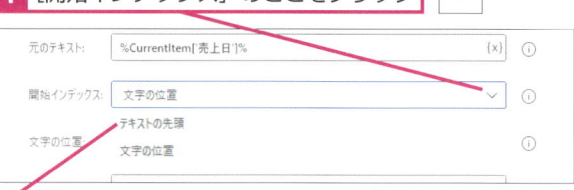

2 ［テキストの先頭］をクリック

### キーワード

| | |
|---|---|
| インデックス番号 | p.201 |
| データ型 | p.202 |
| 変数 | p.203 |

### HINT!

**このレッスンで制作する操作**

レッスン㉘で操作したWebページでは、［売上入力］フォームが「年」「月」「日」と分かれているのに対し、変数［ExcelData］の売上日は、「2021/06/01 0:00:00」のように年月日が一緒になっています。そのため、「売上日」から「年」「月」「日」の値を分割します。また、変数［ExcelData］は［For each］アクションにより1行ずつ抜き取られ、変数［CurrentItem］に格納された状態になっているので、変数［CurrentItem］から「売上日」を取り出していきます。

### HINT!

**［サブテキストの取得］アクションとは？**

［サブテキストの取得］アクションは、［元のテキスト］に設定された変数やテキストからテキストの一部を切り出し、変数に格納するアクションです。テキストの切り出しを開始する位置は先頭か途中からか、切り出しを開始する位置から何文字分を切り出すか、テキストの最後まで切り出すのかを設定することができ、任意のテキストを取得することができます。

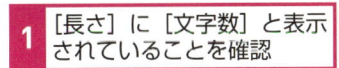

## ④ 文字数を指定する

**1** [長さ] に [文字数] と表示されていることを確認

**2** [文字数] に「4」と入力

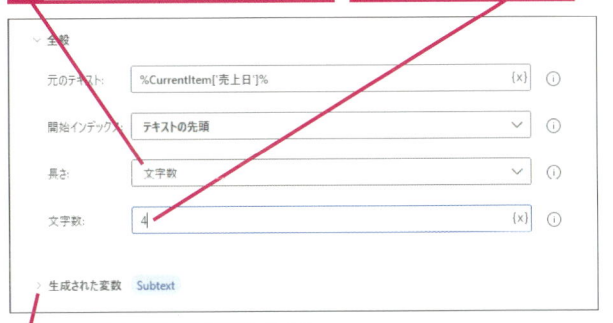

**3** [生成された変数] のここをクリック

## ⑤ 変数名を変更する

[生成された変数] のメニューが表示された

**1** [Subtext] をダブルクリック

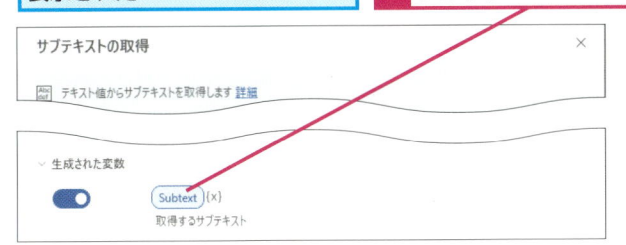

**2** [%Subtext%] をドラッグして選択

**3** Delete キーを押す

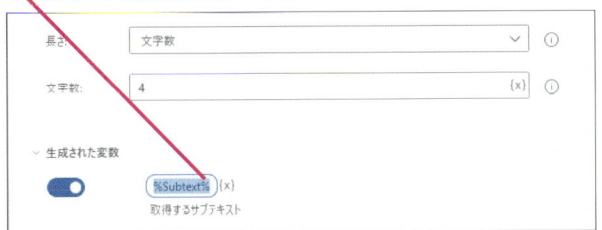

**4** 「%Year%」と入力

**5** Enter キーを押す

**6** [保存] をクリック

次のページに続く

---

### [元のテキスト] に入力した「%CurrentItem['売上日']%」とは？

変数 [CurrentItem] の列名 [売上日] に格納されている値を指定しています。[For each] アクションは、取り込まれた [ExcelData] を1行ごとに順番に抜き取りながら変数 [CurrentItem] に格納するので、変数 [CurrentItem] では、取り出す「行」を指定する必要がありません。列名の指定だけで、データを指定することができます。

1回目の [For each] の「%CurrentItem['売上日']%」ではこの情報が格納される

2回目の [For each] の「%CurrentItem['売上日']%」ではこの情報が格納される

### 変数名を変更する理由は？

同じ方法で「月」「日」も切り出していくため、変数名が [Subtext] のままではどれかわからなくなってしまいます。「年」を切り出したことがすぐ分かるように変数名を「Year」に変更します。

## 6 [サブテキストを取得] アクションを追加する

[サブテキストを取得] アクションが追加された

**1** [サブテキストの取得] を [サブテキストの取得] アクションの下にドラッグ

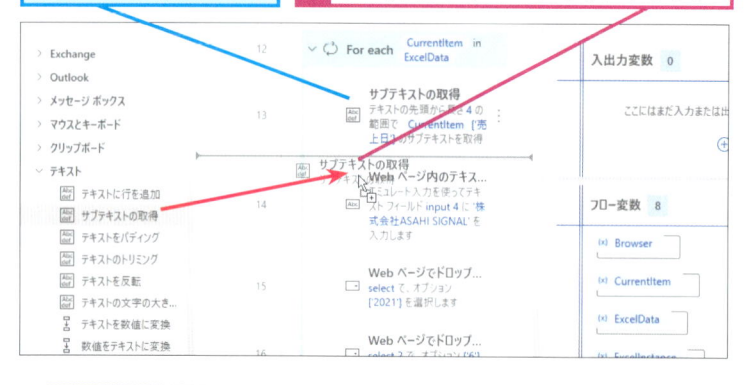

---

## HINT!

### 日付から「年」のみを取得するには

「売上日」は先頭から4文字目までが「年」に該当するため、[サブテキストの取得] アクションで [開始インデックス] を「テキストの先頭」、[長さ] を「文字数」、[文字数] を「4」に設定し、「2021」を変数 [Year] に格納します。

テキストの先頭から4文字目まで読み取る

# 2021/06/01

---

## 7 [売上日] の [月] の値を取得する

**1** [変数の選択] を使い [元のテキスト] に「%CurrentItem[' 売上日 ']%」と入力

**2** [開始インデックス] に [文字の位置] と表示されていることを確認

**3** [文字の位置] に「5」と入力

**4** [長さ] に [文字数] と表示されていることを確認

**5** [文字数] に「2」と入力

**6** [生成された変数] のここをクリック

---

## HINT!

### 日付から「月」のみを取得するには

「月」を取得する場合は [開始インデックス] を [文字の位置] とします。文字の位置は先頭を「0」番目として数えます。月が始まるのは下図のように「5」番目となるため [文字の位置] を「5」とします。またそこから2文字分切り出したいので [長さ] を [文字数] にし「2」を入力します。

先頭を「0」番目と数える

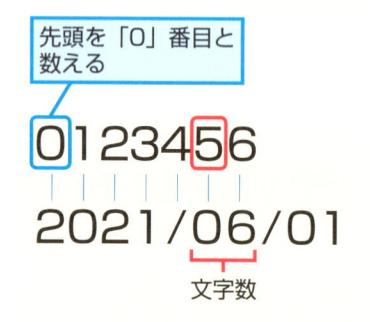

0123456

2021/06/01

文字数

---

## 8 変数名を変更する

前ページの手順5を参考に変数を変更する

**1** [%Subtext%] を「%Month%」に変更

**2** [保存] をクリック

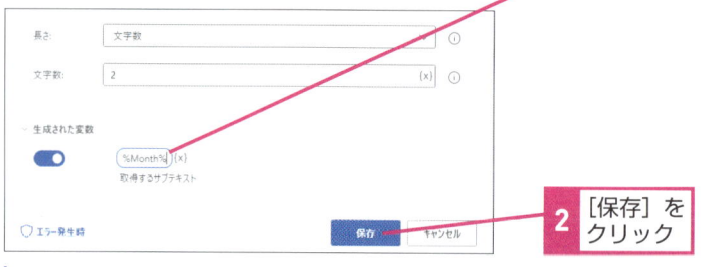

第4章 Webフォームへの入力を自動化しよう

## ⑨ [テキストを数値に変換] アクションを追加する

[テキストを数値に変換]
アクションを追加する

> 1 [テキストを数値に変換] を2つ目の [サブテキストの取得] アクションの下にドラッグ

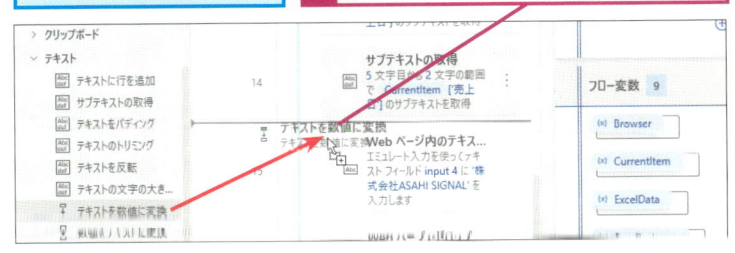

## ⑩ 取得した [月] の値を数値に変換する

[テキストを数値に変換]
ダイアログボックスが表示された

> 1 [変数の選択] を使い [変換するテキスト] に「%Month%」と入力

> 2 [生成された変数] のここをクリック

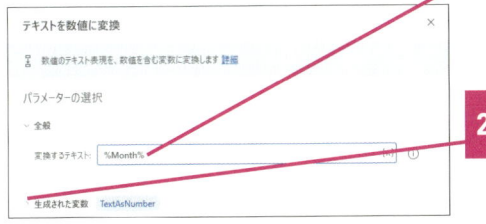

## ⑪ 変数を変更する

[フロー変数] の一覧から変数を指定する

> 1 変数 [TextAsNumber] の右にある [変数の選択] をクリック

> 2 [Month] をクリック

変数 [Month] に変更できた

> 3 [保存] をクリック

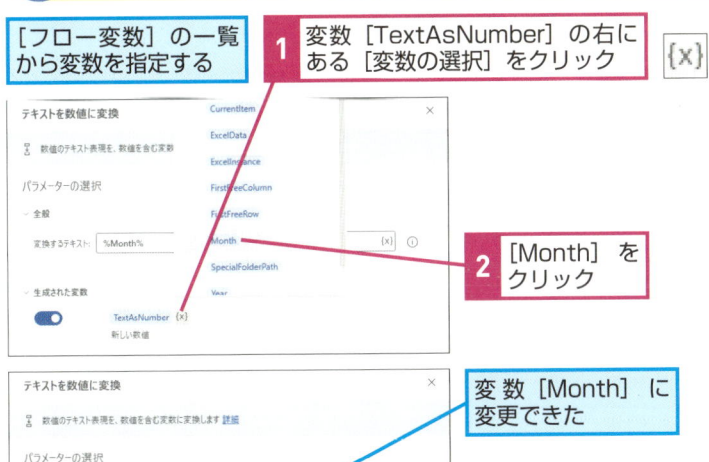

### HINT!

**[テキストを数値に変換] アクションはなぜ必要なの？**

Webページの [売上入力] 画面で売上日を入力する際、ドロップダウンリストから「年」「月」「日」を選択します。ドロップダウンリストは、「4」のように1桁の数字になっています。[サブテキストの取得] アクションを使って変数[Month]に格納したデータは、1桁の月や日は「06」のように先頭に0が付いた2桁表示になっています。先頭の0を取らないとドロップダウンリストから対象の月日を選択できません。そのため、[テキストを数値に変換] アクションを使い、変数 [Month] のデータの「型」を「テキスト型」から「数値型」に変換し、先頭の0を取る処理を行います。データの「型」についてはレッスン⑬を参照してください。

### HINT!

**生成された変数の変数名を「Month」にした理由**

変数 [Month] には、[サブテキストの取得]アクションで取得した「月」が格納されています。[テキストを数値に変換] アクションでこの値を数値に置き換えましたが、このアクションで生成される変数に格納されるのが「月」であることに変わりはありません。もし、数値に変換する前の値も今後フロー内で使用する必要があれば、異なる変数をする必要がありますが、今回はその必要がないため変換後の値も変数 [Month] に格納されるように変更しています。

次のページに続く

## 12 [サブテキストの取得] アクションを追加する

[テキストを数値に変換] アクションが
追加された

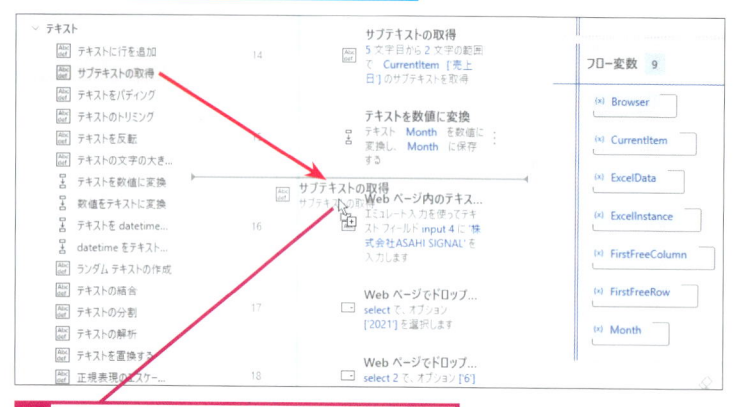

**1** [サブテキストの取得] を [テキストを
数値に変換] アクションの下にドラッグ

## 13 [売上日] の [日] の値を取得する

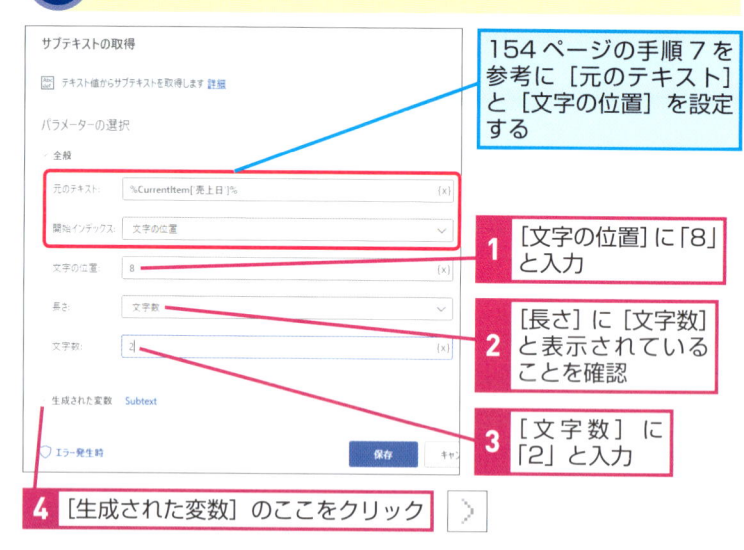

154ページの手順7を
参考に [元のテキスト]
と [文字の位置] を設定
する

**1** [文字の位置] に「8」
と入力

**2** [長さ] に [文字数]
と表示されている
ことを確認

**3** [文字数] に
「2」と入力

**4** [生成された変数] のここをクリック

## 14 変数名を変更する

153ページの手順5を
参考に変数を変更する

**1** [%Subtext%] を「%Day%」
に変更

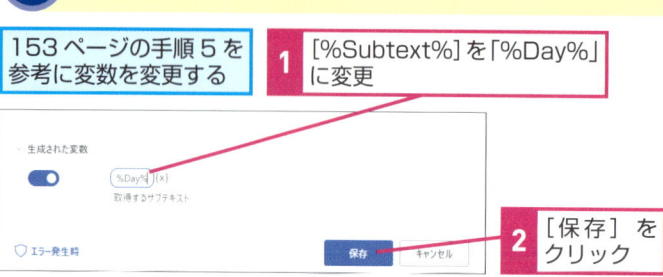

**2** [保存] を
クリック

---

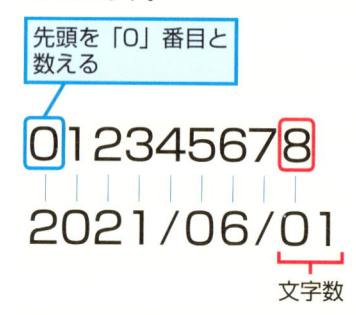

## HINT!

### 日付から「日」のみを取得するには

「月」を取得したときと同じように [開始インデックス] を [文字の位置] とします。文字の位置は先頭を「0」番目として数えます。日が始まるのは下図のように「8」番目となるため [文字の位置] を「8」とします。またそこから2文字分切り出したいので [長さ] を [文字数] にし「2」を入力します。

先頭を「0」番目と
数える

0123456**78**

2021/06/01

文字数

## 15 [テキストを数値に変換] アクションを追加する

[サブテキストの取得] アクションが追加された

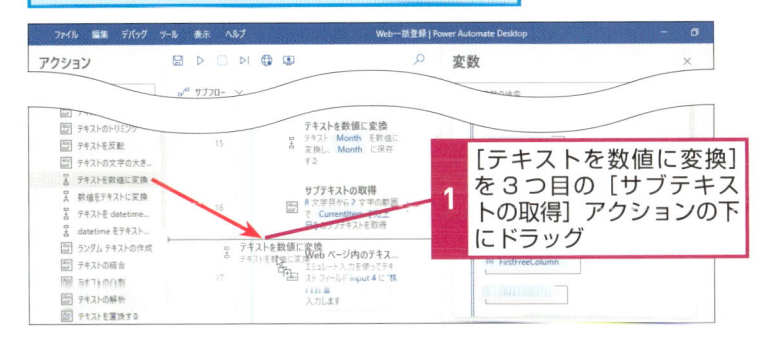

**1** [テキストを数値に変換] を3つ目の [サブテキストの取得] アクションの下にドラッグ

## 16 取得した [日] の値を数値に変換する

[テキストを数値に変換] ダイアログボックスが表示された

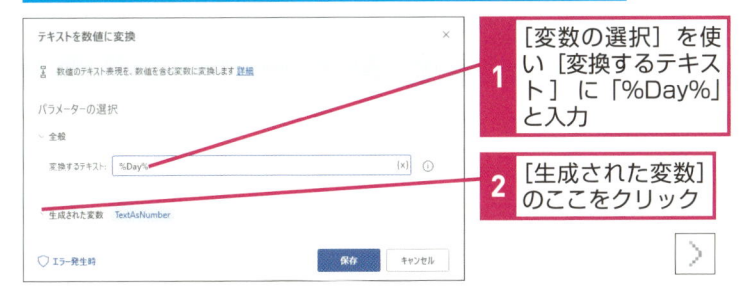

**1** [変数の選択] を使い [変換するテキスト] に「%Day%」と入力

**2** [生成された変数] のここをクリック

## 17 変数名を変更する

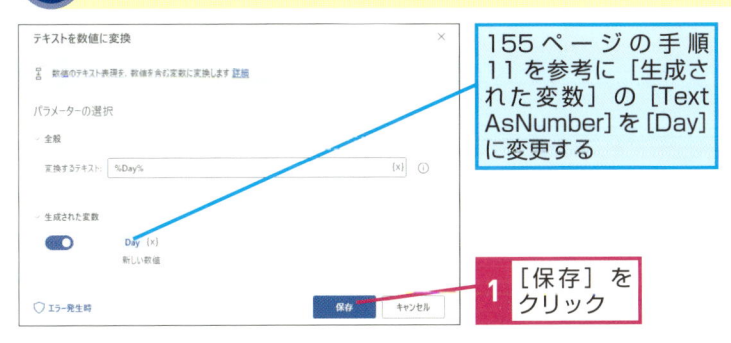

155 ページの手順11を参考に [生成された変数] の [TextAsNumber] を [Day] に変更する

**1** [保存] をクリック

## 18 フローを一度保存する

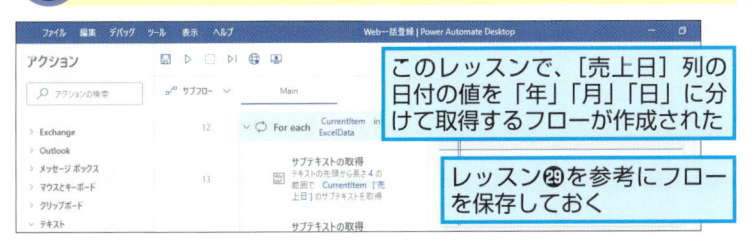

このレッスンで、[売上日] 列の日付の値を「年」「月」「日」に分けて取得するフローが作成された

レッスン㉚を参考にフローを保存しておく

---

**HINT!**

### 同じアクションが続く場合はコピーすると便利

今回、[サブテキストの取得] や [テキストを数値に変換] アクションを繰り返し配置しました。同じようなアクションが続く場合は、[アクションペイン] から都度アクションを追加するよりも、既存のアクションをコピー＆ペーストすると簡単です。アクションを右クリックすると表示されるメニューから、[コピー] や [貼り付け] をクリックするか、Ctrl I C キーや Ctrl + V キーのショートカットキーを使ってコピー＆ペーストができます。

⚠ **間違った場合は？**

生成されていない変数をアクションの設定項目に指定すると、[エラーペイン] が表示されます。[エラーペイン] にはどの変数が存在しないのかが表示され、その変数が使われているアクションの横に ⓘ が表示されます。アクションをダブルクリックして、変数名を正しく入力し直しましょう。

**Point**

### 必要な部分だけ切り出せる [サブテキストの取得] アクション

本レッスンで使用した [サブテキストの取得] アクションは、今回のような日付を切り出すこと以外にも、ファイル名に含まれる会社名や、商品コードの下4桁を切り出すなどさまざまなシーンで活用することができます。また、データの「型」を「テキスト型」から「数値型」に変換する処理も実際のフロー制作でよく使う方法なので覚えておきましょう。

# 32

## Excelの売上の値を
## フォームに入力するには

### アクションの編集

レッスン㉘で［Webレコーダー］を使って作成した［売上入力］画面に入力を行うアクションを編集し、［売上一覧.xlsx］のデータが入力できるようにします。

---

### ① 18行目のアクションを編集する

ここでは18行目の［Webページ内のテキストフィールドに入力する］アクションを編集する

**1** 18行目の［Webページ内のテキストフィールドに入力する］をダブルクリック

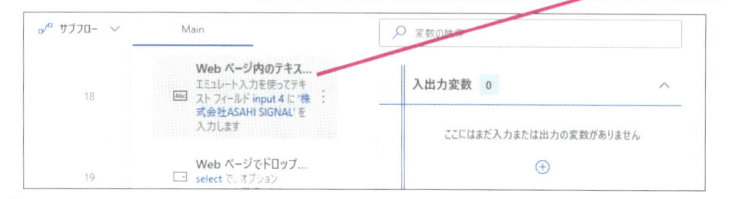

---

### ② ［Webレコーダー］で入力したテキストを削除する

［Webページ内のテキストフィールドに入力する］ダイアログボックスが表示された

**1** ［テキスト］の「株式会社ASAHI SIGNAL」をドラッグして選択

**2** Delete キーを押す

---

### ③ 取得した取引先名が入力されるようにする

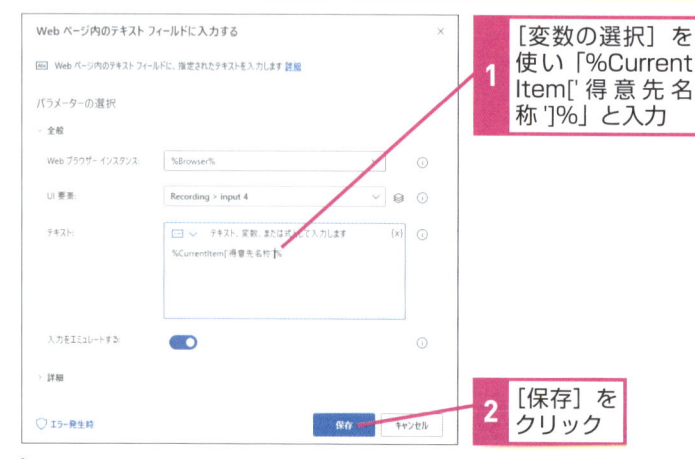

**1** ［変数の選択］を使い「%CurrentItem[' 得意先名称 ']%」と入力

**2** ［保存］をクリック

---

### HINT!

**このレッスンで制作する操作**

本レッスンでは、［売上一覧.xlsx］から取得した得意先名称を、Webページのテキストフィールドに入力する操作と、レッスン㉛で取得した年、月、日をWebページのドロップダウンリストから選択する操作を制作します。

### HINT!

**［売上一覧.xlsx］から読み取った「得意先名称」を入力するには**

レッスン㉛で解説したように、［売上一覧.xlsx］から読み取った［ExcelData］は、［For each］アクションにより1行ごとに順番に抜き取られ、変数［CurrentItem］に格納されています。［CurrentItem］では、取り出す「行」を指定する必要がなく、「CurrentItem['得意先名称']」と入力することで、［得意先名称］列の値が［Webページ内のテキストフィールドに入力する］アクションにより［得意先名称］欄に入力されるようになります。

---

第4章 Webフォームへの入力を自動化しよう

## ④ 19行目のアクションを編集する

**1** 19行目の［Webページでドロップダウンリストの値を設定します］をダブルクリック

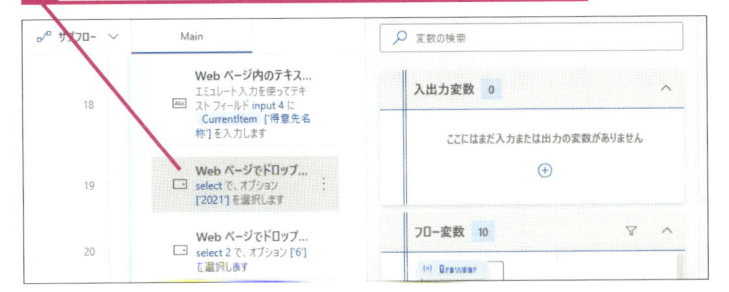

## ⑤ ［Webレコーダー］で入力したテキストを編集する

［Webページでドロップダウンリストの値を設定します］ダイアログボックスが表示された

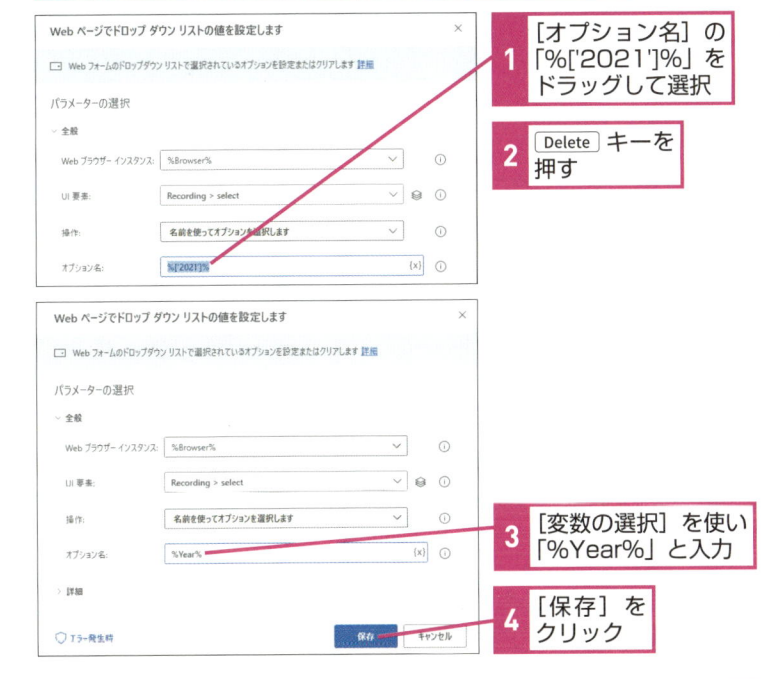

**1** ［オプション名］の「%['2021']%」をドラッグして選択

**2** Delete キーを押す

**3** ［変数の選択］を使い「%Year%」と入力

**4** ［保存］をクリック

## ⑥ 20行目のアクションを編集する

**1** 20行目の［Webページでドロップダウンリストの値を設定します］をダブルクリック

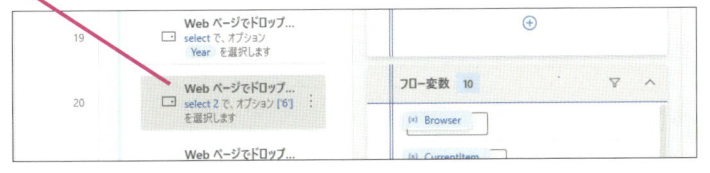

次のページに続く

### HINT!
**ドロップダウンリストから［名前を使ってオプションを選択する］とは**

［Webページでドロップダウンリストの値を設定します］アクションの［操作］で、［名前を使ってオプションを選択します］を選択すると、ドロップダウンリストから［オプション名］に設定した「名前」と一致するものを選択できます。今回の場合、年であれば「2021」がドロップダウンリストから選びたい「名前」になります。

### HINT!
**オプション名に「%Year%」を指定する理由**

［Webページでドロップダウンリストの値を設定します］アクションは［オプション名］に設定された値と一致するものをドロップダウンリストから選び選択してくれます。したがって、レッスン31で作成した「%Year%」を設定し［売上一覧.xlsx］の売上日の「年」に一致するものが繰り返し処理の都度、選択されるようにしています。

## ⑦ [Webレコーダー] で入力したテキストを編集する

前ページの手順5を参考に、[オプション名]を変更する

1 [変数の選択]を使い[オプション名]を「%Month%」に変更

2 [保存]をクリック

## ⑧ 21行目のアクションを編集する

1 21行目の [Webページでドロップダウンリストの値を設定します]をダブルクリック

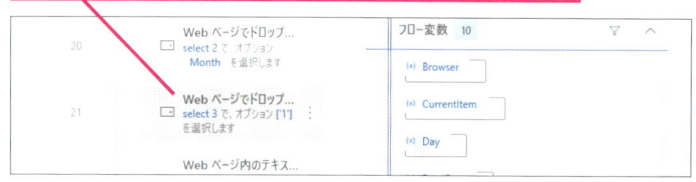

## ⑨ [Webレコーダー] で入力したテキストを編集する

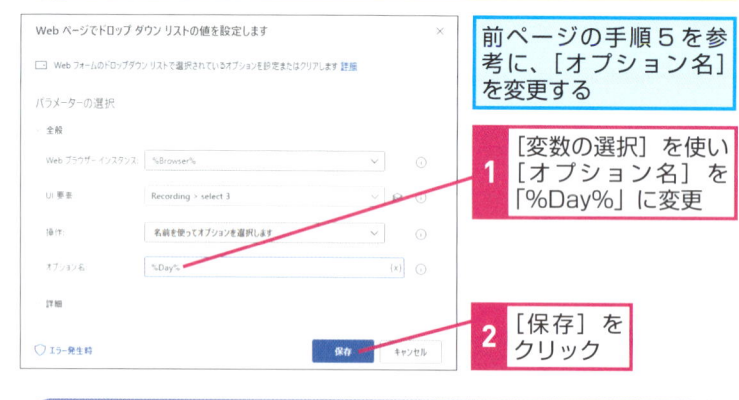

前ページの手順5を参考に、[オプション名]を変更する

1 [変数の選択]を使い[オプション名]を「%Day%」に変更

2 [保存]をクリック

## ⑩ 22行目のアクションを編集する

1 22行目の [Webページ内のテキストフィールドを入力する]をダブルクリック

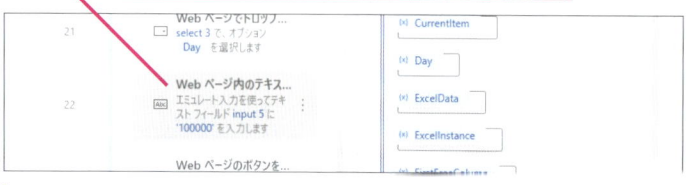

---

### HINT!

**オプション名に「%Month%」を指定する理由**

前ページの手順5と同様にレッスン㉛で作成した「%Month%」を設定し[売上一覧.xlsx]の売上日の「月」に一致するものが繰り返し処理の都度、選択されるようにしています。

### HINT!

**ドロップダウンリストの値の設定方法は2つある**

今回は [Webレコーダー] を使用したため、[Webページでドロップダウンリストの値を設定します] アクションの [操作] には、自動的に [名前を使ってオプションを選択します] が設定されています。ドロップダウンリストの値の設定には、もう1つ[インデックスを使ってオプションを選択します] が存在します。インデックスで指定する場合は、ドロップダウンリストのアイテムを上から順に1、2、3と数字で指定し、アイテムを選択します。

## ⑪ [Webレコーダー] で入力したテキストを編集する

[Web ページ内のテキストフィールドを入力する]
ダイアログボックスが表示された

**1** [テキスト] の
「100000」を
ドラッグして選択

**2** Delete キーを
押す

**3** [変数の選択] を使い
「%CurrentItem[' 売
上額 ']%」と入力

**4** [保存] を
クリック

## ⑫ フローを一度保存する

このレッスンで、Excel ファイル [売上一覧] から読み取った
値をフォームに入力するフローが作成された

**1** [保存] を
クリック

[保存] の画面で [OK] を
クリックする

**HINT!**

### 売上一覧から読み取った「売上額」を入力するには

[売上一覧.xlsx] から読み取った変数 [ExcelData] は [For each] アクションにより1行ごとに順番に抜き取られ、変数 [CurrentItem] に格納されています。[CurrentItem] では取り出す「行」を指定する必要がないので、「CurrentItem [売上額']」と入力することで、「売上額」列の値が「金額」欄に入力されるようになります。

**Point**

### Webレコーダーで作成したアクションに変数を格納する

Webレコーダーで操作を記録する際は一旦特定の値を入力しアクションを作成します。Excelワークシートから値を読み込み、[For each] アクションを設定すると変数 [CurrentItem] で入力するデータを指定できるようになるので、Webレコーダーで作成したアクションの入力する値を変数に書き換えていきます。Webレコーダーで一旦操作を記録してアクションを生成し、フローの骨格を作った後、[For each] アクションでExcelデータが入力されるようにする、この一連の手順はレコーダーを活用してフローを作成する際の基本的な流れとなります。

# 33

# Webブラウザーを閉じるには

## Webブラウザーの終了

すべての売上データの登録が終わったら、Webブラウザーを閉じて操作を終了します。[Webブラウザーを閉じる] アクションを配置する位置がポイントです。

## ❶ Webブラウザーを閉じるアクションを追加する

前のレッスンで作成した「Web 一括登録」フローに続きのアクションを追加する

ここでは [Web オートメーション] グループの [Web ブラウザーを閉じる] アクションを追加する

**1** [Web オートメーション] のここをクリック

**2** [Web ブラウザーを閉じる] を [End] の下にドラッグ

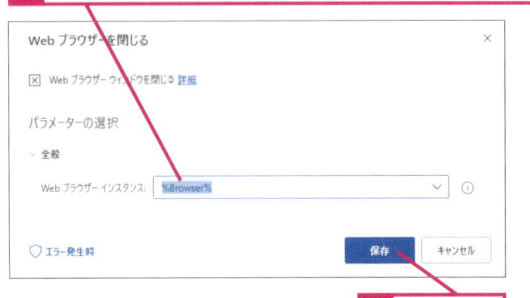

## ❷ 開いているWebブラウザーを閉じる

[Web ブラウザーを閉じる] ダイアログボックスが表示された

**1** [Web ブラウザーインスタンス]に「%Browser%」と表示されていることを確認

**2** [保存] をクリック

### キーワード

| | |
|---|---|
| Webレコーダー | p.201 |
| アクション | p.201 |
| アクションペイン | p.201 |

### HINT!

**このレッスンで制作する操作**

本レッスンでは、Webブラウザーを閉じる処理を作ります。Webブラウザーを閉じる操作が無いと、Webブラウザーは開いたままフローを終了してしまうことになります。Webブラウザーを起動する操作を入れた場合は閉じる操作もセットで入れましょう。

### HINT!

**[Webブラウザーを閉じる] を繰り返し処理に含めない理由**

[Webブラウザーを閉じる] アクションを繰り返し処理の中に配置してしまうと毎回Webブラウザーを閉じてしまいます。Webブラウザーの起動と閉じる操作を繰り返すことになってしまい、フロー全体の処理時間が増えてしまいます。Webブラウザーを閉じるのは繰り返し処理が終わった後にしましょう。

## ③ フローを保存する

[Web ブラウザーを閉じる] アクションが
追加表示された

**1** [保存] を
クリック

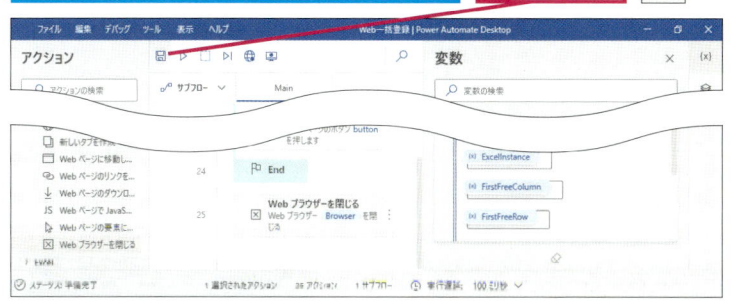

[保存] の画面で [OK] を
クリックする

## ④ フローを実行する

**1** [実行] を
クリック

Web ブラウザーが起動し、Excel ファイル [売上一覧] に
記載されたデータが入力された

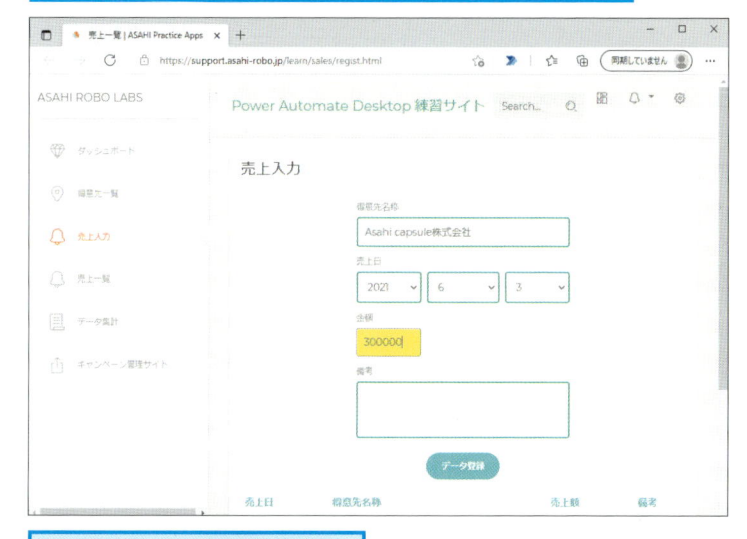

すべてのデータが登録された後、
Web ブラウザーが閉じる

## HINT!

### Webブラウザーを閉じる
### 操作は記録できない

Webブラウザーを閉じる操作は、
Webレコーダーでは記録することが
できません。そのため、今回のよう
に [アクションペイン] から [Web
ブラウザーを閉じる] アクションを
配置する必要があります。

**33**

Webブラウザーの終了

## Point

### Webブラウザーを
### 閉じる操作は必須！

Webブラウザーを起動する操作は
[Webレコーダー] でアクションが作
成できるのですが、閉じる操作は
[Webレコーダー] では作成できない
点に注意が必要です。またWebブラ
ウザーを起動するアクションと、閉
じるアクションを両方繰り返し処理
の中に入れないようにしてください。
フローとしては実行できますが、実
行時間が長くなり、Webページに無
駄な負荷を掛けてしまうことになる
ので気を付けましょう。

# この章のまとめ

## ●システム入力など幅広い業務に応用できる

［Webレコーダー］や［デスクトップレコーダー］は、どのアクションを使えばいいか分からない場合にも活用できる便利な機能です。今回は［Webレコーダー］を使いましたが、レッスン❽で紹介した［デスクトップレコーダー］を使ってフローを作成するときも、同じ手順でアプリケーションに繰り返しデータを入力するフローを作ることができます。データ取り込みができるようにシステムを改修したいが費用が高額なためできず、人が手作業で入力しているような状況があれば、本章のフローを参考にPower Automate Desktopでの自動入力に切り替えてみてはいかがでしょうか。また、今回の日付入力のようにWebページの入力に合わせて、Excelワークシートのデータを加工する方法も身に付けていきましょう。テキストや数値を加工する方法を身に付けることで、さまざまなWebページに対応したフローを作れるようになります。

**Web レコーダーはフローの骨組みを作るのに便利**

Web レコーダーを使って必要なアクションを取得し、作りたいフローに合わせて設定を編集するとフロー制作が効率化する

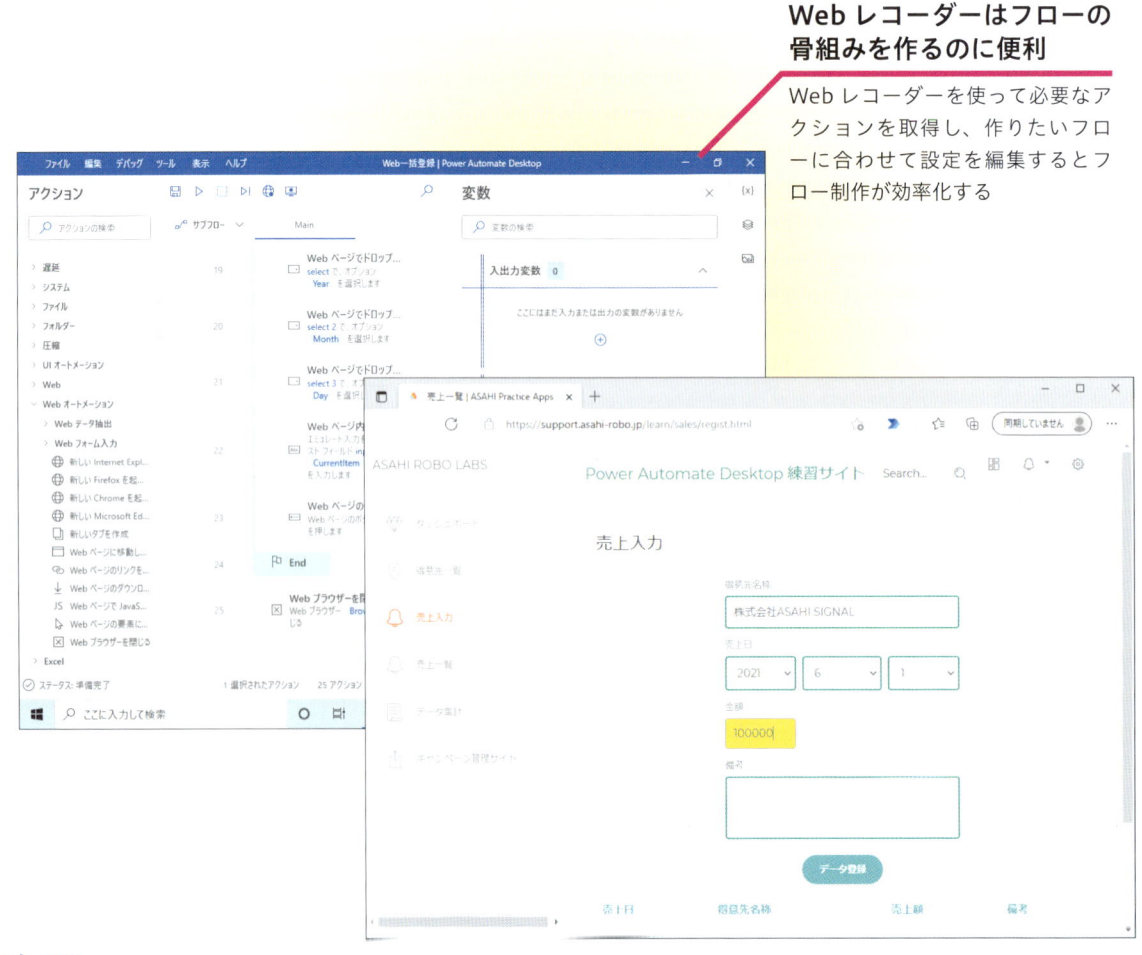

# 第5章

# メール送信を自動化しよう

この章では、Excelファイル［送付先リスト.xlsx］を読み込み、メールを送信するフローを制作します。メール本文に会社名や担当者名を入れる方法や、送信が完了したらExcelファイルに「OK」と書き込んでいく方法も解説します。

# 34

## メールを自動送信しよう

### メールの自動送信

第5章で制作する「メール送信」業務の概要とメール送信する注意点を知りましょう。ここでは、フローを制作する前の練習用ファイルの準備も行います。

### 本章で制作する「メール送信」業務の概要

[送付先リスト.xlsx] の情報を元に、セミナーの参加御礼メールをOutlook.comで送信するフローを制作します。メール本文には送信先別に「社名」「部署・役職」「氏名」を入力し、送信が完了したら [送付先リスト.xlsx] の「送信チェック」のセルに「OK」と入力します。

#### キーワード

| | |
|---|---|
| Outlook.com | p.200 |
| SMTPサーバー | p.201 |
| Webメール | p.201 |

◆送付先リスト.xlsx
送信先の情報がまとめられている

送信したら「送信チェック」欄に「OK」と入力する

送信先リストの情報を読み取り、Outlook.com で送信先別のメールを作成し送信する

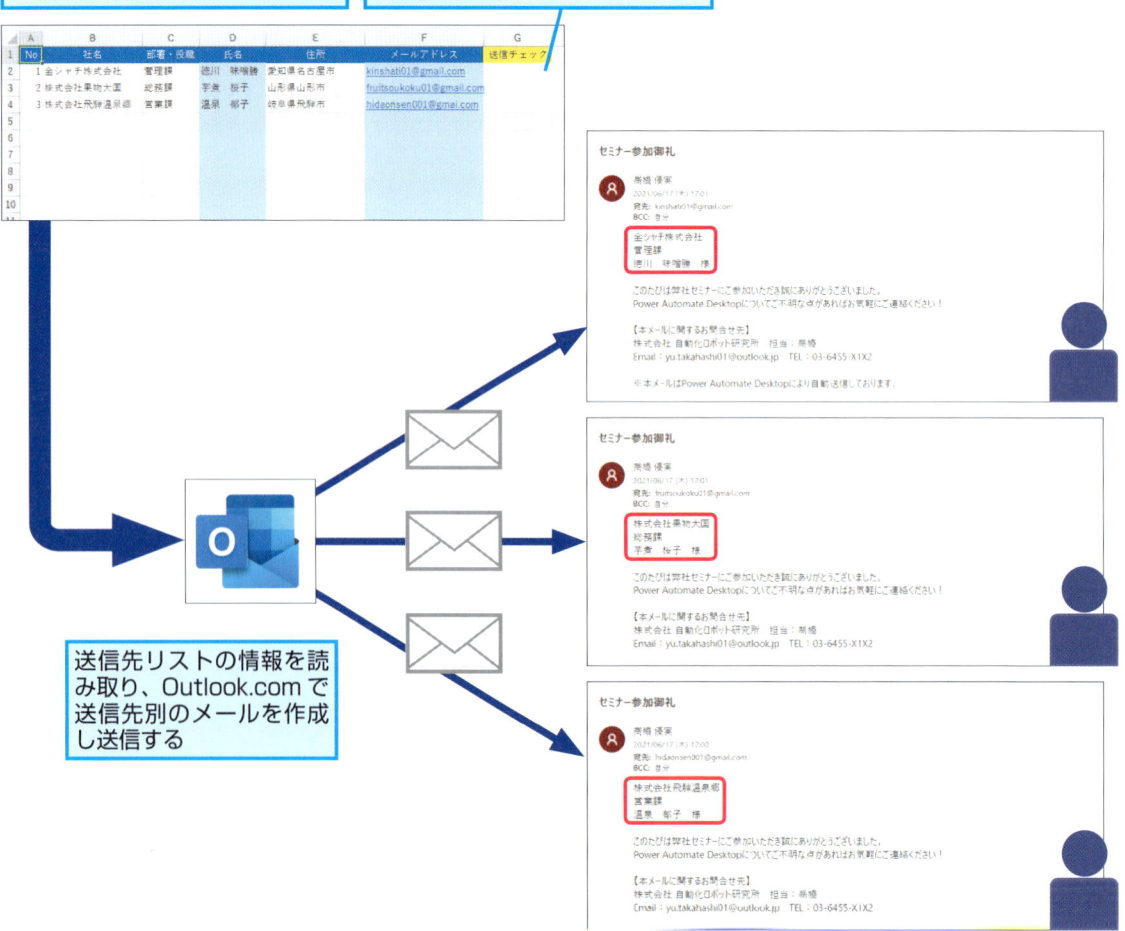

## 作業の流れとフローのポイント

メール送信は、［メール］グループの［メールの送信］アクションを使って行います。［メールの送信］アクションはメールアプリケーションを起動することなく、直接メールサーバーにアクセスし送信します。そのため、メールサービスごとに決まっているSMTPサーバー名、ポート番号、送信者となるユーザー名とパスワードなどの設定が必要です。本章では無料で使えるメールサービスOutlook.comを使用して解説します。

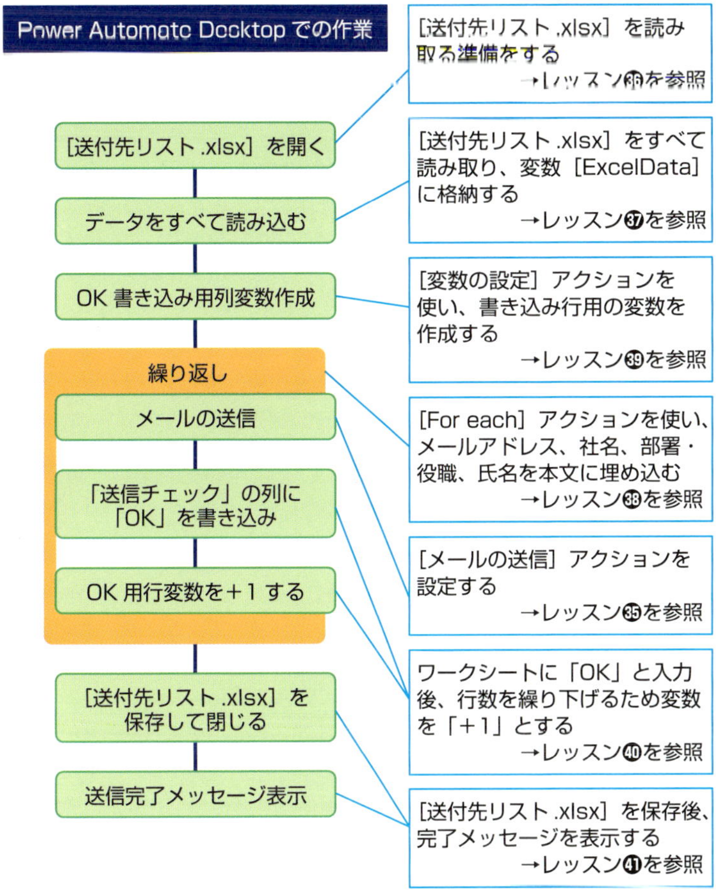
Power Automate Desktop での作業
［送付先リスト.xlsx］を開く
データをすべて読み込む
OK 書き込み用列変数作成
繰り返し
メールの送信
「送信チェック」の列に「OK」を書き込み
OK 用行変数を+1 する
［送付先リスト.xlsx］を保存して閉じる
送信完了メッセージ表示
［送付先リスト.xlsx］を読み取る準備をする →レッスン㊱を参照
［送付先リスト.xlsx］をすべて読み取り、変数［ExcelData］に格納する →レッスン㊲を参照
［変数の設定］アクションを使い、書き込み行用の変数を作成する →レッスン㊴を参照
［For each］アクションを使い、メールアドレス、社名、部署・役職、氏名を本文に埋め込む →レッスン㊳を参照
［メールの送信］アクションを設定する →レッスン㉟を参照
ワークシートに「OK」と入力後、行数を繰り下げるため変数を「+1」とする →レッスン㊵を参照
［送付先リスト.xlsx］を保存後、完了メッセージを表示する →レッスン㊶を参照

## フローを制作する準備をしよう

レッスンで使う練習用ファイル［送付先リスト.xlsx］のF列に送信テスト用に自分のメールアドレスを3件入力しデスクトップに保存してください。3件とも同じアドレスでも構いませんが、Power Automate Desktopのサインインに使っているMicrosoftアカウントのメールアドレスではないメールアドレスを入力しましょう。

**HINT!**

### 送信トレイに履歴が残らないことも

Power Automate Desktopからメールを送信した場合、メールアプリケーションによっては送信トレイに履歴が残らない場合があります。そのため、レッスン㉟で［BCC］に自分のアドレスを入れ、送信履歴代わりにする方法を紹介しています。

**HINT!**

### Outlook.com って何？

Outlook.comは、マイクロソフト社が提供するWebメールサービスです。Microsoftアカウントを取得すれば、アカウントに使用したメールアドレスが「@hotmail.com」「@gmail.com」「@yahoo.co.jp」などであっても、Outlook.comにサインインしてメールの閲覧や送信ができます。なお、似た名前の「Outlook」は、メールアプリケーションです。無料で使うことはできず、使用にはライセンスの購入が必要です。

**Point**

### メールの高速送信

第5章で制作するフローの概要と、Power Automate Desktopからメールを送信する際の注意点を解説しました。［メールの送信］アクションを使えば、一人一人に「社名」「氏名」などを入れたメールを一瞬で送ることができます。取引先への案内や、社内連絡など幅広いメール送付業務に活用可能です。［メールの送信］アクションを安心して使う方法を押さえながら、次のレッスンからフローの制作を始めましょう。

# 35 メールを送信するには

## 新規メールの作成

[メールの送信] アクションの設定方法を解説します。メールサービスは、Microsoftアカウントがあれば無償で使用できる「Outlook.com」を使用します。

## 1 [メールの送信] アクションを追加する

レッスン❺を参考に、「メール送信」という名前の新しいフローを作成し、フローデザイナーを表示しておく

**1** [メール] のここをクリック

**2** [メールの送信] をワークスペースにドラッグ

## 2 SMTPサーバーの情報を入力する

[メールの送信] ダイアログボックスが表示された

ここでは、メールサービスとして Outlook.com を利用している場合の設定を行う

**1** [SMTP サーバー] に「smtp.office365.com」と入力

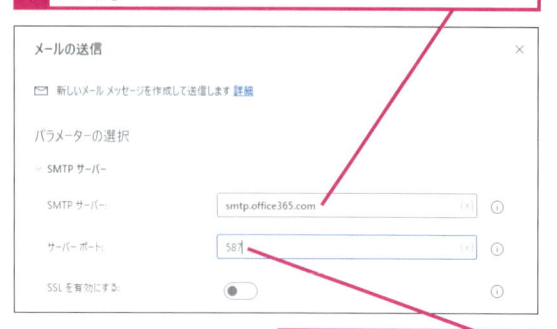

**2** [サーバーポート] に「587」と入力

---

### キーワード

| | |
|---|---|
| Microsoft Edge | p.200 |
| Outlook.com | p.200 |
| ダイアログボックス | p.202 |

### HINT!

**このレッスンで制作する操作**

メールを送信するための設定を行います。送信先にメールが届いたかどうか確認するため、本レッスンでは一時的に自分のアドレスを送信先に設定します。Power Automate DesktopにサインインしているMicrosoftアカウント以外のメールアドレスを [送信先] に設定してください。

### HINT!

**SMTPサーバーとは？**

Simple Mail Transfer Protocol（シンプルメールトランスファープロトコル）というルールに従ってメールを送るサーバーのことです。メールは、パソコンからパソコンに対して直接送られるのではなく、メール専用のサーバーを経由して送受信されています。メールサービスごとに使用するSMTPサーバーは異なります。

### HINT!

**サーバーポートとは？**

パソコンやサーバー同士が接続するための扉番号のようなものです。ポートの番号によりサーバー側の機能が変わります。メール送信時の主なポートは、25と587があります。「Outlook.com」を使用する場合は、587番ポートを使用します。

第5章 メール送信を自動化しよう

## ③ SMTPサーバーのセキュリティ設定を行う

SSLとサーバー認証の
設定をオンにする

**1** [SSLを有効にする]
のここをクリック

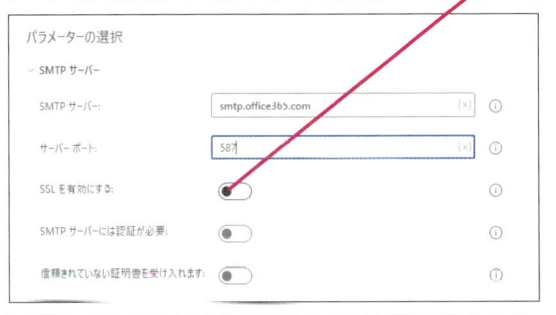

SSLが有効化
された

**2** [SMTPサーバーには認証が
必要]のここをクリック

## ④ メールアドレスとパスワードを入力する

[ユーザー名]と[パスワード]の
入力欄が表示された

**1** [ユーザー名]にMicrosoft
アカウントのメールアドレス
を入力

**2** [パスワード]にMicrosoft
アカウントのパスワードを
入力

**3** [全般]のここをクリック

---

### HINT!

**SMTPサーバーの情報は
どこで確認できる?**

メールサービス提供者のサイトや
メールアプリケーションの設定画面
から確認できます。Webブページ上
で「メールサービス名　SMTPサー
バー」などとキーワード検索を行っ
て確認する場合は、メールサービス
提供者が運営している信頼できるサ
イトから情報を入手するようにして
ください。また、会社が管理するメー
ルアプリケーションの場合、設定が
カスタマイズされ ていることがあり
ます。送信がうまくいかない場合は、
システム管理者に設定内容を確認し
てみてください。

### ⚠ 間違った場合は?

手順3で誤ってダブルクリックする
と、設定がオフになってしまいます。
その場合は、もう一度クリックして
オンにしましょう。

### HINT!

**SMTPサーバーの情報は
正しく入力しよう**

SMTPサーバーは全角半角や大文
字、小文字に気を付けて、正確に入
力してください。1字でもミスがある
と、エラーとなります。誤って全角
で入力した場合も[メールの送信]
ダイアログボックスで設定を保存で
きてしまうので注意しましょう。

### HINT!

**[SSLを有効にする]って何?**

SSL（Secure Sockets Layer）とは、
インターネット上に流れる情報を暗
号化し、第三者に盗まれたりしない
ように送受信させる仕組みのことで
す。「Outlook.com」はこの仕組み
が設定されているメールサービスな
ので、[SSLを有効にする]をオンに
する必要があります。

## ⑤ 送信元の情報を入力する

メール内容の入力欄が
表示された

**1** [送信元]に[ユーザー名]と
同じメールアドレスを入力

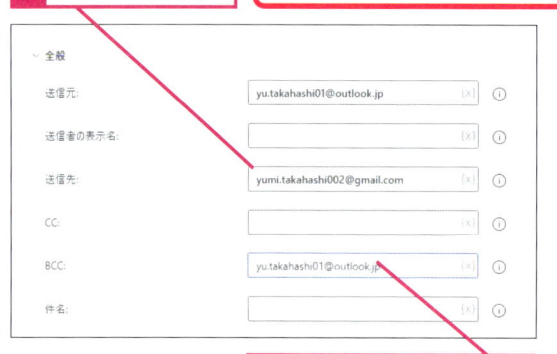

## ⑥ 送信先の情報を入力する

ここでは、メールの自動送信を確認するため、
[BCC]に自分のメールアドレスを入力する

**1** [送信先]に送信
テスト用のメール
アドレスを入力

**注意** [送信先]は、メールが送信されても問題
がないメールアドレスを入力。[ユーザー名]と
同じメールアドレスは避けてください。

**2** [BCC]に自分のメール
アドレスを入力

## ⑦ メールの件名を入力する

**1** 画面を参考に件名を入力

| 全般 | | |
|---|---|---|
| 送信元: | yu.takahashi01@outlook.jp | |
| 送信者の表示名: | | |
| 送信先: | yumi.takahashi002@gmail.com | |
| CC: | | |
| BCC: | yu.takahashi01@outlook.jp | |
| 件名: | セミナー参加御礼 | |

## 8 メールの本文を入力する

**1** 画面を参考に本文を入力

本文は練習用ファイル[メール本文参考.txt]からコピー&ペーストすることも可能です

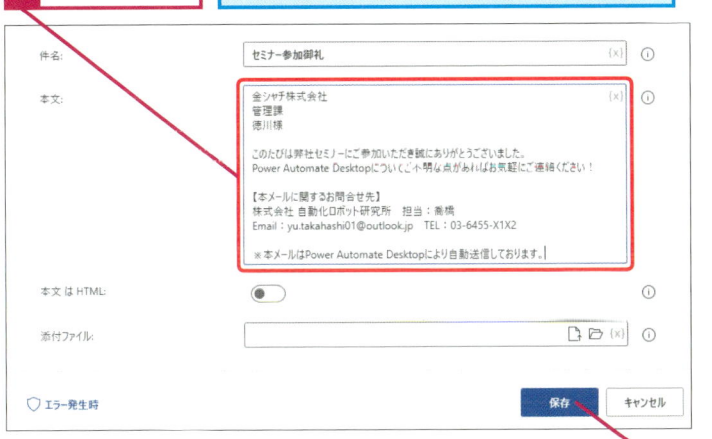

| | |
|---|---|
| 件名: | セミナー参加御礼 |
| 本文: | 金シャチ株式会社<br>管理課<br>徳川様<br><br>このたびは弊社セミナーにご参加いただき誠にありがとうございました。<br>Power Automate Desktopについてご不明な点があればお気軽にご連絡ください!<br><br>【本メールに関するお問合せ先】<br>株式会社 自動化ロボット研究所 担当:高橋<br>Email:yu.takahashi01@outlook.jp TEL:03-6455-X1X2<br><br>※本メールはPower Automate Desktopにより自動送信しております。 |
| 本文は HTML: | |
| 添付ファイル: | |

エラー発生時　　　　　　　　　　　保存　キャンセル

**2** [保存]をクリック

## 9 フローを実行する

[メールの送信]アクションが追加された

**1** [実行]をクリック ▷

ファイル 編集 デバッグ ツール 表示 ヘルプ　　　　メール送信 | Power Automate Desktop

**アクション**

🔍 アクションの検索

サブフロー ∨　　　Main

1　　　**メールの送信**
　　　件名 'セミナー参加御礼' で にメール ⋮
　　　を送信します

**変数**

🔍 変数の検索

入出力変数 0

ここにはまだ入力また

フロー変数 0

表示する

> 変数
> 条件
> ループ
> 遅延
> システム
> ファイル
> フォルダー
> 圧縮
> UI オートメーション
> Web
> Web オートメーション
> Excel

次のページに続く

---

### HINT!

**ダイアログボックスのサイズは変更できる**

ダイアログボックスの端にマウスポインターを合わせると ⬌ に形が変わり、その状態でドラッグするとサイズが変更できます。[メールの送信]アクションなど、設定項目が多いアクションを編集する際に便利です。

画面の端にマウスポインターを合わせてドラッグすると、サイズが変更される

### HINT!

**ダイアログボックスはドラッグで位置を移動できる**

ダイアログボックスは、ドラッグすることで位置を上下左右に移動できます。ダイアログボックスの背景に隠れているアクションや[変数ペイン]を見ながら設定を行いたい場合は、移動させるとよいでしょう。

## ⑩ Outlook.comにアクセスする

Microsoft Edge を
起動しておく

| 1 | 右記のページに
アクセス |
| --- | --- |

▼Outlook.com
https://outlook.com/

| 2 | [サインイン] を
クリック |
| --- | --- |

## ⑪ 送信トレイを確認する

[サインイン] 画面が表示されたときは、Microsoft
アカウントとパスワードを入力してサインインする

Outlook.com が起動し、メール画面が
表示された

| 1 | ここをクリック | ≡ |
| --- | --- | --- |

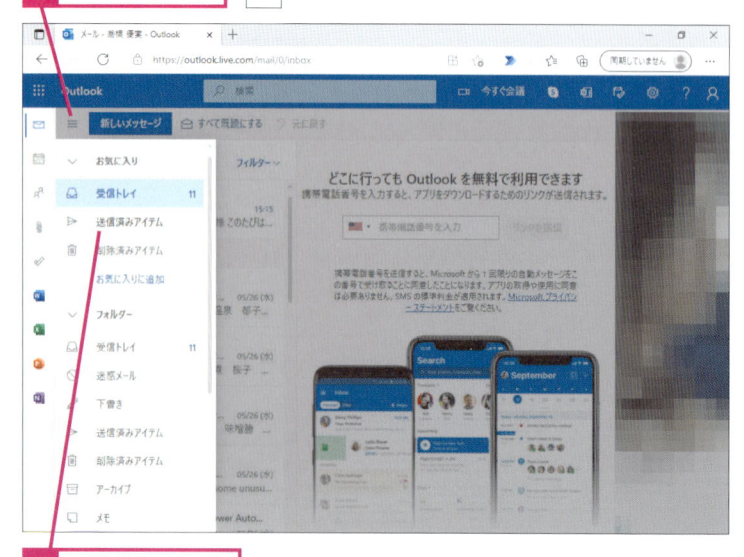

| 2 | [送信済みアイテ
ム] をクリック |
| --- | --- |

[ファイルの選択] をク
リックするとダイアログ
ボックスが表示される

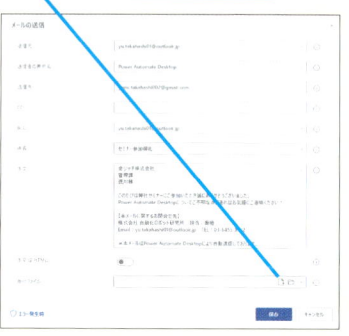

## ⑫ アクションで送信したメールを確認する

[送信済みアイテム]の一覧が表示された

**1** [メールの送信] アクションで送信したメールをクリック

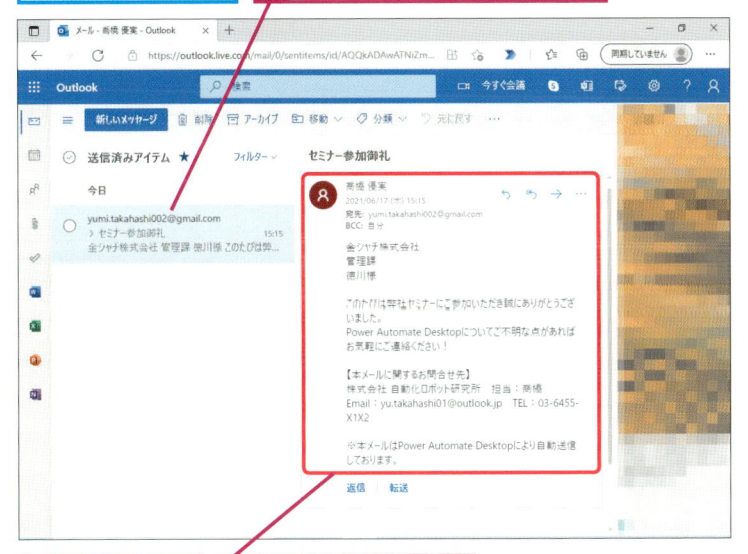

メールの内容が表示された

**2** 誤字やレイアウトの崩れがないかを確認

## ⑬ Webブラウザーを閉じる

**1** [閉じる] をクリック

## ⑭ フローを一度保存する

フローデザイナーに戻った

[保存] をクリックしてフローを保存しておく

**HINT!**

### メール本文の内容も事前にチェックしよう！

メールはチャットと異なり、メッセージ送信後の編集や削除ができません。テストメールの送信を行い、本文の誤字脱字の有無や、レイアウトの崩れなどがないことを確認しましょう。

**HINT!**

### 送信後はメールサービスでもエラーを確認する

間違ったメールアドレスや、存在しないメールアドレスが送信先に設定されている場合でもメールの送信はできてしまいます。その場合、メールサービス側にエラーメッセージが届きます。フロー実行後は必ずメールサービスを開いてエラーメッセージが届いていないか確認するようにしましょう。

**Point**

### メール送信を行うために必要な設定情報を知ろう

[メールの送信] アクションは、SMTPサーバーやサーバーポートなど設定に必要な情報がいくつかあり、使用するメールサービスによって設定内容が変わります。本章ではOutlook.comの場合の方法を解説しているため、別のメールサービスを利用している場合は、必要な情報を確認しましょう。SMTPサーバーなどの設定が必要なのは最初だけです。[メールを送信] アクションはコピーし、別のフローに貼り付けるだけで使い回すことができます。

# 36

## 送信先のリストを起動するには

### Excelファイルの起動

［デスクトップ］に練習用ファイル［送付先リスト.xlsx］を保存しましょう。デスクトップのパスを取得し、Excelを起動する方法を解説します。

### 1 練習用ファイルを保存する

デスクトップに Excel ファイル ［送付先リスト］を保存しておく

### 2 フォルダーを取得するアクションを追加する

前のレッスンで作成した［メール送信］フローに続きのアクションを追加する

**1** ［フォルダー］の ここをクリック

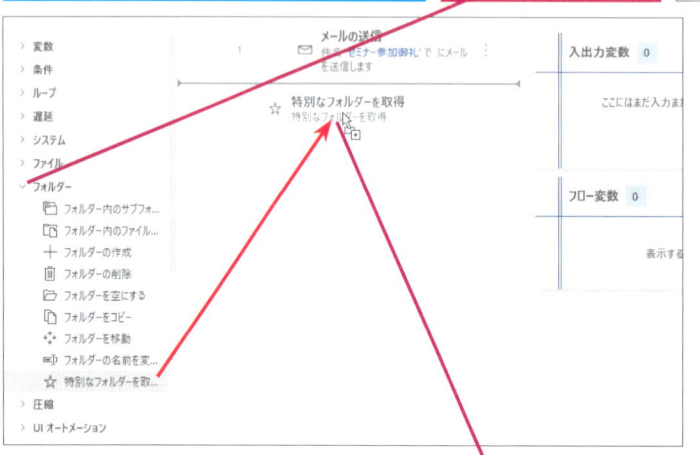

**2** ［特別なフォルダーを取得］を［メールの送信］アクションの下にドラッグ

---

**キーワード**

| | |
|---|---|
| Excel | p.200 |
| アクティブ化 | p.201 |
| ファイルパス | p.203 |

📄 **レッスンで使う練習用ファイル**
送付先リスト.xlsx

### HINT!

**このレッスンで制作する操作**

メールアドレスや送信先の社名、氏名などが記載された［送付先リスト.xlsx］を開く操作を制作します。デスクトップのファイルパスを［特別なフォルダー］アクションで取得した後、［送付先リスト.xlsx］を起動し、［メールアドレス一覧］シートをアクティブ化します。

［送付先リスト.xlsx］を開き、ワークシートをアクティブ化する

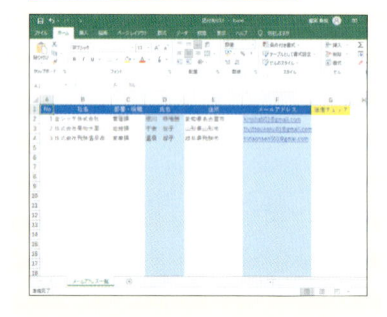

---

第5章 メール送信を自動化しよう

## ③ ［特殊なフォルダーを取得］の設定を保存する

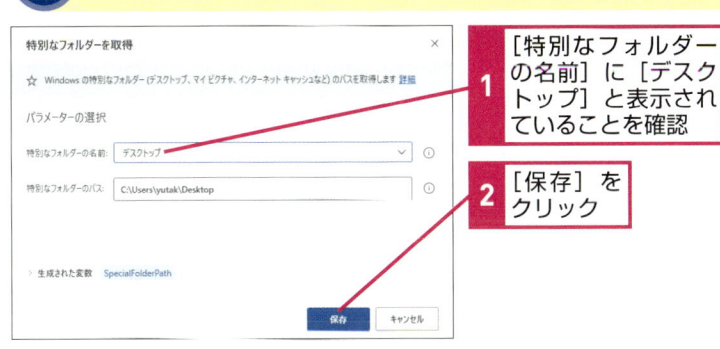

1 ［特殊なフォルダーの名前］に［デスクトップ］と表示されていることを確認

2 ［保存］をクリック

## ④ ［Excelの起動］アクションを追加する

［特殊なフォルダーを取得］アクションが追加された

［Excel］グループの［Excel の起動］アクションを追加する

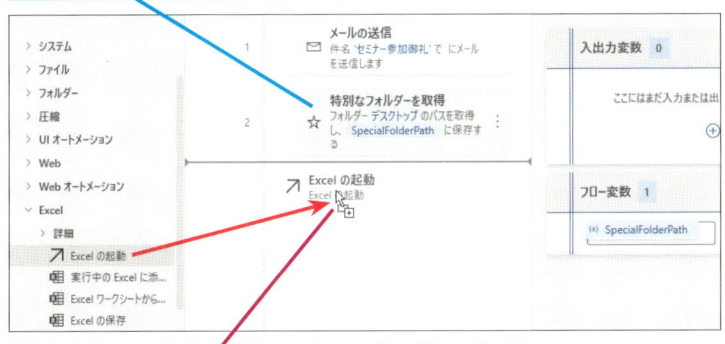

1 ［Excel の起動］を［特殊なフォルダーを取得］アクションの下にドラッグ

## ⑤ 開くドキュメントの種類を選択する

［Excel の起動］ダイアログボックスが表示された

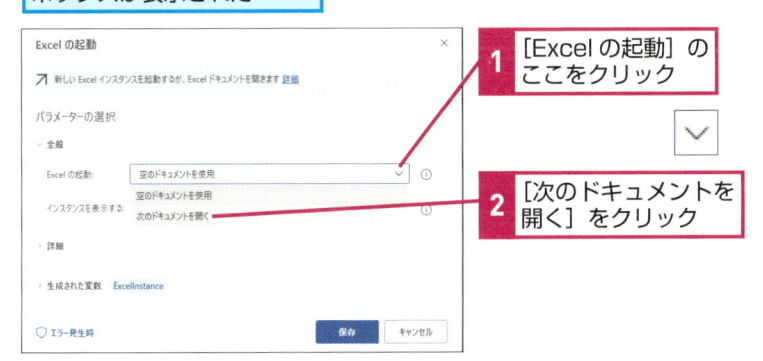

1 ［Excel の起動］のここをクリック

2 ［次のドキュメントを開く］をクリック

## HINT!

### 「SpecialFolderPath」に格納される値

変数［SpecialFolderPath］に格納される値は、［特別なフォルダーを取得］アクションの［特別なフォルダーのパス］に表示されている値です。今回は［特別なフォルダーの名前］で「デスクトップ」を選択しているので、「C:\Users\ログインユーザー名\デスクトップ」が格納されています。なお、［特別なフォルダーを取得］を利用するのは、フローをコピーした際のエラーを防ぐためです。詳しくは88ページのHINT!を参照してください。

## HINT!

### ほかのフォルダーに送付先リストがある場合

デスクトップではなく［ドキュメント］フォルダーに［送付先リスト.xlsx］が保存されている場合は、［特別なフォルダーを取得］アクションの［特別なフォルダーの名前］で［ドキュメント］を選択すると「C:\Users\ログインユーザー名\Documents」が変数［SpecialFolderPath］に格納されます。［%SpecialFolderPath%］の後ろに「\送付先リスト.xlsx」を記述するとファイルのパスを作成することができます。

次のページに続く

## ⑥ 開くExcelファイルを指定する

前ページの手順3で指定した特殊フォルダーの
パスとファイル名を指定する

**1** ［変数の選択］を
クリック

**2** ［SpecialFolderPath］
をダブルクリック

［ドキュメントパス］に「%SpecialFolderPath%」
と入力された

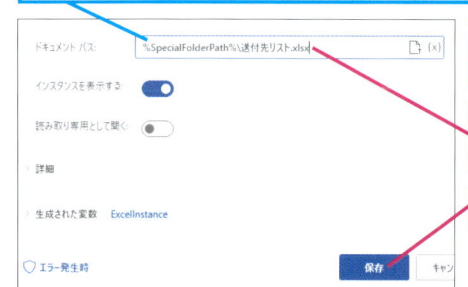

指定した変数に続けて、
ファイル名を指定する

**3** 「\送付先リスト.xlsx」
と入力

**4** ［保存］をクリック

## ⑦ ワークシートをアクティブ化するアクションを追加する

［Excel の起動］アク
ションが追加された

［Excel］グループの［アクティブな Excel ワー
クシートの設定］アクションを追加する

**1** ［アクティブな Excel ワークシートの設定］を
［Excel の起動］アクションの下にドラッグ

### HINT!

**ファイル名の前に「\」を忘れずに**

手順6の操作3でファイル名を指定するとき、ファイル名の前に階層を区切るために半角の「\」が必要です。間違えて「／」などを入力してしまうとエラーとなるため注意してください。

⚠️ **間違った場合は？**

手順6の操作1で［ファイルの選択］をクリックしてしまったときは、［ファイルを開く］ダイアログボックスで［キャンセル］をクリックしましょう。

### HINT!

**デスクトップ上のフォルダー内のファイルを指定する場合は？**

［SpecialFolderPath］の後に「\デスクトップ上のフォルダー名\送付先リスト.xlsx」と記述することでファイルパスを作成できます。

## 8 ［メールアドレス一覧］シートをアクティブ化する

［アクティブな Excel ワークシートの設定］
ダイアログボックスが表示された

**1** ［Excel インスタンス］に［%ExcelInstance%］と
表示されていることを確認

**2** ［次と共にワークシートをアクティブ化］に［名前］と表示されていることを確認

**3** ［ワークシート名］に「メールアドレス一覧」と入力

**4** ［保存］をクリック

## 9 フローを一度保存する

このレッスンで、Excel ファイル［送付先リスト］を開き、
［メールアドレス一覧］シートをアクティブ化するフロー
が作成された

**1** ［保存］を
クリック

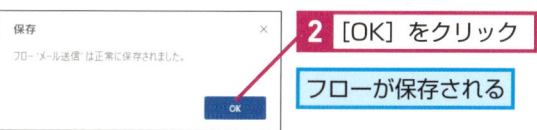

**2** ［OK］をクリック

フローが保存される

## HINT!

### アクティブ化しよう

手順8の操作3では、［送付先リスト.xlsx］の［メールアドレス一覧］シートをアクティブ化しています。Power Automate Desktopは、アクティブ化されたワークシートに対して後続のアクションを実行するため、ワークシートが追加された場合も確実に目的のワークシートに操作が行えるようアクティブ化を行うアクションを配置するようにしましょう。なお、ワークシートの指定にはインデックス番号を使用する方法もありますが、エラーが起きる可能性もあるため、ワークシート名での指定がおすすめです。詳しくは91ページのHINT!で紹介しています。

## Point

### Excelファイル操作の基本ルール

パソコンの［デスクトップ］や［ドキュメント］フォルダーに保存されているファイルを操作する場合は、［SpecialFolderPath］を使ってファイルパスを指定することと、Excelワークシートのアクティブ化は必ず［名前］を使って指定することは、Excelファイル操作の基本ルールです。複数人でフローを制作する場合は、この2つは制作上のルールとして共有しておくとよいでしょう。

# Excelファイルの
# 送信先を読み取るには

送信先の読み取り

Excelワークシートのデータ行数が増減した場合にもデータが取り込めるように、データが入力されている行数を確認したうえでワークシートを読み込みます。

## ① 空の行を取得するアクションを追加する

前のレッスンで作成した [メール送信] フローに続きのアクションを追加する

[Excel]-[詳細] グループの [Excel ワークシートから列における最初の空の行を取得] アクションを追加する

**1** [Excel] - [詳細] のここをクリック

**2** [Excel ワークシートから列における最初の空の行を取得] を [アクティブな Excel ワークシートの設定] アクションの下にドラッグ

## ② D列を指定する

[Excel ワークシートから列における最初の空の行を取得] ダイアログボックスが表示された

**1** [Excel インスタンス] に [%ExcelInstance%] と表示されていることを確認

**2** [列] に「D」と入力

**3** [保存] をクリック

### キーワード

| | |
|---|---|
| 変数 | p.203 |
| 変数ビューアー | p.203 |
| 変数ペイン | p.203 |

### HINT!

#### このレッスンで制作する操作

[送付先リスト.xlsx] の [メールアドレス一覧] シートを読み込み、変数 [ExcelData] に格納します。ここでは、[Excelワークシートから列における最初の空の行を取得] アクションを使い、データが入力されている行数を確認してから読み込みが行えるようにすることで、[送付先リスト.xlsx] の行数が変化しても対応できるようにしています。

## ③ 値を読み取るアクションを追加する

[Excel ワークシートから列における最初の空の行を取得] アクションが追加された

[Excel] グループの [Excel ワークシートから読み取り] アクションを追加する

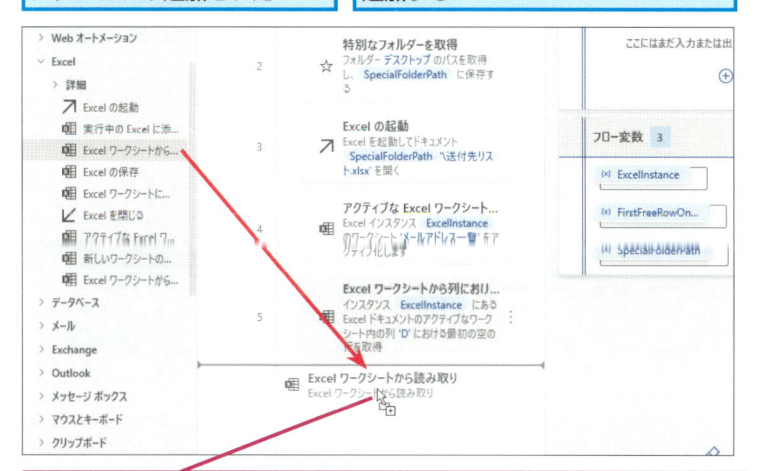

**1** [Excel ワークシートから読み取り] を [Excel ワークシートから列における最初の空の行を取得] アクションの下にドラッグ

## ④ 読み取り範囲を変更する

[Excel ワークシートから読み取り] ダイアログボックスが表示された

**1** [Excel インスタンス] に [%ExcelInstance%] と表示されていることを確認

**2** [取得] のここをクリック

**3** [セル範囲の値] をクリック

---

## HINT!

### [FirstFreeRowOnColumn] に格納される値

本章で使う [送付先リスト.xlsx] では、D列の最初の空の行は5行目となるので、変数 [FirstFreeRowOnColumn] には「5」が格納されます。一方、[列] に「G」を指定した場合は、G列の最初の空の行は2行目となるので、[FirstFreeRowOnColumn] には「2」が格納されます。

D列の最初の空の行は5行目となる

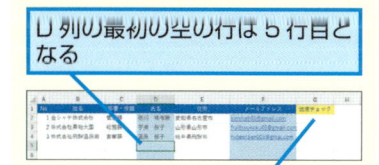

G列の最初の空の行は2行目となる

## HINT!

### [Excelワークシートから最初の空の列や行を取得] アクションとの違い

第3章、第4章で使用した [Excelワークシートから最初の空の列や行を取得] アクションは、列を指定することはできず、最もデータ数が多い列の最初の空の行を [FirstFreeRow] に格納し、最もデータ数の多い列の最初の空の列を [FirstFreeColumn] に格納します。一方、[Excelワークシートから列における最初の空の行を取得] アクションでは列の指定ができるので、下図のように「ID」があらかじめ振られている帳票でも「ID」列以外の最初の空白行を取得し、必要なデータだけを取得できます。

[FirstFreeRowOnColumn] では指定した列の最初の空の行を取得できる

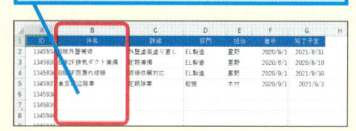

---

次のページに続く

## ⑤ セルA1から値を読み取るように設定する

[最終列] と [最終行] が
表示された

**1** [先頭列] に
「A」と入力

**2** [先頭行] に
「1」と入力

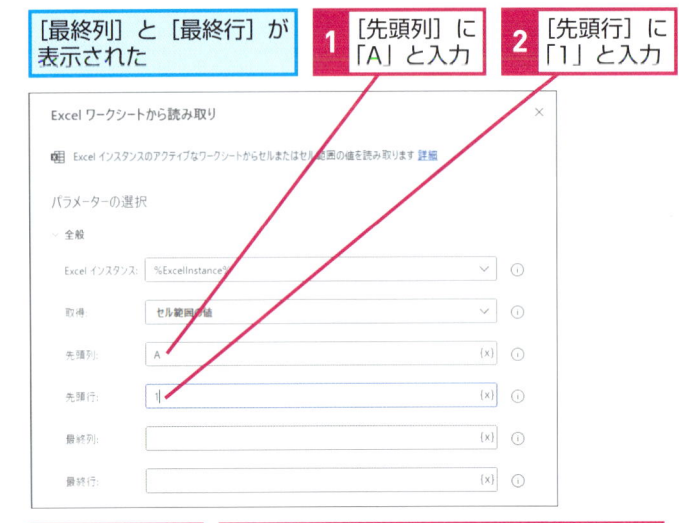

**3** [最終列] に
「F」と入力

**4** [変数を選択] を使い [最終行] に「%First
FreeRowOnColumn-1%」と入力

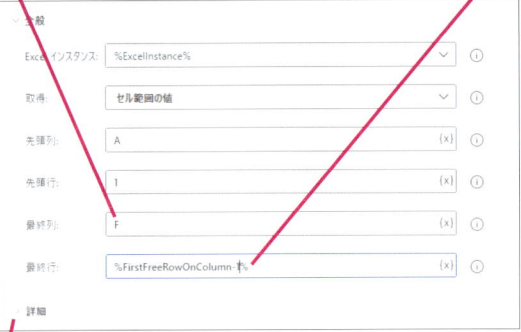

**5** [詳細] のここ
をクリック

## ⑥ 1行目を列名と見なすように設定する

[詳細] の項目が
表示された

**1** [範囲の最初の行に列名が含まれて
います] のここをクリック

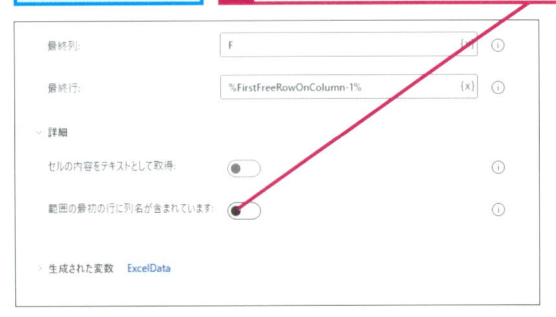

### HINT!

#### どの範囲を読み取っているの？

左上のセルA1から列名 [メールアド
レス] のデータが入力されている行
までのデータを読み取っています。
[送信チェック] 列は、メール送信
が完了するごとに「OK」を書き込
む列のため、読み取る必要はありま
せん。

F列までを読み取る

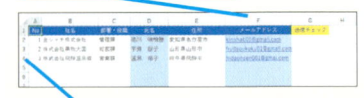

[%FirstFreeRowOnColumn
-1%] と指定する

### HINT!

#### [最終行] の変数の意味は？

変数 [FirstFreeRowOnColumn]
には、A列の最初の空の行「5」が
格納されています。データが入力さ
れている行はその1つ上の「4」行目
までとなるため、「FirstFreeRowOn
Column-1」とする必要があります。
また、手順6で [範囲の最初の行に
列名が含まれています] をオンに設
定し、Excelデータの最初の列をデー
タではなく列名で読み込めるように
しておきましょう。

### ⚠ 間違った場合は？

手順5の操作4で、間違った変数を
入力してアクションを保存するとエ
ラーが表示されます。その場合は、
[Excelワークシートから読み取り]
アクションをダブルクリックして、
[Excelワークシートから読み取り]
ダイアログボックスを表示します。
次に [最終行] の欄をクリックして
から Ctrl + A キーで文字を選択し、
Delete キーを押して文字列を削除し
てから正しい変数を入力しましょう。

## 7 設定を保存する

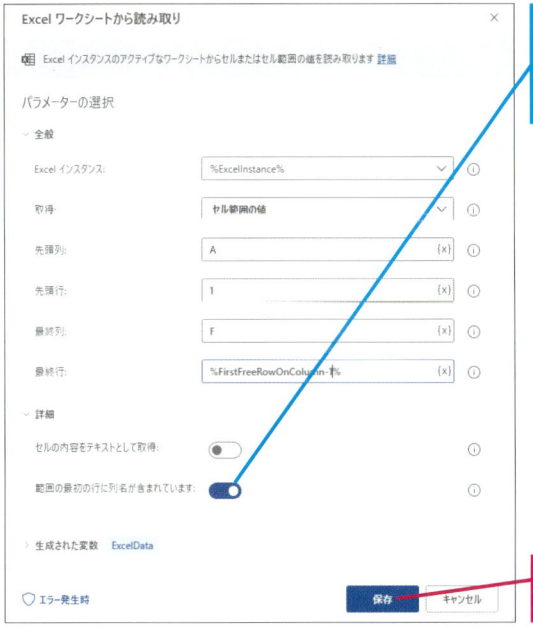

[範囲の最初の行に列名が含まれています]がオンになった

1 [保存]をクリック

## 8 フローを一度保存する

このレッスンで、[メールアドレス一覧]シートのセルA1からセルF4までで値が入力されているセル範囲を読み取るフローが作成された

1 [保存]をクリック

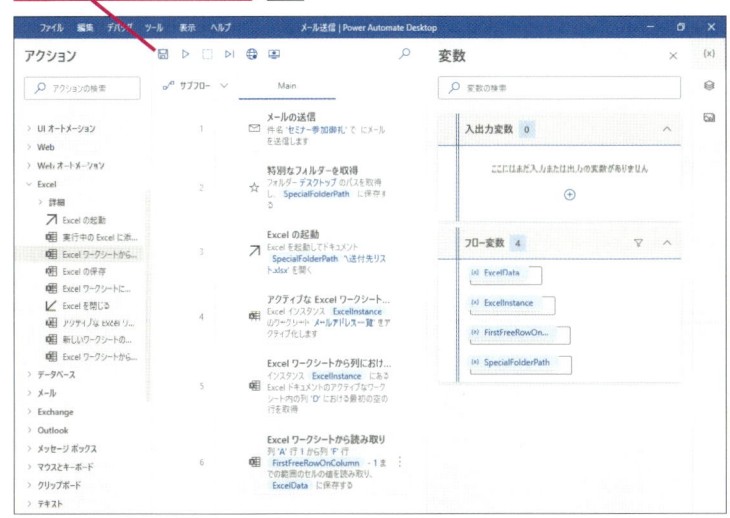

2 [OK]をクリック

フローが保存される

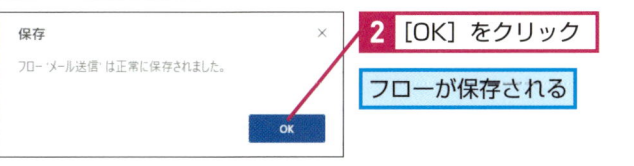

## HINT!

### 「ExcelData」を確認してみよう

手順8でフローを保存したら、[特別なフォルダーを取得]アクションを右クリックし、[ここから実行]をクリックしてフローを実行しましょう。フロー実行後に[変数ペイン]の[ExcelData]をダブルクリックすると[Excelワークシートから読み取り]アクションによって読み取られた[ExcelData]を確認できます。なお、97ページのHINT!で解説したように、Excelは先頭の行は1行目ですが、「ExcelData」の先頭行は0行目となります。

フロー実行後に内容を確認したい変数をダブルクリックする

変数の中身が確認できる

## Point

### 最終行を読み取るアクションを使い分けよう

[Excelワークシートから列における最初の空の行を取得]アクションを使い、「列」を指定して最初の空の行を取得する方法を解説しました。読み取りたい表の形式に応じて[Excelワークシートから列における最初の空の行を取得]アクションと、第3章、第4章で使用した[Excelワークシートから最初の空の列や行を取得]のアクションを使い分けられるようにしましょう。

# 送信先別にメールを送信するには

## [For each] アクション

[For each] アクションを配置し、繰り返しメールが送信されるようにします。またメール本文に送信先の［社名］［所属・役職］［氏名］が表示されるようにします。

## 1 [For each] アクションを追加する

前のレッスンで作成した［メール送信］フローに続きのアクションを追加する

［ループ］グループの［For each］アクションを追加する

**1** ［ループ］のここをクリック

**2** ［For each］を［Excel ワークシートから読み取り］アクションの下にドラッグ

### HINT!

**このレッスンで制作する操作**

メール1通1通に［メールアドレス］［社名］［所属・役職］［氏名］をメール本文に入力する操作を制作します。これらの値はレッスン㊲の変数［ExcelData］に格納されているため、［For each］アクションを使い、列名で必要な部分を取り出します。

メールの本文冒頭にあて先が入力されるようにする

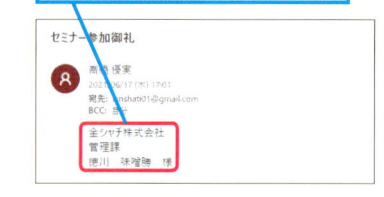

## 2 変数を選択する

［For each］ダイアログボックスが表示された

**1** ［反復処理を行う値］の［変数を選択］をクリック

**2** ［ExcelData］をダブルクリック

### ⚠ 間違った場合は？

手順2の操作2で間違った変数を選択してしまった場合は、［反復処理を行う値］の文字列を Delete キーを押して削除し、もう一度［変数を選択］をクリックして、正しい変数をダブルクリックしましょう。

## ③ 設定を保存する

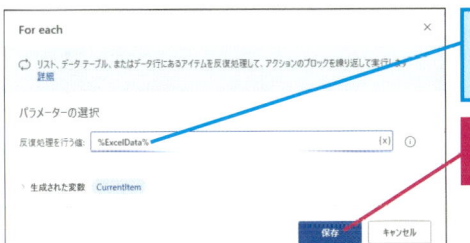

［反復処理を行う値］に
「%ExcelData%」が入力された

**1** ［保存］をクリック

## ④ ［For each］アクションが追加された

［For each］アクションが追加された

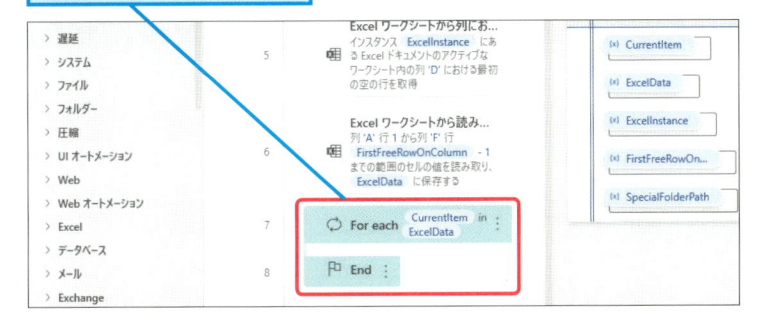

## ⑤ ［メールの送信］アクションを移動する

レッスン㉟で追加した［メールの送信］アクションを［For each］と［End］の間に移動する

**1** 1行目の［メールの送信］をクリック

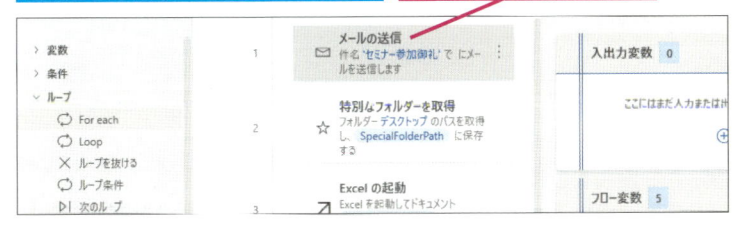

**2** そのまま［For each］と［End］の間までドラッグ

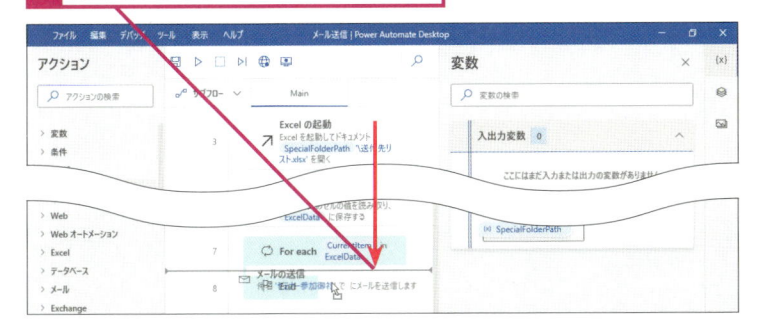

## HINT!

### ［For each］アクションと変数［CurrentItem］とは？

［For each］アクションは、取り込まれた変数［ExcelData］を1行ごとに順番に抜き取りながら、繰り返し処理を行っていくアクションです。抜き取ったデータは変数［CurrentItem］に格納されます。変数［CurrentItem］に格納されているのは、［For each］アクションにより現在抜きとられているデータです。繰り返しは変数［ExcelData］の行数分だけ行うので、［Loop］アクションのように［開始値］や［終了値］を設定する必要もありません。

変数［ExcelData］の値が順番に変数［CurrentItem］へ格納される

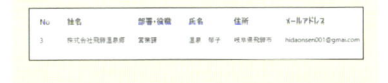

1回目の変数［CurrentItem］

2回目の変数［CurrentItem］

3回目の変数［CurrentItem］

### ⚠ 間違った場合は？

手順5の操作2で間違った位置にアクションをドラッグしてしまった場合は、 Ctrl + Z キーを押して、操作を1つ前に戻しましょう。

次のページに続く

## 6 ［メールの送信］アクションを編集する

移動した［メールの送信］アクションを編集する

1 ［メールの送信］をダブルクリック

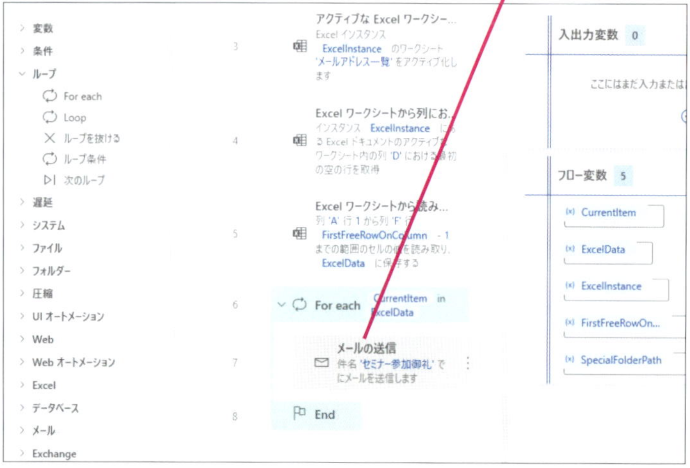


## 7 ［全般］を表示する

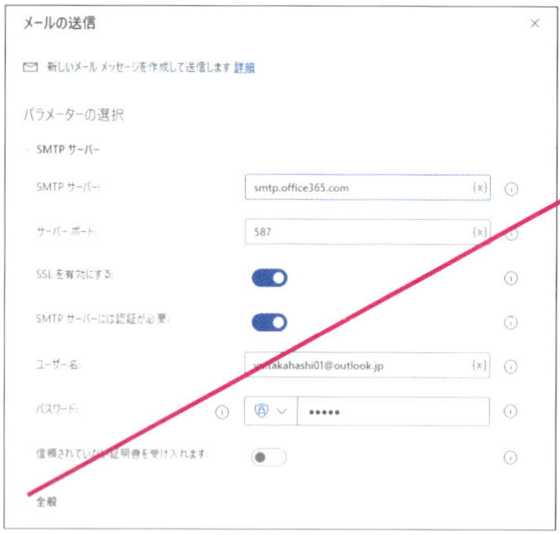


［メールの送信］ダイアログボックスが表示された

1 ［全般］のここをクリック

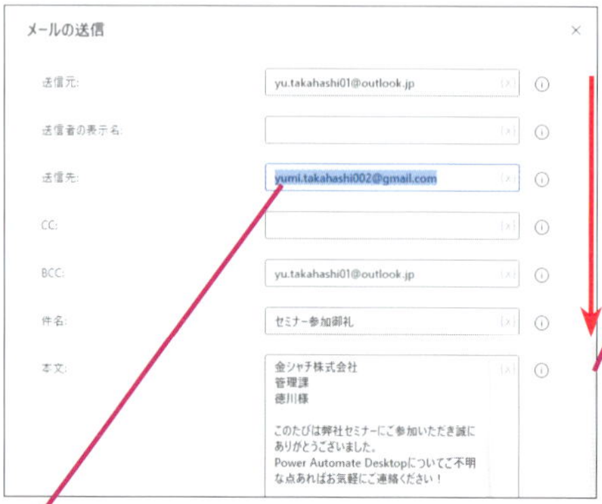


2 画面を下にスクロール

3 ［送信先］のメールアドレスをドラッグして選択

4 Delete キーを押す

**HINT!**

### ［メールの送信］アクションは移動してから編集しよう

［メールの送信］アクションを1行目に配置したままで編集しようとすると、「変数が見つかりません」というエラーが出ます。これは、［For each］アクションにより変数［CurrentItem］がまだ生成されていない段階で変数［CurrentItem］を使おうとしているためです。［For each］アクションの中に［メールの送信］アクションを移動すれば、エラーにはなりません。

**HINT!**

### 送付先に指定する値の意味は？

［For each］アクションにより、変数［ExcelData］から抜き取られた値が変数［CurrentItem］に格納されます。「%CurrentItem['メールアドレス']%」は、変数［CurrentItem］に格納されているデータの中で、［メールアドレス］列の値のことです。［For each］アクションを使って変数［ExcelData］を指定する場合は、このように列名を指定するだけで値を取り出せます。

1回目の「%CurrentItem['メールアドレス']%」ではこの値を指定する

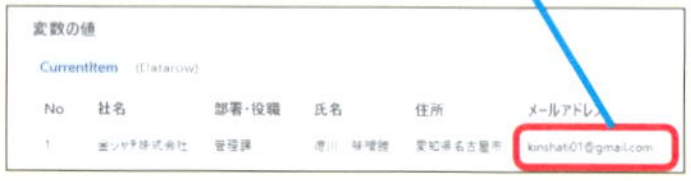


2回目の「%CurrentItem['メールアドレス']%」ではこの値を指定する

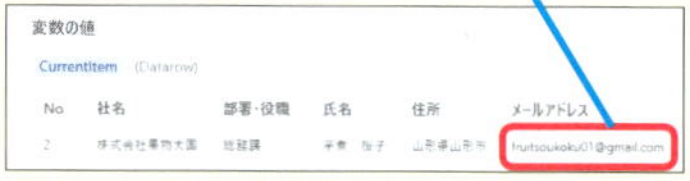


3回目の「%CurrentItem['メールアドレス']%」ではこの値を指定する

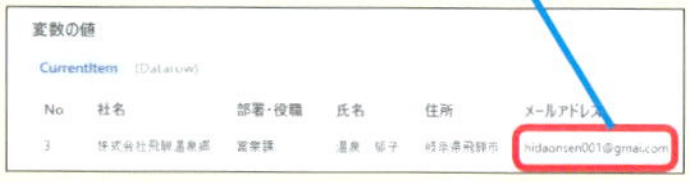

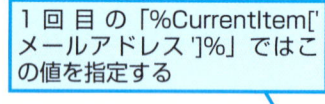

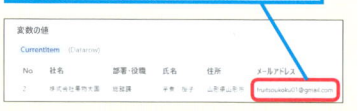

## ⑧ ［送信先］を編集する

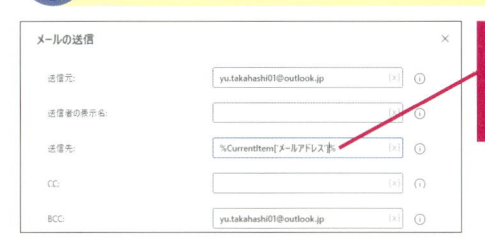

**1** ［変数の選択］を使い「%CurrentItem['メールアドレス']%」と入力

## ⑨ あて名を編集する

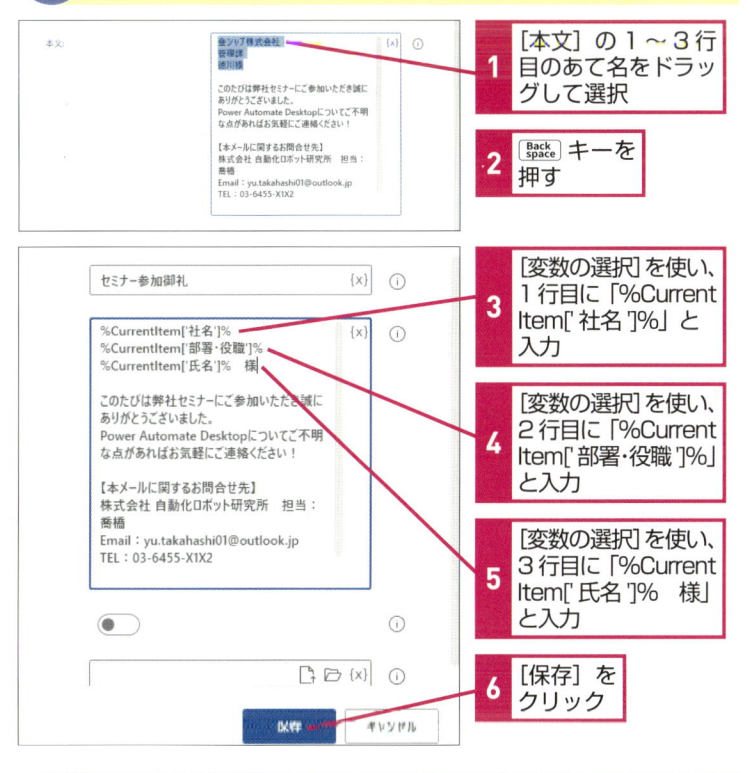

**1** ［本文］の1～3行目のあて名をドラッグして選択

**2** `Back space` キーを押す

**3** ［変数の選択］を使い、1行目に「%CurrentItem['社名']%」と入力

**4** ［変数の選択］を使い、2行目に「%CurrentItem['部署・役職']%」と入力

**5** ［変数の選択］を使い、3行目に「%CurrentItem['氏名']%　様」と入力

**6** ［保存］をクリック

## ⑩ フローを一度保存する

このレッスンで、Excelファイル［送付先リスト］の送信先別にメール本文内の宛名が入力されるフローが作成された

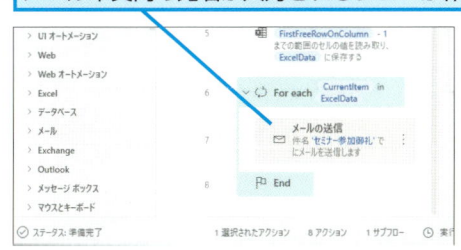

レッスン㊱を参考にフローを保存しておく

38

[For each] アクション

## HINT!

### 本文に指定した値の意味は？

［本文］に指定している「%CurrentItem['社名']%」「%CurrentItem['部署・役職']%」「%CurrentItem['氏名']%」は、変数［CurrentItem］に格納されているデータの中の列名「社名」「部署・役職」「氏名」に格納されている値のことです。なお、エラーを避けるために変数［CurrentItem］などの変数名は直接入力するのではなく、［変数名の選択］を使って入力するようにしてください。また「'（シングルコーテーション）」は半角で入力します。全角で入力するとエラーがで出るため注意してください。

1回目「%CurrentItem['社名']%」ではこの値を指定する

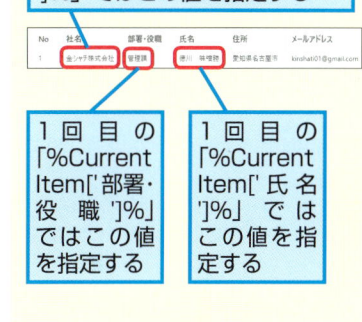

1回目の「%CurrentItem['部署・役職']%」ではこの値を指定する

1回目の「%CurrentItem['氏名']%」ではこの値を指定する

## Point

### ［ExcelData］を使った繰り返しに便利な［For each］アクション

Excelデータを元に繰り返しメールを送るときや、データを入力するときにとても便利なのが［For each］アクションです。繰り返しの［開始値］や［終了値］を指定する手間もなく、［For each］アクションを使えばExcelから読み取った値を1行ずつ変数［CurrentItem］に格納して、「%CurrentItem['列名']%」のような形で取り出せます。

# 書き込み行を格納する
# 変数を作成するには

## 変数の生成

［変数の設定］アクションで変数を作成します。この変数には書き込みを行うセルの行数を格納し、何のための変数かすぐ分かるように変数名を変更します。

## ① ［変数の設定］アクションを追加する

| 前のレッスンで作成した［メール送信］フローに続きのアクションを追加する | ここではレッスン❸で追加した5行目の［Excel ワークシートから読み取り］アクションの下にアクションを追加する |
|---|---|

**1** ［変数］のここをクリック

**2** ［変数の設定］を［Excel ワークシートから読み取り］アクションの下にドラッグ

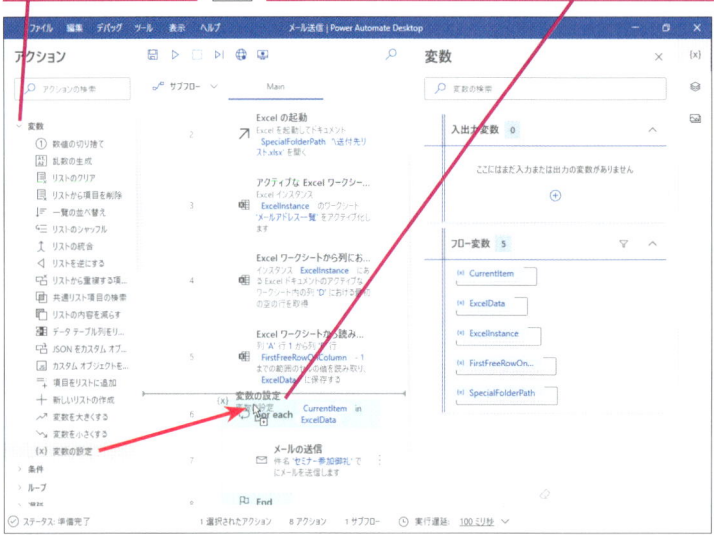

## ② 変数名をダブルクリックする

［変数の設定］ダイアログボックスが表示された

**1** ［設定］の［NewVar］をダブルクリック

変数が編集できるようになった

**2** 「%NewVar%」をドラッグして選択

▶ キーワード

| Excel | p.200 |
|---|---|
| フロー | p.203 |
| 変数 | p.203 |

## HINT!

### このレッスンで制作する操作

メールの送信が完了するたびに［送付先リスト.xlsx］の［送信チェック］列に「OK」と書き込むため、［変数の設定］アクションで変数を生成します。作成する変数には、書き込みを行う行の番号を格納し、格納した番号からExcel上で書き込みが開始されるようにしています。

## HINT!

### ［変数の設定］アクションって？

変数を新たに作り、変数の初期値を設定できるアクションです。変数は、Excelワークシートを読み取った際に生成される変数［ExcelData］のように自動で生成される場合と、［変数の設定］アクションを配置することで生成される場合の2パターンがあります。［変数の設定］アクションで変数を作成した場合、変数名は［NewVar］となります。この名前ではどのような値が格納されている変数なのか分からないため、手順3で変数名を［OKRow］に変更しています。

## ③ 変数名を変更する

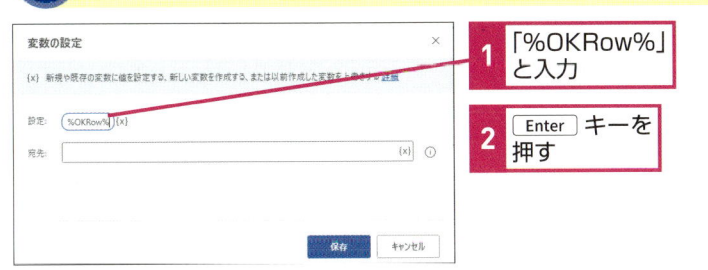

1 「%OKRow%」と入力

2 Enter キーを押す

## ④ 変数に「2」を割り当てる

変数「OKRow」が生成された

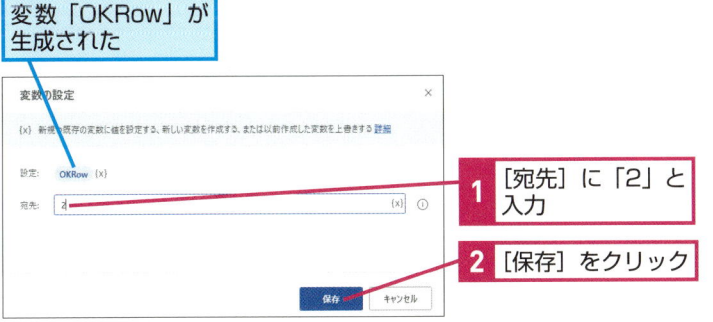

1 [宛先] に「2」と入力

2 [保存] をクリック

## ⑤ フローを一度保存する

[変数の設定] アクションが追加された

1 [保存] をクリック

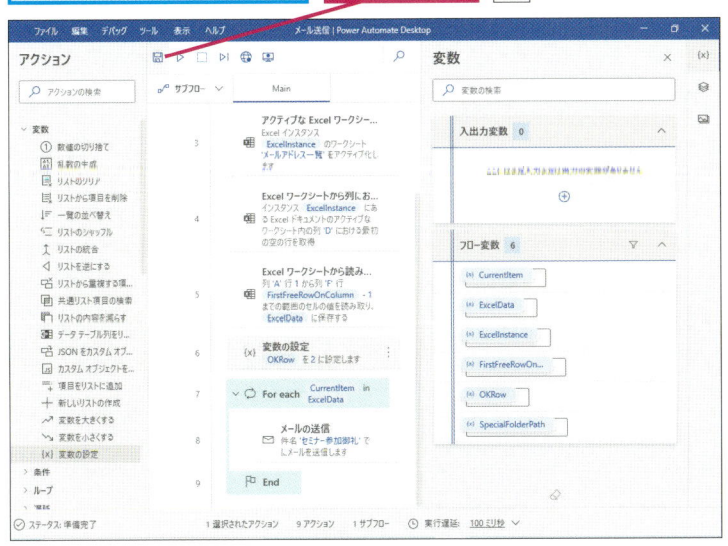

2 [OK] をクリック

フローが保存される

### ⚠ 間違った場合は？

手順3で変数名を間違って入力した場合は、もう一度 [設定] の変数名をダブルクリックして、変数名を入力し直しましょう。

### HINT!

#### [宛先] に「2」を入力したのはなぜ？

[変数の設定] アクションの [宛名] に「2」を入力したのは、[送付先リスト.xlsx] の「送信チェック」列の2行目から送信完了の「OK」の入力を開始するためです。

2行目を入力のスタート位置として指定する

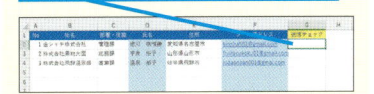

### Point

#### 変数名は分かりやすい名前にしよう

変数名には日本語は使えませんが、英語にこだわる必要はありません。ローマ字表記でいいので、[Yosan] (予算) や [Kigen] (期限) など、どのようなデータが格納されている変数なのか、誰が見ても分かる名前を付けておくとよいでしょう。フローの修正やほかの人にフローを使ってもらうときに、フローの内容が理解しやすくなります。

# 送信後に「OK」と入力するには

## Excelファイルへの書き込み

［送付先リスト.xlsx］の［送信チェック］列に、メール送信が完了するたびに「OK」と書き込むアクションを配置します。また、変数［OKRow］を1ずつ増加させます。

## 1 書き込みを行うアクションを追加する

前のレッスンで作成した［メール送信］フローに続きのアクションを追加する

ここでは、レッスン㊳で編集した［メールの送信］アクションの下に［Excel ワークシートに書き込み］アクションを追加する

**1** ［Excel］のここをクリック

**2** ［Excel ワークシートに書き込み］を［メールの送信］アクションの下にドラッグ

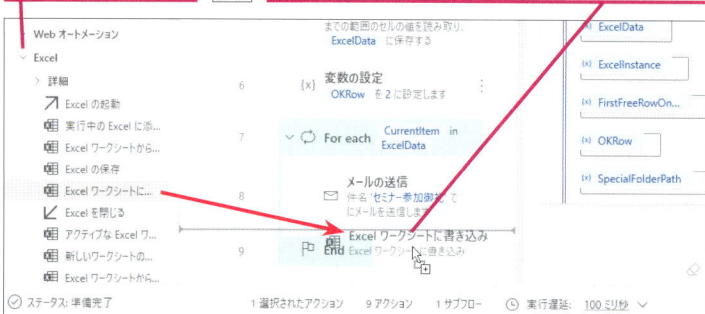

### キーワード

| | |
|---|---|
| Excel | p.200 |
| 変数 | p.203 |
| ランタイムエラー | p.203 |

### HINT!

**このレッスンで制作する操作**

メール送信が完了するたび、［送信チェック］列に「OK」と書き込む操作を制作します。［メールの送信］アクションは、送信先のメールアドレスに使用できない記号や全角文字が使用されている場合、フローがエラー停止します。その場合、送信リスト内のどのメールアドレスで失敗したのか分かるように、送信が完了したら「OK」を入力されるようにします。

## 2 書き込む値を設定する

［Excel ワークシートに書き込み］ダイアログボックスが表示された

**1** ［Excel インスタンス］に［%ExcelInstance%］と表示されていることを確認

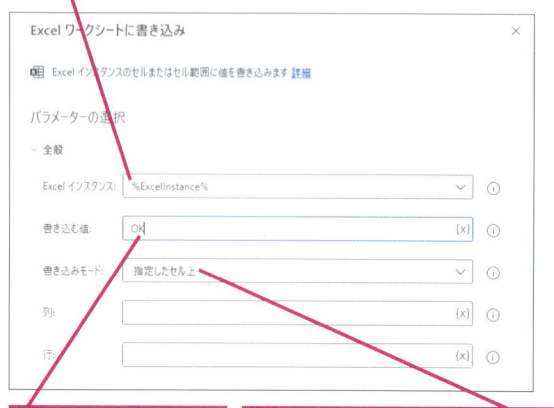

**2** ［書き込む値］に「OK」と入力

**3** ［書き込みモード］に［指定したセル上］と表示されていることを確認

## ③ 書き込む列を設定する

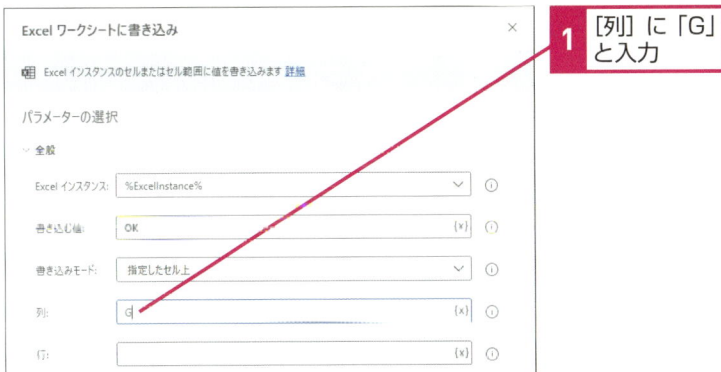

**1** [列]に「G」と入力

## ④ 書き込む行を設定する

[行]にレッスン㊴で生成した変数「OKRow」を指定する

**1** [行]の[変数を選択]をクリック

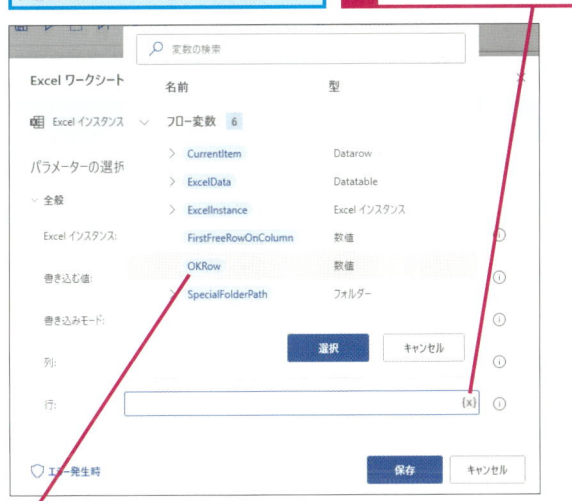

**2** [OKRow]をダブルクリック

## ⑤ 設定を保存する

[行]に[%OKRow%]と表示された

**1** [保存]をクリック

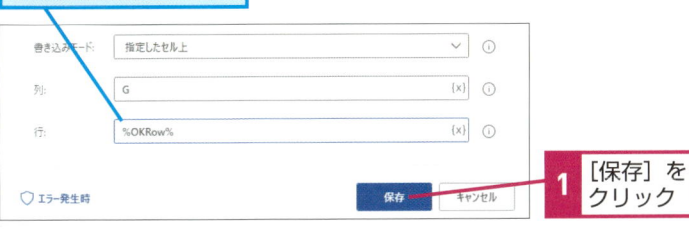
次のページに続く

**[変数を大きくする] アクションを追加する**

| [Excel ワークシートに書き込み] アクションが追加された | [変数] グループの [変数を大きくする] アクションを追加する |
|---|---|

**1** [変数] のここをクリック

**2** [変数を大きくする] を [Excel ワークシートに書き込み] アクションの下にドラッグ

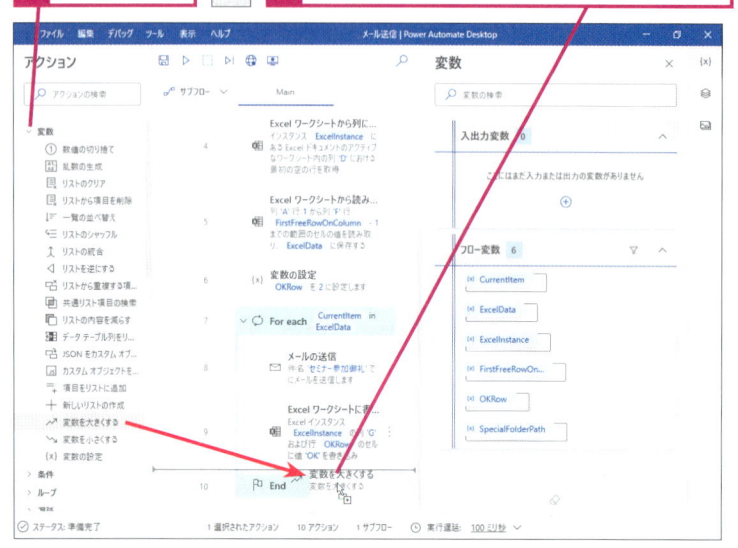

 **値を大きくする変数を選択する**

| [変数を大きくする] ダイアログボックスが表示された |
|---|

**1** [変数名] の [変数を選択] をクリック

**2** [OKRow] をダブルクリック

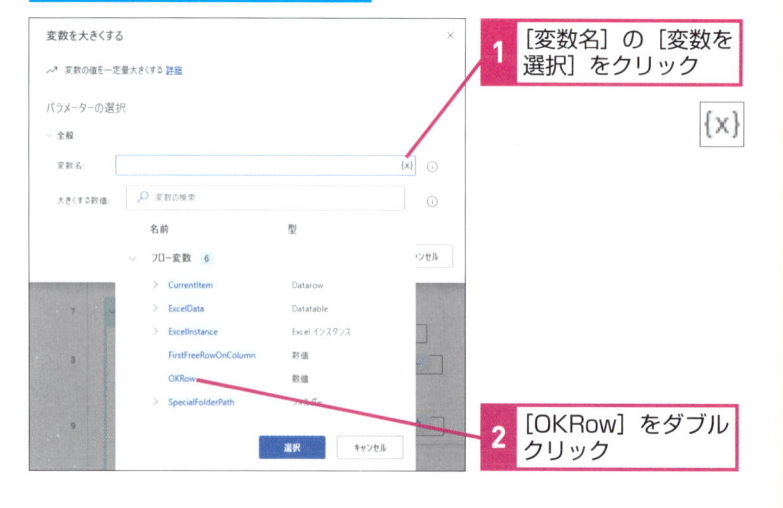

---

## 8 変数「OKRow」を1ずつ大きくする

[変数名]に[%OKRow%]と
表示された

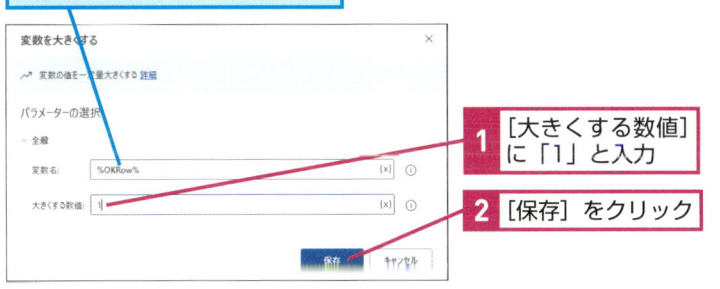

1 [大きくする数値]
に「1」と入力

2 [保存]をクリック

## 9 フローを一度保存する

このレッスンで、メールの送信が成功したらExcelファイル[送付先リスト]のG列に「OK」と入力するフローが作成された

1 [保存]を
クリック

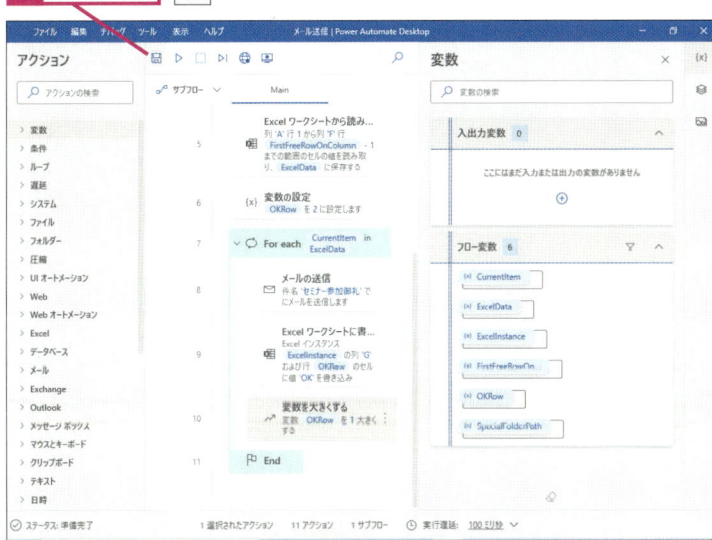

2 [OK]をクリック

フローが保存される

### [変数を大きくする]アクションを追加する理由

[変数を大きくする]アクションを使って変数[OKRow]の現在値を増やすためです。[大きくする数値]に「1」を設定したのは、繰り返しのたびに変数[OKRow]を1ずつ大きくするためです。[変数を大きくする]アクションは、[For each]アクションと[End]アクションの間に配置し、繰り返しのたびに変数[OKRow]が大きくなり、「OK」の文字列が書き込まれる行が繰り下がるようにしています。[大きくする数値]には「-1」などのマイナスの値や、「0.5」などの小数以下の数値を設定することも可能です。

メールが送信されたら、1行下
のセルに「OK」と入力する

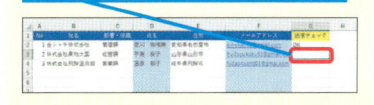

## Point

### 実行結果が見えると安心できる

業務を自動化すると本当に実行されているのか不安を感じる人もいます。そのような場合はこのレッスンの方法を使って、ユーザーの目に見える形で記録が残るようにしておくとよいでしょう。ただし、メールアドレスが存在しない場合や相手側のサーバーに問題がある場合は、[メールの送信]アクションはエラーとならず、チェック欄に「OK」が記入されます。メール送信を行うフローを実行した後は必ずメールサービスを開き、エラーメールが届いていないかも確認しましょう。

# 41

## 送信完了のメッセージを表示するには

### メッセージの表示

メールの送信完了後に完了メッセージを表示する方法を解説します。メッセージボックスは、アイコンやボタンのカスタマイズが可能です。

## ① ブックを閉じるアクションを追加する

前のレッスンで作成した［メール送信］フローに続きのアクションを追加する

［Excel］グループの［Excel を閉じる］アクションを［End］の下に追加する

**1** ［Excel］のここをクリック

**2** ［Excel を閉じる］を［End］の下にドラッグ

### HINT!

**このレッスンで制作する操作**

すべてのメールを送信した後に［送付先リスト.xlsx］を保存して閉じる操作と、「メール送信が完了しました！」というメッセージを表示する操作を制作します。メッセージボックスを設定すると、Power Automate Desktopで処理が完了したことがすぐに分かります。

メールの送信が完了したら保存して閉じる

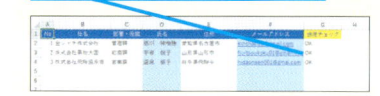

メッセージを表示する

## ② Excelファイルの終了方法を指定する

［Excel を閉じる］ダイアログボックスが表示された

**1** ［Excel インスタンス］に［%ExcelInstance%］と表示されていることを確認

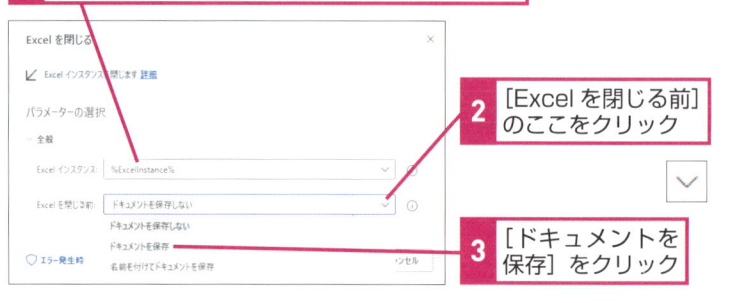

**2** ［Excel を閉じる前］のここをクリック

**3** ［ドキュメントを保存］をクリック

第5章 メール送信を自動化しよう

## ③ 設定を保存する

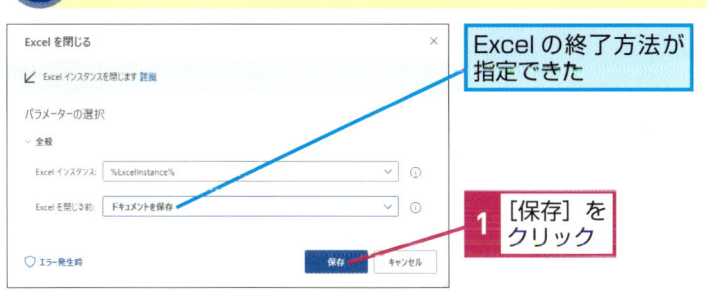

Excel の終了方法が指定できた

**1** [保存] をクリック

## ④ メッセージボックスのアクションを追加する

[Excel を閉じる] アクションが追加された

[メッセージボックス] グループの [メッセージを表示] アクションを追加する

**1** [メッセージボックス] のここをクリック

**2** [メッセージを表示] を [Excel を閉じる] アクションの下にドラッグ

## ⑤ メッセージボックスの表示テキストを設定する

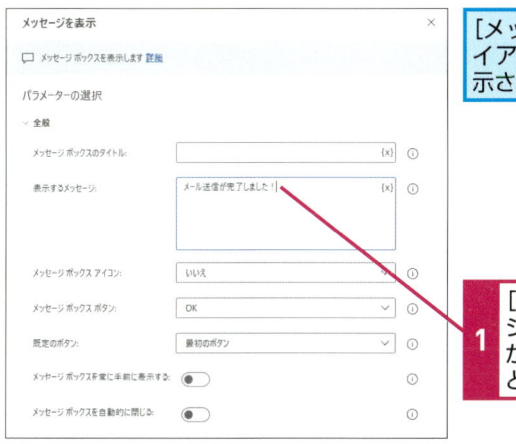

[メッセージを表示] ダイアログボックスが表示された

**1** [表示するメッセージ] に「メール送信が完了しました！」と入力

**HINT!**

### 別のファイルとしても保存できる

第3章レッスン㉔のように、[Excelを閉じる] アクションで [Excelを閉じる前] に [名前を付けてドキュメントを保存] を設定すると、別名のExcelファイルとして保存することもできます。また、Excelファイルを閉じずに保存だけ行う [Excelの保存] アクションもあり、フロー実行後にExcelファイルの内容を確認したうえで閉じたい場合に使います。

次のページに続く

## ⑥ メッセージボックスのアイコンを設定する

メッセージボックスに表示する
アイコン変更する

**1** ［メッセージボックスアイコン］の
ここをクリック

**2** ［情報］を
クリック

## ⑦ 設定を保存する

アイコンが
設定できた

**1** ［メッセージボックス
を常に手前に表示す
る］のここをクリッ
クしてオンに設定

**2** ［保存］を
クリック

第5章 メール送信を自動化しよう

## 8 フローを保存する

このレッスンで、Excel ファイル［送付先リスト］を閉じ、
メッセージボックスを表示するフローが作成された

**1** ［保存］を
クリック

［保存］の画面で［OK］を
クリックする

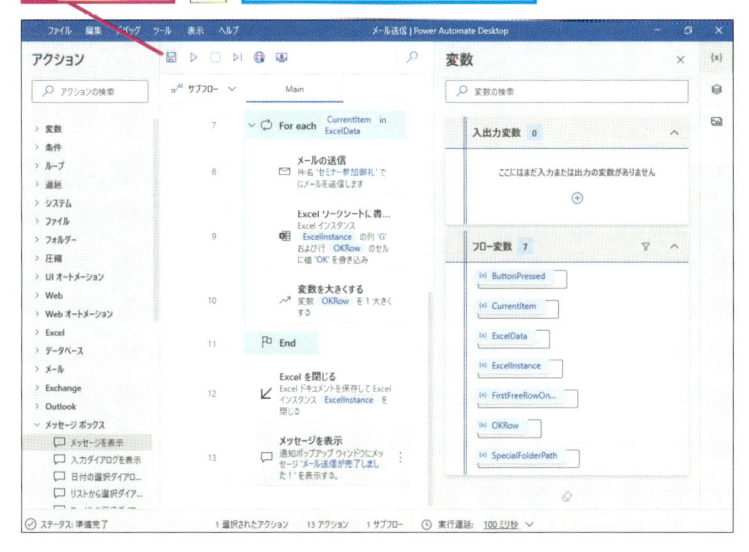

## 9 フローを実行する

**1** ［実行］を
クリック

Excel ファイル［送付先リスト］の宛先に
向けて、メールの一括送信が行われる

メール送信が完了すると、メッセージ
ボックスが表示される

**2** ［OK］をクリック

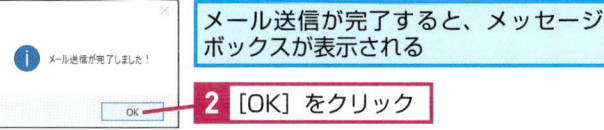

Excel ファイル［送付先リスト］の G 列に
「OK」と表示される

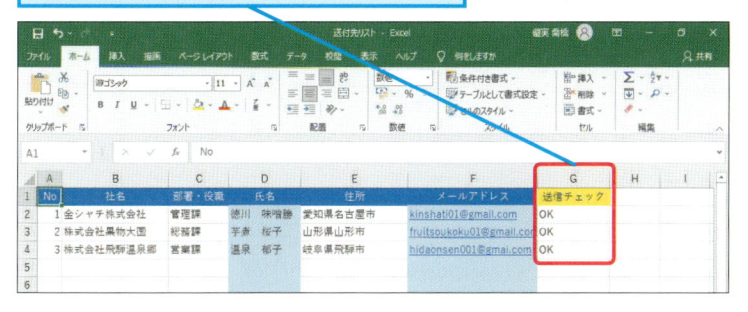

## HINT!

### このフローを実際の業務に使いたい場合は

実際にこのフローを使ってメールの送信を行う場合は、［送付先リスト.xlsx］に［社名］［部署・役職］［氏名］［メールアドレス］を入力し、ファイルを保存して閉じたうえで、［実行］をクリックしてください。［氏名］を空欄にすることはできません。［氏名］が入力されているD列を使って、最初の空白の行を取得しているので、空欄にしてしまうと読み込まれない行が発生する恐れがあります。［部署・役職］、［氏名］は入力されていなくてもメールの送信は実行されますが、メール本文中では空白行となります。

## Point

### 実行完了をお知らせすることもできる

本レッスンで［メール送信］フローは完成です。［メッセージを表示］アクションを使えば、実行が完了したことを通知することができます。また、フロー実行中はユーザーが操作しないほうがよい場合もあるでしょう。本レッスンの内容を使えば、そのような場合に「完了メッセージが出るまでパソコン操作は行わないように」とユーザーに伝えることもできます。

# この章のまとめ

## ●メール送信を行うフローの活用時は注意点も再確認しよう

［メールの送信］アクションを使い始めるためには、SMTPサーバーやサーバーポートの設定が必要です。一度設定してしまえば、設定済みのアクションをコピーするだけで簡単にほかのフローでもメールを送信できるようになります。この章で制作したフローは送りたいメールに合わせ、［送付先リスト.xlsx］の送信先情報と、［メールの送信］アクションの［件名］［本文］を書き換えれば、実際の業務に即使えます。添付ファイルを付けて送信することも可能なため、配送リストや納品書などの伝票ファイルを送付する業務や、

レポートやパンフレットなどを配布する業務などにも活用できます。ただし、実際の業務で使用する場合はレッスン㉞とレッスン㉟で解説した［メールの送信］アクションを使ったメール送信の注意点も再度確認するようにしてください。メールサービスのアプリケーション側に送信履歴が残らない場合があるため、［BCC］に自分もしくは担当者のメールアドレスを必ず入れ、送信後はメールサービスのアプリケーションを開いて、エラーメールが届いていないか確認しましょう。

**注意点をしっかり確認しよう**

必ずテスト送信を行い、意図しない形で送信されないように気を付ける

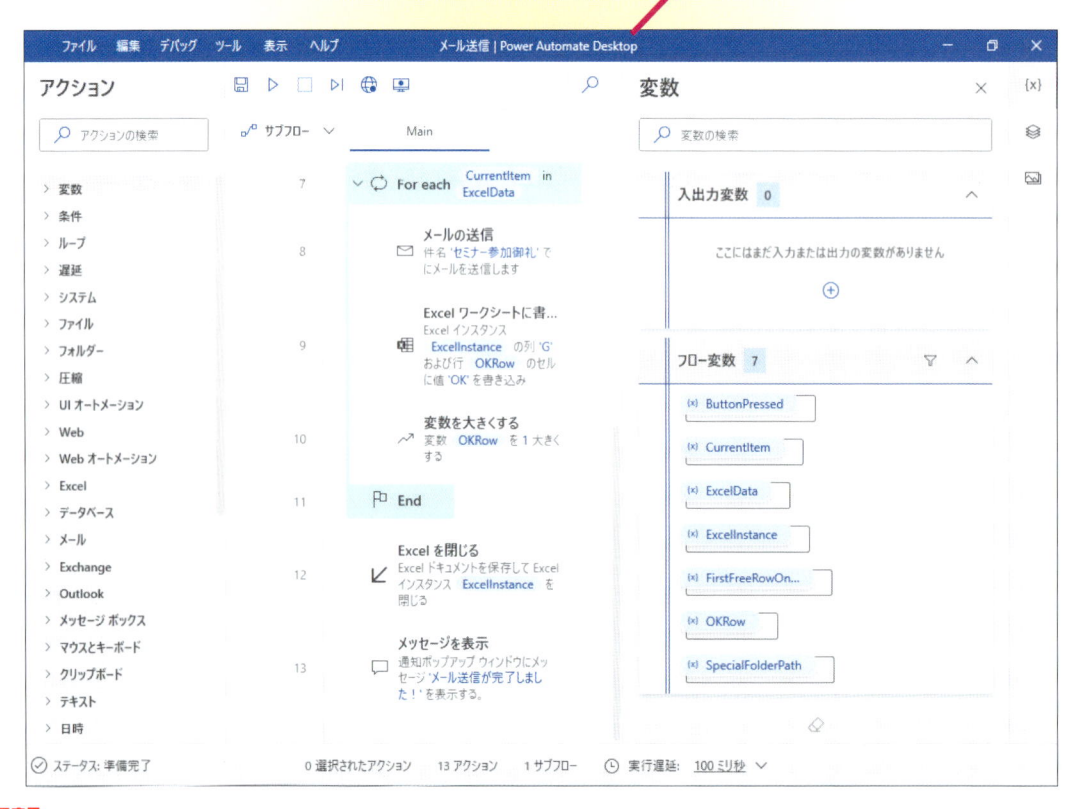

# 本書のフロー制作時に発生しやすい エラーと対処方法

本書で紹介しているフロー制作時に発生しやすいエラーの対処方法を解説しています。
エラーが発生した際に、参考として確認しましょう。

| エラーメッセージ | 対処方法 |
| --- | --- |
| **全般** | |
| "構文エラーです" | 構文エラーとなっているアクションのダイアログボックス内の入力内容を確認する<br>・全角文字を使用している場合は半角文字に修正<br>・変数の両端が「%」で囲まれているか確認し、囲まれていない場合は「%」を入力<br>・[書き込む値]で行や列名指定に必要な[]や「'」が半角で入力されているか確認 |
| "End ステートメントがありません" | [Loop][For each][If]アクションなどと一対となる[End]アクションが配置されているか確認し、配置されていない場合は[アクションペイン]の[フローコントロール]から[End]アクションを配置 |
| **変数** | |
| "無効な variable name です" | 半角英数字と_（アンダーバー）以外の文字や記号が使用されていないか確認。[変数ペイン]で変数の[名前の変更]を選択し、全角文字や日本語を使用しない変数名に変更する |
| "変数[〇〇]が存在しません" | ・エラーが発生しているアクションのダイアログボックスで指定している変数名にスペルミスがないか確認し、ミスがある場合は[変数の選択]を使って指定し直す |
| **Excel** | |
| "Excel ドキュメント'(ファイル関連エラーが発生しました。〇〇.xlsx を開くことができませんでした" | ・[ドキュメントパス]に指定した場所にファイルが存在するか確認し、存在しない場合は[ドキュメントパス]を修正するかファイルの場所を移動<br>・[ドキュメントパス]を変数[SpecialFolderPath]を使用して作成している場合は現在値を確認し、ファイルが存在するフォルダーパスが取得できているか確認。異なるフォルダーパスを取得している場合は[特別なフォルダーを取得]アクションの[特別なフォルダーの名前]の選択が正しいか確認<br>・フォルダー階層やフォルダーとファイル名の間に「\」が入力されているか確認<br>・[ドキュメントパス]に入力したフォルダー名やファイル名に間違いがないか確認 |

| エラーメッセージ | 対処方法 |
|---|---|
| **Excel** | |
| " 引数 'Row' は整数値である必要があります " | エラーが発生したアクションのダイアログボックスの行番号の指定で全角の数字や文字を使用していないか確認し、使用している場合は半角数字に修正 |
| 引数 'Instance' は 'Excel インスタンス ' である必要があります " | ・エラーが発生したアクションより前に［Excelの起動］アクションで変数［ExcelInstance］が生成されているか確認。生成されていない場合はエラーのアクションより前に［Excelの起動］アクションを配置<br>・エラーが発生したアクションより前に変数［ExcelInstance］が［Excelを閉じる］アクションなどで閉じられていないか確認し、閉じられている場合は閉じられる前の位置にアクションを移動<br>・ダイアログボックス内で指定しているExcelインスタンス変数のつづりが間違っていないか確認 |
| " 書き込む値 ': 構文エラーです " | 構文エラーとなっているアクションのダイアログボックス内の入力内容を確認する<br>・全角文字を使用している場合は半角文字に修正<br>・片端のみに「%」が付いていないか確認し、変数として扱う場合は両端に「%」を入力、変数として扱わない場合は「%」を削除する<br>・［書き込む値］で［ExcelData］や［CurrentItem］を使っている場合は「%ExcelData［CurrentItem］［'列名'］%」など、行や列名指定に必要な［］や「'」が半角で入力されているか確認" |
| "Excel ドキュメント○○を保存できませんでした " | ・［ドキュメントパス］に存在しないフォルダーパスを指定していないか確認し、存在するフォルダーパスに修正<br>・［ドキュメントパス］を変数名とテキストを結合して作成した場合は、有効なパスが生成されているかメッセージボックスで確認する。（119ページのHINT！参照）有効なパスが生成できていない場合は、各変数の現在値や、フォルダーやファイルの間に「\」が入っているか、使用できない<>?[]:|*などの文字を使っていないかを確認<br>・保存先フォルダーに書き込みを行える権限があるか確認し、書き込み権限がない場合は別のフォルダーを指定するか、書き込み権限を付与する<br>・保存しようとしているファイルと同名のファイルが開かれていないか確認し、開かれていれば閉じる処理を前に配置するか、保存先ファイルパスを変更する |

| エラーメッセージ | 対処方法 |
|---|---|
| **繰り返し処理** | |
| " インデックス 'LoopIndex' は範囲外です " | [Loop]アクションの[開始値][終了値][増分]を確認し、[ExcelData]の行数より多く、Loop処理が実行される条件になっていないか確認する。[ExcelData]の行数より多く実行される条件になっている場合は[終了値]を「-1」にするなどして、行数より多くLoop処理が実行されないように変更 |
| **Webブラウザーの操作** | |
| "UI 要素〇〇が見つかりません " | 操作したいUI要素があるWebページに移動した状態になってから、UI要素を操作するアクションが実行されているか確認。移動できていない場合は[Webページのリンクをクリックします]アクションなどを使い目的のWebページに移動できるようにする<br>・UI要素を再度取得し直す |
| " ボタンを押せませんでした " | ・Webサイト上にある利用規約のチェックボックスなど、対象ボタンを押すための条件が満たせているか確認<br>・操作したいボタンがあるWebページに移動した状態になってからボタンを操作するアクションが実行されているか確認。移動できていない場合は[Webページのリンクをクリックします]アクションなどを使い目的のWebページに移動できるようにする。 |
| "Web ブラウザー インスタンス ': 変数 'Browser' が存在しません " | ・エラーが発生したアクションより前に[新しいMicrosoft Edgeを起動する]アクションで変数[Browser]が生成されているか確認。生成されていない場合はエラーのアクションを移動しても実行順として問題がないか確認した上で、変数生成後の位置にアクションを移動<br>・ダイアログボックス内で指定しているWebブラウザー変数のつづりが間違っていないか確認 |
| **メール** | |
| " メール メッセージを送信できませんでした " | ダイアログボックス内の[SMTPサーバー][サーバーポート]などの設定内容に間違いがないか確認 |
| " 送信先フィールド内のメールアドレス〇〇が無効です " | [送信先]に「@」がないなど電子メールアドレスに必要な形式ではないものが指定されていないか、「@」が全角になっていないか、余計なスペースが入っていないか、[送付先リスト.xlsx]に記入したメールアドレスに間違いがないか確認 |

付録

# 用語集

## CSV（シーエスブイ）
「Comma-Separated Values（カンマ セパレーティド バリューズ）」の略。テキストデータを項目に分け、カンマ「,」で区切ったテキストファイルやデータ形式のこと。ファイルの拡張子は「.csv」
→拡張子

## Excel（エクセル）
マイクロソフトが開発・販売している表計算ソフト。Power Automate Desktop ではExcelを操作する専用のアクションが用意されている。
→Power Automate、アクション

## Excelインスタンス（エクセルインスタンス）
Power Automate Desktopが起動したExcelファイルを識別するために作成する変数の型。Excelを起動した際に自動的に変数［ExcelInstance］を作成し、変数の「型」をExcelインスタンスにする。
→Excel、Power Automate、変数

## Gmail（ジーメール）
Googleが提供する無償のメールサービス。スマートフォンやパソコンでも利用可能で、WebメールとPOP3、SMTP、IMAPに対応する。
→Webメール、SMTPサーバー

## Mainフロー（メインフロー）
［Main］タブのフローを「Mainフロー」と呼ぶ。Mainフローは［実行］ボタンを押したときに必ず実行される。
→フロー

## Microsoft 365（マイクロソフトサンロクゴ）
月額または年額で使用料を支払うサブスクリプション型のMicrosoftのサービス。ExcelやWordなどのOffice製品が、常に最新の機能で使用できる。家庭向けと法人向けのプランがある。
→Excel

## Microsoft Dataverse（マイクロソフトデータバース）
業務アプリケーションによって使用されるデータを安全に保存し、管理することができるクラウド上のデータベース。Power Automate Desktopにマイクロソフトの組織アカウントを使用しサインインした場合、作成したフローや実行状況を記録した履歴などの情報は「Microsoft Dataverse」に保存される。
→サインイン、フロー

## Microsoft Edge（マイクロソフトエッジ）
マイクロソフトが提供するWindows 10の標準Webブラウザー。Winsows 10発売時に搭載されていた旧版とChromiumをベースとした新版がある。

## Microsoftアカウント（マイクロソフトアカウント）
マイクロソフトが提供するサービスを利用するための専用のIDとパスワードのこと。Microsoftアカウントには、ユーザーが個人で作成する「個人アカウント」と、会社がマイクロソフトの提供する法人向けサブスクリプションサービス「Microsoft 365」などを導入した際に、所属するユーザーに割り当てる「組織アカウント」がある。
→Microsoft 365

## OneDrive（ワンドライブ）
マイクロソフトが提供するクラウド上のオンラインストレージサービス。インターネット上の自分専用のデータの保存場所として写真や文書を保存できる。Microsoftアカウントを持っていれば無料で5GBまで使用可能。
→Microsoftアカウント

## Outlook.com（アウトルックドットコム）
マイクロソフトが提供する Webメールサービス。Microsoftアカウントを取得すれば、アカウントに使用したメールアドレスのドメインが「@hotmail.com」「@gmail.com」「@yahoo.co.jp」などであっても、Outlook.com にサインインし、メールの閲覧や送信ができる。
→Gmail、Microsoftアカウント、Webメール、
　サインイン

## Power Automate（パワーオートメート）
プログラミングスキルの有無に関わらず、誰もが業務を自動化できるように開発されたマイクロソフトのローコードプラットフォームの1つ。さまざまなクラウドサービスとの連携を容易にするための「コネクタ」と呼ばれる部品が500種類以上用意されており、それらを組み合わせることでクラウド上のサービスの自動化を可能とする。
→クラウドサービス

## RPA（アールピーエー）
「Robotic Process Automation（ロボティック・プロセス・オートメーション）」の略で、人の手によって行われるパソコン上の作業をソフトウェアに組み込まれたロボットに代行してもらう技術。

用語集

## SMTPサーバー（エスエムティーピーサーバー）

「Simple Mail Transfer Protocol（シンプルメールトランスファープロトコル）」というルールに従ってメールを送るサーバーのこと。メールはパソコンからパソコンに対して直接送られるのではなく、メール専用のサーバーを経由して送受信されている。

## SSL（エスエスエル）

「SSL（Secure Sockets Layer）」の略。インターネット上に流れる情報を暗号化し、第三者から盗まれたりしないように送受信させる仕組みのこと。

## UI要素（ユーアイヨウソ）

ウィンドウ、チェックボックス、テキストフィールド、ドロップダウンリストなど画面上のどのUIを操作すればよいか、特定するための設定。

## UI要素ペイン（ユーアイヨウソペイン）

［UIオートメーション］や［Webオートメーション］グループ、Webレコーダー、デスクトップレコーダーなどでキャプチャされたUI要素を管理するためのペイン。
→UI要素、Webレコーダー、デスクトップレコーダー

## URL（ユーアールエル）

「Uniform Resource Locator」（ユニフォームリソースロケーター）の略。インターネット上に存在するデータやサービスなどの位置を指し示す住所のようなもの。

## Webメール（ウェブメール）

Webブラウザーを使用してメールの送受信や閲覧ができるシステムやサービス。メールソフトとは異なりデータを端末に保存していないため、メールの作成や閲覧時にもインターネットに接続している必要がある。

## Webレコーダー（ウェブレコーダー）

WebページやWebブラウザー上で動くアプリケーションの操作を手動で行うと、その操作を記録し自動的に適切なアクションに変換する機能。
→アクション

## アクション

Excelを起動する、Webブラウザー上のボタンをクリックする、などパソコン上でよく行われる作業が登録されており、フローを作成する部品として使用する。アクションは300個以上あり、パソコン上で行われるあらゆる作業に対応している。
→Excel、アクション、フロー

## アクションペイン

全アクションがグループごとに分けられ格納されているエリア。グループ名の左の［∨］マークをクリックすると各アクションが表示される。
→アクション

## アクティブ化

Excelワークシートやウィンドウを操作できる状態にすること。
→Excel

## アップデート

パソコン上でソフトウェアやシステムを、最新のバージョンと入れ替えたり不具合の解消のために修正したりすること。

## アプリケーションパス

アプリケーションを実行するためのファイルとそのファイルが保存されている場所を示したもの。

## インストール

パソコン上にソフトウェアを追加し、使用可能な状態にすること。Webサイトからダウンロードしたり、CD-ROMなどに入っていたりする「インストーラー」と呼ばれるプログラムを起動して行うのが一般的である。

## インデックス番号

同じ種類のシートやリストが複数並んでいる状態で、それぞれを識別するために先頭から付けられる通し番号のこと。

## ウィンドウインスタンス

UIオートメーションにおいて起動中のウィンドウを識別するために使用する変数。
→変数

## エクスプローラー

Windows上のフォルダやファイルを管理するためのプログラムのこと。ファイルの検索、起動、削除、移動などの際に使用される。

## エラーペイン

フロー制作中やフロー実行時にエラーが発生した場合に関連するエラー情報が表示されるエリアのこと。エラーの原因となったアクションを含むサブフローの名前、エラーを発生させたアクションの行番号、エラーの内容が確認できる。
→アクション、サブフロー、フロー

### 演算子
加算（+）、減算（-）、乗算（*）、除算（/）などの計算で使われる記号や、等しい（＝）、より小さい（＜）、より大きい（＞）などの大小を比較する際に使われる記号のこと。

### オペランド
パソコンなどが行う演算の対象となる値。例えば「x<5」という演算であればオペランドは「x」と「5」。

### 拡張機能
機能を増やしたり強化したりするためのプログラムのこと。Power Automate DesktopでWebブラウザーの操作を行うためには、Webブラウザーの拡張機能を有効化する必要がある。
→Power Automate

### 拡張子
ファイルの種類を識別するための文字列で、ファイル名の「.」（ピリオド）の後の部分を示す。Excelで作成したファイルであれば「.xlsx」、Wordで作成したファイルであれば「.doc」など。
→Excel

### 機密テキスト
パスワードの入力欄が選択されると入力内容が非表示になる機能のこと。パスワード保護のための機能で制作中にパスワードが盗み見られてしまうことを防いでくれている。

### クラウドサービス
コンピューターの利用形態のひとつで、インターネット経由で提供されるサービスのこと。ネットワーク上にデータの保存などが可能。ソフトウェアをパソコンにインストールすることなく利用することができる。
→インストール

### 繰り返し処理
特定の画面、入力枠、ボタンなどに一定の条件下で同じ操作を繰り返し行うこと。

### コンソール
Power Automate Desktopにログイン後、最初に表示される画面。中央に表示されたフローのリストからフローの実行、編集、削除などを行うことができる。
→Power Automate、フロー

### サインアウト
自分の身元を証明するための情報により、認証を行った上で利用が可能なソフトウェアやWebサービスの利用を終了すること。

### サインイン
ソフトウェアやWebサービスの利用者が、自分の身元を証明するための情報を入力することで認証を行い、ソフトウェアやWebサービスを利用できる状態にすること。

### サブフロー
Mainフロー以外のフローのこと。サブフローを制作することで［Main］フローが長くなってしまうことを防ぎ、フローが修正しやすくなる。
→Mainフロー、フロー

### 条件分岐
プログラムの中で、ある条件を満たしているかどうかによって次の処理を分岐させること。

### 状態バー
フローのステータス、選択中のアクション、フロー内のアクション、サブフローの合計数が表示される。フロー実行中には実行開始からの経過時間が、エラーがある場合にはエラーの数が表示される。
→アクション、サブフロー、フロー

### 絶対位置
画面の左上を基準とし、X、Y座標で表される操作位置のこと。

### 相対位置
画面の任意の位置を基準とし、X、Y座標で表される操作位置のこと。

### ダイアログボックス
パソコンの操作画面上でユーザーに情報を提示したり、必要に応じてユーザーの応答を促すために表示されるもの。メッセージと共に、ボタンやテキストフィールドなどの入力要素が表示されることもある。

### ツールバー
「保存」「実行」「停止」「アクションごとに実行」「Webレコーダー」「デスクトップレコーダー」ボタンが並んでいるフローデザイナー上部のエリアのこと。
→Webレコーダー、アクション、
　デスクトップレコーダー、フローデザイナー

### データ型
変数の値に応じて設定される型のこと。数値型やテキスト型などがある。
→変数

用語集

### デスクトップフロー
Power Automate Desktop で作成されたフローのこと。
→Power Automate、フロー

### デスクトップレコーダー
デスクトップ上の操作を記録し、自動的に適切なアクションに変換する機能。
→アクション

### デバッグ
フローのエラーや動作のミスを確認し、修正する作業のこと。
→フロー

### ドキュメント
コンピューター上で作成された文書ファイルのこと。主にWordやExcelで作成したファイルやPDFファイルなどを指し示すことが多い。
→Excel

### 比較演算子
値と値を比較する際に用いられる演算子のこと。「=」（と等しい）、「<>」（と等しくない）などがある。[If] アクション、[Else If] アクションなどで使用される。
→アクション、演算子

### ファイルパス
ファイルの保存場所を示す情報のこと。現在アクセスしているフォルダから目的のファイルまでの道筋を示す相対パスと、階層構造の大元から目的のファイルまでの道筋を示す絶対パスが存在する。

### ブレークポイント
フローを一時停止する箇所を任意に決められる機能。アクションの左側をクリックすることで設定することができる。フローデザイナーでフローを実行したときのみ有効でコンソールから実行した場合は無効となる。
→アクション、コンソール、フロー、フローデザイナー

### フロー
Power Automate Desktopでアクションを組み合わせて作成する一連の処理のこと。
→Power Automate、アクション

### フローデザイナー
Power Automate Desktopでフローを作成する画面。アクションの追加や変数の確認、デバッグなどを行うことができる。
→Power Automate、アクション、デバッグ、フロー、変数

### フロー変数
デスクトップフローで使用している変数。フローを実行し変数にデータが格納されると変数名の横に現在値が表示される。
→デスクトップフロー、フロー、変数

### プロパティ
変数のデータ型に応じて使用可能な値。変数名の後に「.」（ピリオド）で区切ってから指定する。
→データ型、変数

### 変数
値やデータを管理する入れ物のこと。アクションによって生成される場合と、[変数の設定] アクションで自分で新たに生成する場合がある。
→アクション

### 変数ビューアー
変数の値やデータ型を表示するウィンドウ。変数の現在値が格納された状態で変数ペインの変数をダブルクリックすると表示される。
→データ型、変数、変数ペイン

### 変数ペイン
入出力変数、フロー変数で使用されている変数が一覧で表示されるエリア。変数ペインでは変数の中身の確認や変数名の変更などができる。
→フロー、フロー変数、変数

### マクロ
事前に操作手順を記録しておき、その記録した内容を実行できるようにする機能のこと。VBAを用いて作成されるExcelマクロのことを略して「マクロ」と呼ぶ場合がある。
→Excel

### メニューバー
制作に必要な操作が「ファイル」「編集」「書式」「表示」など種類別に各ボタンに格納されているフローデザイナー上部のエリア。クリックすると各操作が表示される。
→フローデザイナー

### ランタイムエラー
プログラムの実行時に発生するエラーのこと。実行を継続できない問題が発生しており、それ以上動作を続けることができない状態。エラーメッセージを確認し、実行できない問題が何なのかを確認する必要がある。

# 索 引

索引

# 本書を読み終えた方へ
# できるシリーズのご案内

シリーズ累計7500万部突破[※1]
ベストセラー 売上No.1[※2]
※1:当社調べ　※2:大手書店チェーン調べ

## Windows・Office関連書籍

### できるWindows 10
2021年 改訂6版 **特別版小冊子付き**

法林岳之・一ヶ谷兼乃・
清水理史 &
できるシリーズ編集部
定価:1,100円
(本体1,000円＋税10%)

最新Windows 10の使い方がよく分かる！流行のZoomの操作を学べる小冊子付き。無料電話サポート対応なので、分からない操作があっても安心。

### できるExcel 2019
Office 2019/Office 365両対応

小舘由典 &
できるシリーズ編集部
定価:1,298円
(本体1,180円＋税10%)

Excelの基本を丁寧に解説。よく使う数式や関数はもちろん、グラフやテーブルなども解説。知っておきたい一通りの使い方が効率よく分かる。

### できるPowerPoint 2019
Office 2019/Office 365両対応

井上香緒里 &
できるシリーズ編集部
定価:1,298円
(本体1,180円＋税10%)

見やすい資料の作り方と伝わるプレゼンの手法が身に付く、PowerPoint入門書の決定版！　PowerPoint 2019の最新機能も詳説。

# 読者アンケートにご協力ください！

## https://book.impress.co.jp/books/1120101186

ご意見・ご感想をお聞かせください！

「できるシリーズ」では皆さまのご意見、ご感想を今後の企画に生かしていきたいと考えています。
お手数ですが以下の方法で読者アンケートにご協力ください。
ご協力いただいた方には抽選で毎月プレゼントをお送りします！

※プレゼントの内容については「CLUB Impress」のWebサイト（https://book.impress.co.jp/）をご確認ください。

**1** URLを入力して Enter キーを押す

**2** [アンケートに答える]をクリック

※Webサイトのデザインやレイアウトは変更になる場合があります。

◆**会員登録がお済みの方**
会員IDと会員パスワードを入力して、[ログインする]をクリックする

◆**会員登録をされていない方**
[こちら]をクリックして会員規約に同意してからメールアドレスや希望のパスワードを入力し、登録確認メールのURLをクリックする

**■著者**

あーちゃん

製造業の人事総務として手書き、転記作業に追われる日々に疑問を感じる中、RPAに出会い、書籍で独学し、勤務先の企業にてRPA導入を開始する。RPA導入に孤軍奮闘する姿がTwitterで話題に。Power Automate Desktopとの出会いでTwitter転職も果たす。現在はローコード支援会社にフルリモートで勤務している。

Twitterアカウント：@aachan5550

**■監修**

株式会社 ASAHI Accounting Robot 研究所

税理士法人あさひ会計のロボット導入チームにおいて、Power Automate Desktopの前身であるWinAutomationを2018年に導入。1年間で数千時間にも及ぶ削減に成功し、2019年1月に法人化。「ヒトとロボット協働時代を推進、RPAで日本の中小企業を変える！」を合言葉に北海道から沖縄まで全国各地の会計事務所、社労士事務所、事業会社にRPAやローコード開発ツール、AIを活用したDXソリューションの開発及び導入支援を行う。

URL：https://asahi-robo.jp/

## STAFF

| | |
|---|---|
| 本文オリジナルデザイン | 川戸明子 |
| シリーズロゴデザイン | 山岡デザイン事務所<yamaoka@mail.yama.co.jp> |
| カバーデザイン | 伊藤忠インタラクティブ株式会社 |
| 本文イメージイラスト | ケン・サイトー |
| DTP制作 | 町田有美・田中麻衣子 |
| デザイン制作室 | 今津幸弘<imazu@impress.co.jp> |
| | 鈴木　薫<suzu-kao@impress.co.jp> |
| 制作担当デスク | 柏倉真理子<kasiwa-m@impress.co.jp> |
| 編集制作 | 株式会社トップスタジオ |
| 編集 | 高橋優海<takah-y@impress.co.jp> |
| 編集長 | 藤原泰之<fujiwara@impress.co.jp> |
| オリジナルコンセプト | 山下憲治 |

■商品に関する問い合わせ先

このたびは弊社商品をご購入いただきありがとうございます。本書の内容などに関するお問い合わせは、下記のURLまたはQRコードにある問い合わせフォームからお送りください。

https://book.impress.co.jp/info/

上記フォームがご利用頂けない場合のメールでの問い合わせ先
info@impress.co.jp

※お問い合わせの際は、書名、ISBN、お名前、お電話番号、メールアドレス に加えて、「該当するページ」と「具体的なご質問内容」「お使いの動作環境」を必ずご明記ください。なお、本書の範囲を超えるご質問にはお答えできないのでご了承ください。

●電話やFAX でのご質問には対応しておりません。また、封書でのお問い合わせは回答までに日数をいただく場合があります。あらかじめご了承ください。
●インプレスブックスの本書情報ページ https://book.impress.co.jp/books/1120101186 では、本書のサポート情報や正誤表・訂正情報などを提供しています。あわせてご確認ください。
●本書の奥付に記載されている初版発行日から3年が経過した場合、もしくは本書で紹介している製品やサービスについて提供会社によるサポートが終了した場合はご質問にお答えできない場合があります。

■落丁・乱丁本などの問い合わせ先
TEL 03-6837-5016  FAX 03-6837-5023
service@impress.co.jp
（受付時間／10:00〜12:00、13:00〜17:30土日祝祭日を除く）
※古書店で購入された商品はお取り替えできません。

■書店／販売会社からのご注文窓口
株式会社インプレス 受注センター
TEL 048-449-8040
FAX 048-449-8041

# できるPower Automate Desktop
# ノーコードで実現する<ruby>実現<rt>じつげん</rt></ruby>するはじめてのRPA

2021年7月21日  初版発行
2021年9月1日  第1版第2刷発行

著　者　あーちゃん & できるシリーズ編集部
監　修　株式会社 ASAHI Accounting Robot 研究所
発行人　小川 亨
編集人　高橋隆志
発行所　株式会社インプレス
　　　　〒101-0051  東京都千代田区神田神保町一丁目105番地
　　　　ホームページ  https://book.impress.co.jp/

印刷所　株式会社廣済堂
ISBN978-4-295-01175-0 C3055

Printed in Japan